David Sadava H. Craig Heller
Gordon H. Orians William K. Purves David M. Hillis

Biologia.blu

Le basi molecolari della vita e dell'evoluzione con Biology in English

Edizione italiana a cura di
Luciano Cozzi e Maria Cristina Pignocchino

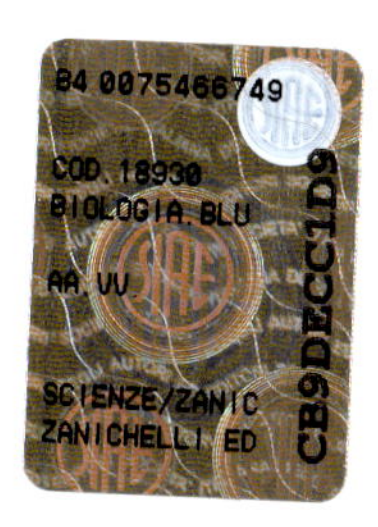

Contenuti online

ebook.scuola.zanichelli.it/sadavabiologiablu

Su questo sito ci sono esercizi interattivi, file mp3, approfondimenti e la tavola periodica interattiva accessibili a tutti.

 L'**interactive e-book** con le parole del libro sullo Zingarelli e sul Ragazzini, le animazioni, i filmati e altri contenuti multimediali e interattivi è riservato a chi possiede la *chiave di attivazione*.

SE VUOI ACCEDERE AI CONTENUTI ONLINE RISERVATI

Studente

Se non sei registrato:

1. Vai su **my.zanichelli.it** e seleziona **Procedi con la registrazione.**
2. Segui i tre passaggi per registrarti come **studente**. Ti arriverà un'e-mail: clicca sul link per completare la registrazione.

Se sei registrato*:

L'accesso è gratuito.
1. Cerca la tua *chiave di attivazione* stampata in verticale sul **bollino argentato** in questa pagina e inseriscila nel campo **Attivazione nuova opera** nella tua area personale su **my.zanichelli.it**
2. Vai nella sezione **La mia scrivania** e clicca sull'applicazione del libro.

Insegnante

Se non sei registrato:

1. Vai su **my.zanichelli.it** e seleziona **Procedi con la registrazione**.
2. Segui i tre passaggi per registrarti come **docente**. Ti arriverà un'e-mail: clicca sul link per completare la registrazione.

Se sei registrato*:

1. Vai su **my.zanichelli.it**
2. Nella sezione **La biblioteca del docente** della tua area personale clicca sull'applicazione del libro.

D'ora in poi potrai entrare nell'area protetta () del **sito del libro** con il tuo indirizzo e-mail e la password.

* La registrazione su www.myzanichelli.it è unica per tutte le opere del catalogo. Se ti sei già registrato, per accedere alle risorse di altri volumi non occorre registrarsi di nuovo.

Per maggiori informazioni: **www.scuola.zanichelli.it/attivazione**

Libro scaricabile

www.scuolabook.it

Da questo sito puoi scaricare una volta sola, entro 12 mesi dall'acquisto del libro nuovo, il **PDF** del libro di testo, dopo esserti registrato.

- Clicca su *Acquisti* e inserisci come *codice coupon* la *chiave di attivazione* stampata in verticale sul **bollino argentato** in questa pagina.

Per maggiori informazioni: www.zanichelli.it/libri-scaricabili

Titolo originale: *Life: The Science of Biology*, Eighth Edition
First published in the United States by Sinauer Associates, Sunderland, MA
Pubblicato per la prima volta negli Stati Uniti da Sinauer Associates, Sunderland, MA

Traduzione: Rossana Brizzi, Monica Carabella, Chiara Delfino, Giovanni Delfino, Silke Jantra, Patrizia Messeri, Sara Quagliata, Stefania Rigacci, Jacopo Stefani, Massimo Stefani
Adattamento: Luciano Cozzi, Maria Cristina Pignocchino

Prima edizione: febbraio 2012

Ristampa:

5 4 3 2013 2014 2015 2016

L'impegno a mantenere invariato il contenuto di questo volume per un quinquennio (art. 5 legge n. 169/2008) è comunicato nel catalogo Zanichelli, disponibile anche online sul sito www.zanichelli.it, ai sensi del DM 41 dell'8 aprile 2009, All. 1/B.

Zanichelli garantisce che le risorse digitali di questo volume sotto il suo controllo saranno accessibili, a partire dall'acquisto dell'esemplare nuovo, per tutta la durata della normale utilizzazione didattica dell'opera. Passato questo periodo, alcune o tutte le risorse potrebbero non essere più accessibili o disponibili: per maggiori informazioni, leggi my.zanichelli.it/fuoricatalogo.

File per diversamente abili
L'editore mette a disposizione degli studenti non vedenti, ipovedenti, disabili motori o con disturbi specifici di apprendimento i file pdf in cui sono memorizzate le pagine di questo libro. Il formato del file permette l'ingrandimento dei caratteri del testo e la lettura mediante software screen reader.
Le informazioni su come ottenere i file sono sul sito www.zanichelli.it/diversamenteabili

Suggerimenti e segnalazione degli errori
Realizzare un libro è un'operazione complessa, che richiede numerosi controlli: sul testo, sulle immagini e sulle relazioni che si stabiliscono tra essi. L'esperienza suggerisce che è praticamente impossibile pubblicare un libro privo di errori. Saremo quindi grati ai lettori che vorranno segnalarceli.
Per segnalazioni o suggerimenti relativi a questo libro scrivere al seguente indirizzo:

lineaquattro@zanichelli.it

Le correzioni di eventuali errori presenti nel testo sono pubblicate nel sito www.zanichelli.it/aggiornamenti

Zanichelli editore S.p.A. opera con sistema qualità certificato CertiCarGraf n. 477 secondo la norma UNI EN ISO 9001:2008

Questo libro è stampato su carta che rispetta le foreste.
www.zanichelli.it/la-casa-editrice/carta-e-ambiente/

Stampa: Grafiche Zanini
Via Emilia, 41/E - Anzola Emilia (Bologna)
per conto di Zanichelli editore S.p.A.
Via Irnerio 34, 40126 Bologna

Realizzazione editoriale:
- Coordinamento redazionale: Elena Bacchilega
- Redazione: Sara Urbani, Enrico Poli, Viola Montanari
- Segreteria di redazione: Deborah Lorenzini, Simona Vannini
- Progetto grafico: Chialab, Bologna; su base di Roberto Marchetti
- Impaginazione: Chialab, Bologna
- Ricerca iconografica: Elena Bacchilega, Sara Urbani, Claudia Patella
- Fonti iconografiche su ebook.scuola.zanichelli.it/sadavabiologiablu

Copertina:
- Progetto grafico: Miguel Sal & C., Bologna
- Realizzazione: Roberto Marchetti
- Immagine di copertina: Eric Isselée/Shutterstock, fivespots/Shutterstock

Contributi alla versione cartacea:
- Rilettura critica: Franco Cirelli, Annamaria Mattoni, Daniela Damiano, Ludovico De Padova, Fatima Longo
- Stesura degli esercizi: Luciano Cozzi, Maria Cristina Pignocchino
- Stesura di alcune schede e aggiornamenti: Elisa Frisaldi
- Verso l'Università: Anna Testa, Andrea Castellani
- Stesura degli approfondimenti di fine capitolo: Laura Caterina Russo, Anna Testa
- Stesura delle sintesi riassuntive: Silvia Mattavelli
- Traduzione dei *Summing-up*: Traduvisual
- Stesura delle pagine di esercizi *Biology in English*: Marina Bacchini, Maria Franca Faccenda, Elisabetta Siboni
- Revisione delle pagine *Biology in English*: Sara Chiappara, John Smith
- Realizzazione dei disegni per le pagine *Biology in English*: Serena Emiliani
- Aggiornamento e ampliamento del "Sistema muscolo-scheletrico": Eugenio Melotti
- Stesura delle Prove PISA: Maria Teresa Siniscalco, Massimo Dellavalle, Lorenzo Lancellotti, Mario Gineprini
- Stesura del sommario: Andrea Castellani
- Revisione del glossario: Alessandra Ferro
- Rilettura dei testi: PAGE, Bologna
- Indice analitico: Silvia Cacciari

Interactive e-book online:
- Progetto: Andrea Alberti, Chialab; Elena Bacchilega, Enrico Poli, Zanichelli; Christian Biasco
- Struttura dei dati e progetto grafico: Chialab, Bologna
- Implementazione: Chialab e Channelweb, Bologna
- Piattaforma di sviluppo e CMS: BEdita © Chialab e Channelweb, Bologna
- Assistenza: Christian Biasco
- Revisione esercizi: Selvaggia Santin
- Revisione glossario: Viola Montanari

Animazioni e attività:
Student's CD to accompany *Life: The Science of Biology*, Eighth Edition
By Sadava, Heller, Orians, Purves, Hillis, Copyright © 2008 Sinauer Associates, Inc. All Rights Reserved
- Traduzione e adattamento: Giulia Rocco - formicablu srl
- Redazione: Elena Bacchilega, Enrico Poli
- Revisione delle animazioni e stesura degli esercizi: Massimo Dellavalle, Lorenzo Lancellotti
- Progetto esecutivo: Chialab, Bologna
- Progetto interfaccia grafica: Chialab, Bologna
- Sviluppo software e impaginazione: Loop, Bologna; Chialab, Bologna
- Produzione audio: Elisabetta Tola – formicablu srl

Audio in inglese:
- Ripresa ed editing audio: Marco Boscolo – formicablu srl
- Voce: Rachelle Hangsleben

Filmato:
6.1 © Stefan Gottschild/shutterstock, Jon Matthew Jones/Shutterstock

David Sadava H. Craig Heller
Gordon H. Orians William K. Purves David M. Hillis

Biologia.blu

Le basi molecolari della vita e dell'evoluzione
con Biology in English

Edizione italiana a cura di
Luciano Cozzi e Maria Cristina Pignocchino

SCIENZE ZANICHELLI

LE BASI MOLECOLARI DELLA VITA E DELL'EVOLUZIONE

capitolo B1 Da Mendel ai modelli di ereditarietà

MULTIMEDIA ebook.scuola.zanichelli.it/sadavabiologiablu

capitolo B2 Il linguaggio della vita

MULTIMEDIA ebook.scuola.zanichelli.it/sadavabiologiablu

Il genoma in azione

capitolo **B4**

La regolazione genica

L'evoluzione e l'origine delle specie

L'evoluzione della specie umana

B LE BASI MOLECOLARI DELLA VITA E DELL'EVOLUZIONE

VERIFICA LE TUE COMPETENZE

IL GENOMA DELLA MUCCA

Lo zoo della genomica ha fatto un altro acquisto: la mucca. Dopo il verme, il cane, lo scimpanzé e l'uomo, anche il DNA bovino oggi non ha più segreti. Grazie a un lavoro durato sei anni, in cui sono stati coinvolti 300 biologi di 25 Paesi, è ora possibile conoscere il patrimonio genetico della mucca (*Bos taurus*) e capire, per esempio, come aumentare la produzione di carne e di latte. O riconoscere i meccanismi infettivi del prione responsabile della cosiddetta malattia della mucca pazza, oppure risolvere il problema delle emissioni di gas negli allevamenti, dovuto a una ovvia (e rumorosa) questione digestiva.

Il genoma della mucca è stato pubblicato sulla rivista *Science*: il gruppo internazionale di scienziati è composto anche da ricercatori italiani. Il risultato è stata la lettura di 22 000 geni di cui l'80% in comune con la specie umana, più di quelli che abbiamo in comune con i topi: ed ecco la prima importante scoperta. Si è poi seguita la sequenza di riarrangiamenti genici legata a secoli di convivenza con gli esseri umani che ne hanno diretto l'evoluzione secondo i propri fini, rendendo la mucca un animale capace di convertire erba (alimento a bassa energia) in latte e carne (ad alta energia).

Grazie a questo nuovo lavoro della genetica, è ora possibile pensare di migliorare le tecniche di allevamento per renderle ancora più produttive, iniziando a capire perché esistano varietà che fanno più latte, o carne più magra e così via. Studiando poi i geni legati all'immunità e alla digestione, gli scienziati annusano già la possibilità di poter rendere le stalle meno inquinanti dal punto di vista atmosferico, riducendo la produzione di gas (soprattutto metano) che contribuiscono all'effetto serra.

Leggi il brano e scarica la prova per verificare le tue competenze dal sito:
ebook.scuola.zanichelli.it/sadavabiologiablu

INTERACTIVE E-BOOK
ebook.scuola.zanichelli.it/sadavabiologiablu

capitolo **B1**

Da Mendel ai modelli di ereditarietà

LA SAGGEZZA DEL RABBINO

Secondo la legge ebraica, i bambini devono essere circoncisi, ma se i fratelli di un neonato sono morti dissanguati in seguito a questo rito, che cosa è giusto fare: rispettare la legge o proteggere il bambino?
Duemila anni fa, in Medio Oriente, un rabbino scelse di non rispettare la legge per proteggere la vita del bimbo. Alla fine del capitolo scoprirai come, molti secoli dopo, la genetica dimostrò che la scelta di quel rabbino era scientificamente corretta oltre che saggia.

La prima e la seconda legge di Mendel

La **genetica** è lo studio delle leggi e dei meccanismi che permettono la trasmissione dei caratteri da una generazione all'altra. Questa disciplina è nata come scienza sperimentale nella seconda metà dell'Ottocento grazie al lavoro di Gregor Mendel. Prima di allora, gli studi sull'ereditarietà non seguivano un metodo rigoroso e si basavano su principi in gran parte errati.

1 I primi studi sull'ereditarietà si devono a Gregor Mendel

Gregor Mendel (1822-1894) era un monaco agostiniano che viveva a Brno, nell'attuale Repubblica Ceca (▸figura 1); aveva una solida formazione scientifica ed era in contatto con alcuni tra i più importanti biologi contemporanei.

Mendel compì i suoi esperimenti e sviluppò le sue teorie nella seconda metà dell'Ottocento, in un'epoca in cui le tecniche di microscopia ottica erano ancora poco sviluppate. Al tempo di Mendel perciò non si conoscevano i cromosomi e non si sapeva nulla della struttura e della fisiologia cellulare. Gli studi sull'ereditarietà che si svolgevano in quel periodo avevano portato alla cosiddetta *teoria della mescolanza* che si basava su due presupposti fondamentali, di cui uno si è rivelato corretto mentre l'altro errato:

1. i due genitori danno un uguale contributo alle caratteristiche della prole (presupposto corretto);
2. nella prole i fattori ereditari si mescolano (presupposto errato).

Nell'Ottocento i naturalisti ritenevano che nelle cellule uovo e negli spermatozoi fossero presenti dei fattori ereditari e pensavano che dopo la fecondazione questi fattori si fondessero. Secondo la teoria della mescolanza, gli elementi ereditari, una volta fusi, non si sarebbero più potuti separare, come due inchiostri di colore diverso. Con i suoi esperimenti Mendel ha confermato il primo di questi due presupposti, mentre ha smentito il secondo.

2 Mendel ha introdotto metodi nuovi negli esperimenti sull'ereditarietà

Per i suoi esperimenti Mendel scelse le piante di pisello. La sua scelta fu dettata da precise ragioni: i piselli sono facili da coltivare, è possibile tenerne sotto controllo l'impollinazione e ne esistono più varietà con caratteri chiaramente riconoscibili e forme nettamente differenti nell'aspetto. Esaminiamo nei dettagli le sue scelte.

Il controllo dell'impollinazione.

Le piante di pisello studiate da Mendel producono organi sessuali e gameti di entrambi i sessi all'interno di uno stesso fiore. In assenza di interventi esterni, queste piante tendono ad *autoimpollinarsi*: l'organo femminile di ciascun fiore riceve

Figura 1 Gregor Mendel e il suo giardino
Il naturalista Gregor Mendel condusse i suoi esperimenti di genetica in un giardino del monastero di Brno, che si trova nell'odierna Repubblica Ceca.

il polline dagli organi maschili dello stesso fiore. L'autoimpollinazione è un fenomeno naturale di cui Mendel si avvalse in alcuni suoi esperimenti. Egli utilizzò anche una tecnica di fecondazione che si può controllare artificialmente: l'*impollinazione incrociata* che si ottiene trasportando manualmente il polline da una pianta all'altra (▸figura 2). L'impollinazione incrociata permetteva a Mendel di stabilire chi erano i genitori della progenie ottenuta nei suoi esperimenti.

La scelta dei caratteri.

Mendel iniziò a esaminare le diverse varietà di piselli alla ricerca di caratteri e tratti ereditari che presentassero modalità adatte allo studio: si definisce **carattere** una caratteristica fisica osservabile (per esempio il colore del fiore); il **tratto** è una forma particolare assunta da un carattere (come il viola o il bianco per il colore del fiore), mentre un **tratto ereditario** è quello che si trasmette da genitore a figlio. Mendel cercò caratteri con tratti alternativi ben definiti, come fiori viola o fiori bianchi. Dopo un'accurata ricerca concentrò gran parte del suo lavoro sulle sette coppie di caratteri con tratti opposti indicate nella ▸tabella 1 a pagina seguente.

La scelta della generazione parentale.

Nel suo progetto di ricerca, Mendel stabilì di non partire con incroci casuali; nelle piante che scelse come generazione di partenza, che chiamiamo *generazione parentale*, i caratteri dovevano essere allo stato **puro**: ciò significa che il tratto prescelto (per esempio il fiore bianco) dev'essere costante per molte generazioni. Mendel isolò ciascuno dei suoi ceppi puri incrociando piante sorelle dall'aspetto identico o lasciando che si autoimpollinassero. In altre parole, l'incrocio fra piselli di ceppo puro a fiori bianchi doveva dare origine per varie generazioni soltanto a progenie a fiori bianchi; quello fra piante a fusto alto soltanto a progenie alta, e così via.

L'approccio matematico.

Uno dei principali contributi di Mendel alla scienza consiste nell'analisi dell'enorme massa di dati raccolti con centinaia di incroci, che hanno prodotto migliaia di piante, facendo ricorso alle leggi della statistica e al calcolo delle probabilità. Tali analisi matematiche hanno messo in luce all'interno dei dati schemi ben definiti che gli hanno permesso di formulare le sue ipotesi. Da Mendel in poi i genetisti hanno utilizzato la stessa matematica semplice da lui elaborata.

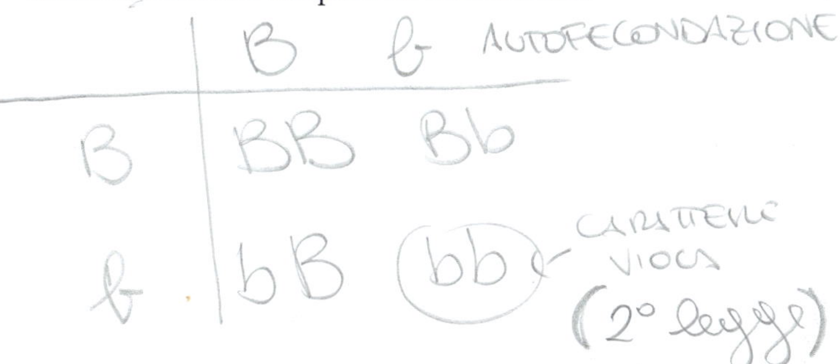

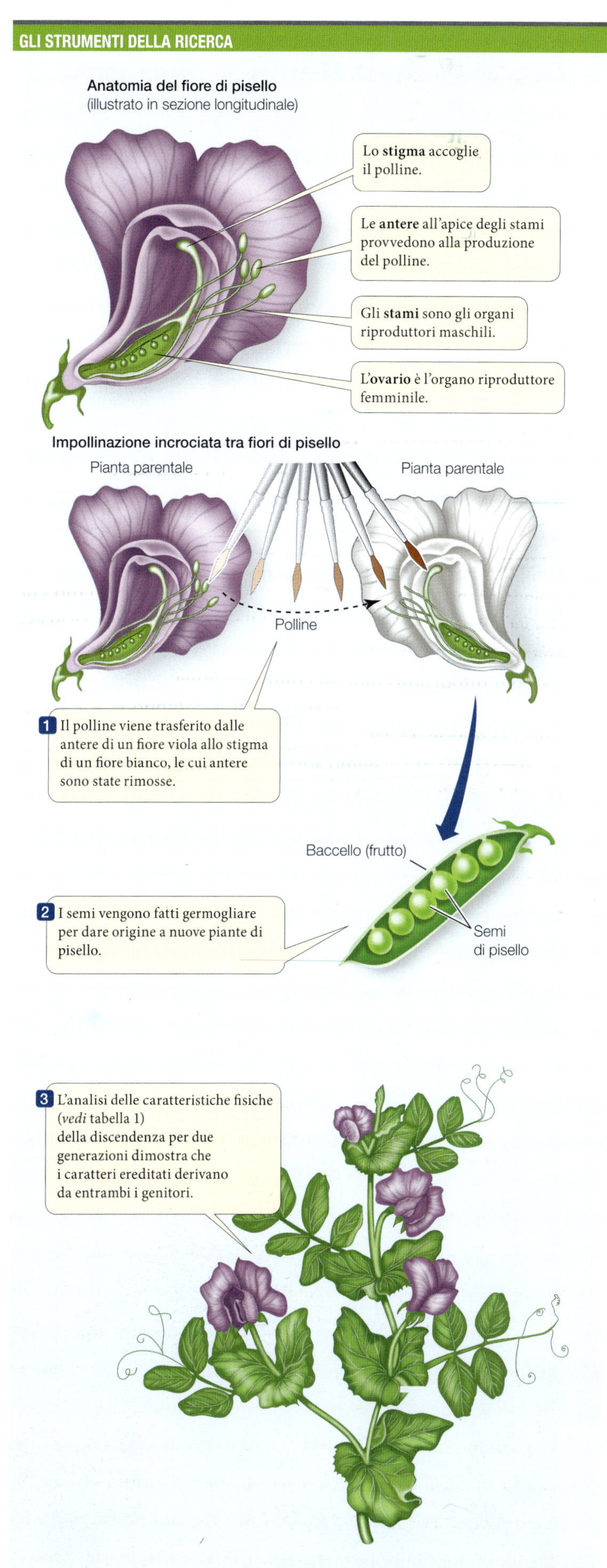

Figura 2 Un incrocio controllato fra due piante di pisello Nei primi esperimenti di genetica si utilizzarono le piante, poiché i loro incroci sono facilmente controllabili. Mendel utilizzò per i propri esperimenti piante di pisello odoroso (*Pisum sativum*).

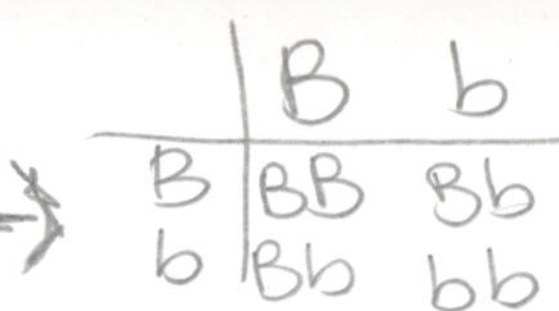

3 La prima legge di Mendel: la dominanza

Mendel eseguì diverse serie di incroci. Nella prima parte del suo lavoro egli decise di considerare l'ereditarietà di un solo carattere per volta in un grande numero di piantine, e operò nel modo seguente.

- Per ciascun carattere scelse piantine di linea pura per forme opposte del medesimo carattere ed effettuò una fecondazione incrociata: raccolse il polline da un ceppo parentale e lo mise sullo stigma (l'organo femminile) dei fiori dell'altro ceppo, ai quali preventivamente aveva tolto le antere (gli organi maschili), in modo che la pianta ricevente non potesse autofecondarsi. Le piante che fornivano o ricevevano il polline costituivano la **generazione parentale**, indicata con **P**.
- I semi e le nuove piante da essi prodotte costituivano la **prima generazione filiale** o $\mathbf{F_1}$. Gli individui di questa generazione possono esser definiti *ibridi* in quanto figli di organismi che differiscono per uno o più caratteri. Mendel e i suoi aiutanti esaminarono tutte le piante di F_1 per vedere quali caratteri presentavano e poi annotarono il numero di piante di F_1 che mostravano ciascun tratto.

I risultati ottenuti nella generazione F_1 possono essere riassunti nella **prima legge di Mendel**, o **legge della dominanza**: *gli individui ibridi della generazione F_1 manifestano solo uno dei tratti presenti nella generazione parentale.*

Mendel ripeté l'esperimento per tutti e sette i caratteri della pianta di pisello prescelti. Il metodo da lui seguito è illustrato nella ▸figura 3, che prende come esempio il carattere «forma del seme». Mendel prelevò il polline da una pianta di pisello di un ceppo puro con semi rugosi e lo collocò sullo stigma dei fiori di un ceppo puro a semi lisci. Egli eseguì anche l'incrocio reciproco, in cui si scambia l'origine parentale dei due caratteri: prelevò il polline da una pianta a semi lisci e lo collocò sugli stigmi dei fiori di un ceppo a semi rugosi. L'incrocio fra questi due tipi di piante P produceva in ogni caso una F_1 tutta uniformemente a semi lisci; era come se il carattere «seme rugoso» fosse completamente sparito.

4 La seconda legge di Mendel: la segregazione

La primavera seguente Mendel coltivò le piantine della generazione F_1 ed eseguì una seconda serie di esperimenti. Ognuna di queste piante fu lasciata libera di autoimpollinarsi e produrre i semi di una nuova generazione che chiameremo **seconda generazione filiale** o $\mathbf{F_2}$. Di nuovo, furono descritte e contate le caratteristiche di tutte le piante F_2 (*vedi* ▸tabella 1). In tutti gli incroci eseguiti, Mendel notò due dati importanti.

1. Il tratto che *non* si era espresso (cioè non si era manifestato) nella generazione F_1 ricompariva nella generazione F_2. Per esempio, nel caso del carattere «forma del seme» ricompariva il tratto rugoso che nella generazione F_1 sembrava sparito. Questo fatto portò Mendel a concludere che il tratto a seme liscio fosse dominante su quello a seme rugoso, da lui chiamato recessivo. In ognuna delle altre sei coppie di caratteri studiate da Mendel, un tratto si dimostrò sempre

Fenotipi della generazione parentale			Fenotipi della generazione F_2			
Dominante		Recessivo	Dominante	Recessivo	Totale	Frequenza
	seme con buccia liscia x seme con buccia rugosa		5474	1850	7324	2,96:1
	seme giallo x seme verde		6022	2001	8023	3,01:1
	fiore viola x fiore bianco		705	224	929	3,15:1
	baccello rigonfio x baccello con strozzature		882	299	1181	2,95:1
	baccello verde x baccello giallo		428	152	580	2,82:1
	fiore assiale x fiore terminale		651	207	858	3,14:1
	fusto allungato x fusto corto		787	277	1064	2,84:1

Tabella 1 **I caratteri scelti da Mendel.**

dominante sull'altro; e il tratto recessivo era quello che, in un incrocio fra ceppi puri, scompariva dalla generazione F_1.

2. In F_2 il rapporto numerico fra i due tratti era sempre lo stesso per ciascuno dei sette caratteri studiati, ed era all'incirca 3:1. In altre parole, tre quarti della generazione F_2 mostrava il tratto dominante e un quarto il tratto recessivo. Per esempio, l'incrocio per la forma del seme (*vedi* ▸figura 3) dava un rapporto di 5474:1850 = 2,96:1. I risultati di F_1 non cambiavano se nella generazione parentale si partiva dagli ibridi reciproci; non aveva importanza *quale* genitore forniva il polline.

I dati ottenuti da Mendel smentivano radicalmente la teoria della mescolanza: i tratti della generazione parentale infatti non si fondevano nella generazione F_1 e nella generazione F_2 ricompariva il tratto recessivo. Il tratto «rugoso» per esempio ricompariva nei semi di F_2, dopo essere apparentemente scomparso nei semi di F_1.

Come si possono spiegare questi risultati? Che cosa accade al tratto recessivo nella generazione F_1? Perché i tratti recessivi e quelli dominanti nella generazione F_2 si manifestano in rapporti sempre costanti? Per rispondere a questi interrogativi Mendel propose una teoria che possiamo così riassumere:

- le unità responsabili dell'ereditarietà di un particolare carattere si presentano come *particelle distinte* che in ciascun individuo si trovano in coppia;
- durante la formazione dei gameti tali particelle si separano e ogni gamete ne eredita una soltanto.

Secondo questa teoria, gli elementi unitari dell'ereditarietà si conservano integri in presenza l'uno dell'altro. L'idea di Mendel era che ogni pianta di pisello possedesse due elementi («particelle») ereditari per ciascun carattere, derivanti ciascuno da un genitore, e che durante la produzione dei gameti, un gamete ricevesse soltanto *una* di queste unità appaiate.

La sua conclusione, che costituisce il nocciolo del modello mendeliano dell'ereditarietà, fu che ogni gamete contiene una sola unità, ma lo zigote ne contiene due, perché è il prodotto della fusione di due gameti. Gli elementi unitari dell'ereditarietà oggi si chiamano **geni** e le forme diverse di uno stesso gene sono chiamate **alleli**. La teoria di Mendel può essere espressa nella seguente forma, che costituisce **la seconda legge di Mendel** o **legge della segregazione**: *quando un individuo produce gameti, le due copie di un gene (cioè gli alleli) si separano, cosicché ciascun gamete riceve soltanto una copia.*

LE PAROLE

Allele deriva dal termine originario *allelomorfo* (dal greco *allélon*, «l'un l'altro», e *morphé*, «forma»), che significava «di forma alternativa». Il termine ha un senso quando abbiamo almeno due alleli diversi.

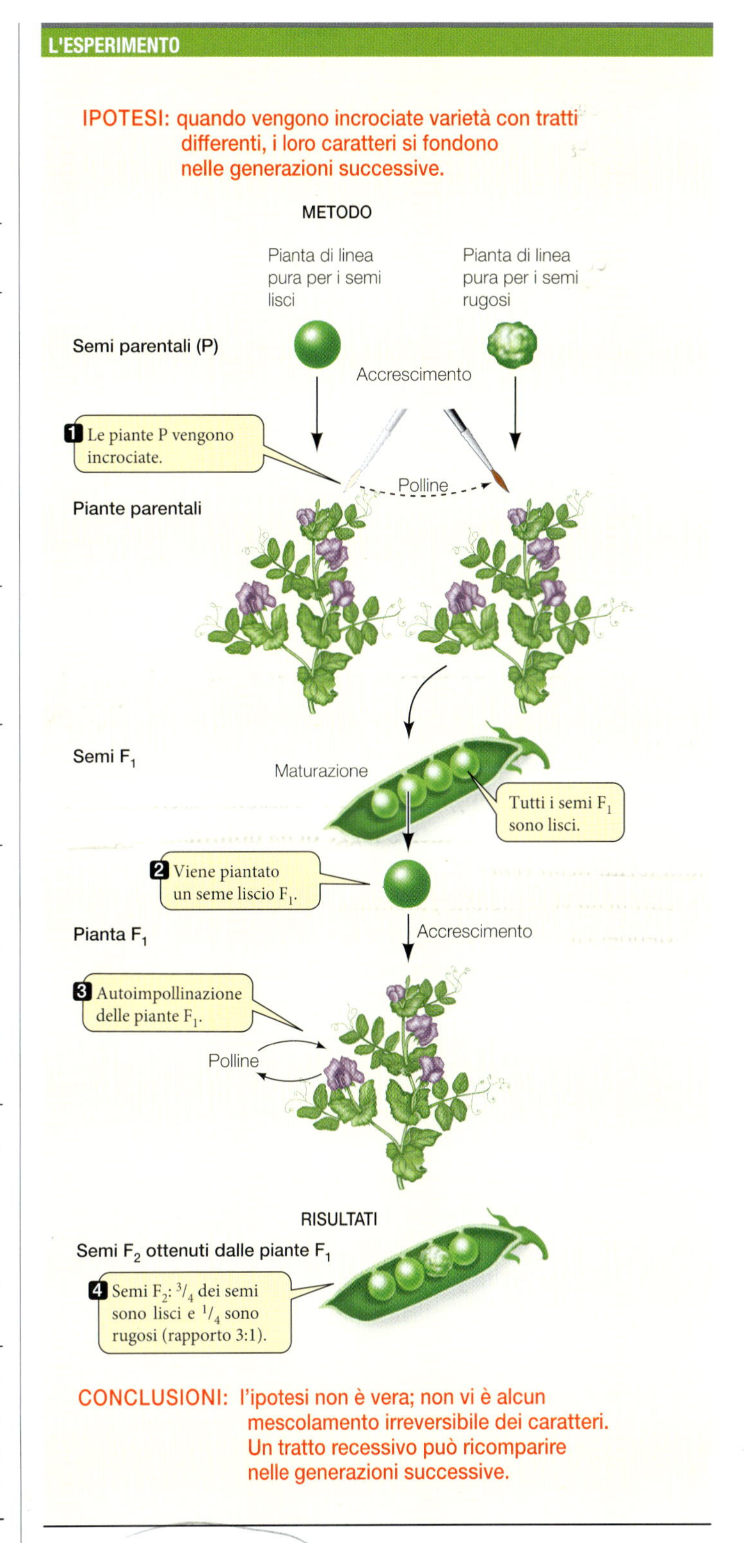

Figura 3 Gli incroci di Mendel I risultati osservati da Mendel nella generazione F_2 (3/4 di semi lisci, 1/4 di semi rugosi) furono sempre gli stessi, indipendentemente da quale varietà della generazione parentale contribuiva con il polline alla formazione della progenie.

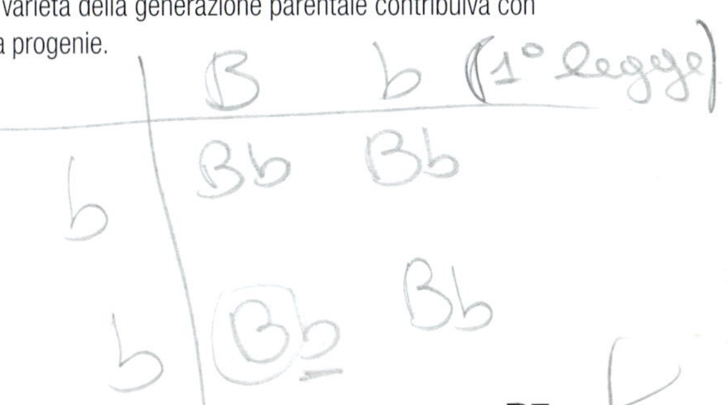

FACCIAMO IL PUNTO

Termini e concetti chiave

a. Che cosa significano i termini «dominante» e «recessivo»?
b. Quali dati ottenuti per via sperimentale da Mendel smentiscono la teoria della mescolanza?
c. Enuncia e spiega brevemente la prima e la seconda legge di Mendel.

Le conseguenze della seconda legge di Mendel

Grazie alla teoria di Mendel, la genetica ha sviluppato un linguaggio e un metodo di lavoro che consentono di descrivere e spiegare in modo semplice e chiaro i meccanismi di trasmissione dei geni da una generazione all'altra.

5 Prevedere il genotipo: il quadrato di Punnett

In tutti i testi di biologia gli alleli vengono rappresentati con un lettera: una lettera maiuscola se l'allele è dominante, la stessa lettera minuscola se si tratta dell'allele recessivo del medesimo gene. Per esempio l'allele per il seme liscio è indicato con la lettera *L*, mentre l'allele per il seme rugoso è rappresentato con la lettera *l*.

L'insieme degli alleli che determinano un carattere è detto **genotipo**, mentre la caratteristica osservabile che essi determinano è detta **fenotipo**. Se i due alleli del genotipo sono uguali, l'individuo è **omozigote**. Per esempio, una pianta di pisello con genotipo *LL* è omozigote dominante e avrà fenotipo «seme liscio», mentre una pianta con genotipo *ll* è omozigote recessiva e avrà fenotipo «seme rugoso».

Se i due alleli sono diversi, come nel fenotipo *Ll*, l'individuo è **eterozigote.** Nell'esempio l'eterozigote ha fenotipo dominante perché *L* domina su *l*. In generale, un allele è recessivo se non si manifesta nel fenotipo dell'eterozigote.

«Seme liscio» e «seme rugoso» sono quindi *due* fenotipi che risultano da *tre* possibili genotipi: il fenotipo «seme rugoso» è il prodotto del genotipo *ll*, mentre il fenotipo «seme liscio» è prodotto dai due genotipi *LL* e *Ll*.

In che modo il modello mendeliano di ereditarietà spiega i rapporti numerici fra i tratti riscontrati nelle generazioni F_1 e F_2? Proviamo a utilizzare la simbologia che abbiamo appena descritto per rappresentare gli incroci di Mendel. Nella generazione parentale i due genitori sono entrambi omozigoti: il genitore puro con semi lisci ha genotipo *LL*, mentre il genitore con semi rugosi ha genotipo *ll*. Il genitore *LL* produce gameti con il solo allele *L*, mentre il genitore *ll* produce gameti con il solo allele *l*. Poiché la generazione F_1 eredita un allele *L* da un genitore e un allele *l* dall'altro, tutte le piante F_1 hanno genotipo *Ll* e fenotipo dominante «seme liscio» (▸figura 4). Vediamo come è composta la generazione F_2: metà dei gameti prodotti dalla generazione F_1 porta l'allele *L* e l'altra metà porta l'allele *l*. Poiché le piante *LL* e le piante *Ll* producono entrambe semi lisci, mentre le piante *ll* producono semi rugosi, nella generazione F_2 ci sono *tre* modi di ottenere una pianta con semi lisci e *uno solo* di ottenere una pianta con semi rugosi. Questo suggerisce un rapporto 3:1, vicino ai valori trovati sperimentalmente da Mendel in tutti e sette i caratteri confrontati (*vedi* ▸tabella 1).

> **LE PAROLE**
>
> **Genotipo** deriva dal greco *génos*, «genere», e *týpos*, «tipo» anche in italiano, e si riferisce agli alleli presenti nell'individuo studiato. **Fenotipo** deriva invece dal greco *pháinein*, «apparire», e si riferisce alle caratteristiche determinate dal genotipo. **Omozigote** deriva dal greco *hómos*, «uguale», e *zygón*, «coppia», ed è contrapposto a **eterozigote** (*héteros*, «diverso» in greco).

Per prevedere le combinazioni alleliche risultanti da un incrocio è possibile usare il **quadrato di Punnett**, un metodo ideato nel 1905 dal genetista inglese Reginald Crundall Punnett. Questo sistema ci assicura che, nel calcolo delle frequenze genotipiche attese, stiamo considerando tutte le possibili combinazioni gametiche. Un quadrato di Punnett ha questo aspetto:

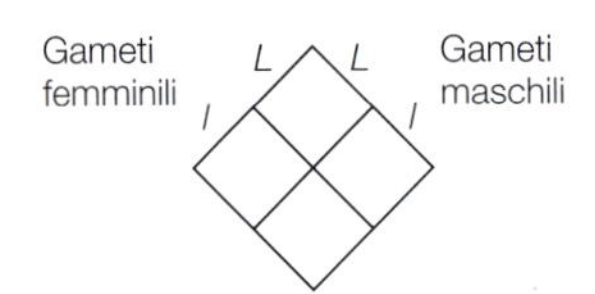

La griglia riporta lungo un lato tutti i possibili genotipi del gamete maschile e lungo l'altro tutti i possibili genotipi del gamete femminile; ricorda che sia i gameti maschili sia quelli femminili sono cellule *aploidi*. La griglia si completa mettendo in ogni quadrato il genotipo diploide derivante da ciascuna combinazione gametica (*vedi* ▸figura 4). Nel nostro esempio, per riempire il quadrato all'estrema destra, occorre inserire l'allele *L* proveniente dal gamete femminile e l'allele *l* proveniente dal gamete maschile, ottenendo *Ll*.

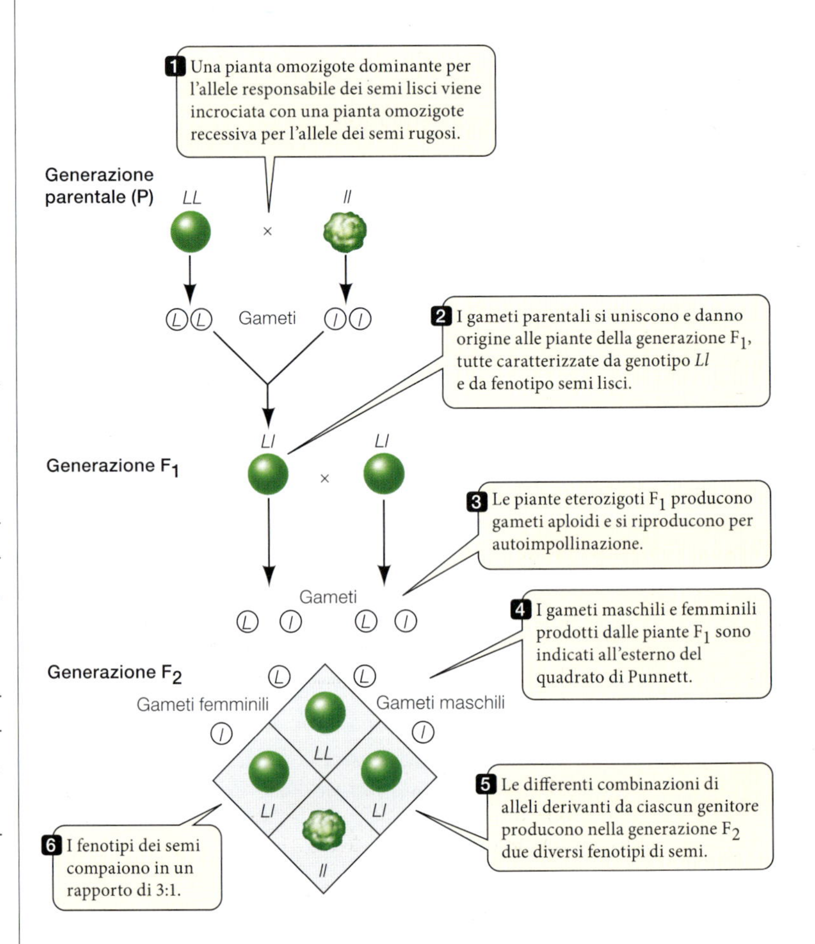

Figura 4 La spiegazione di Mendel sui meccanismi dell'ereditarietà
Mendel ipotizzò che l'ereditarietà dipendesse da fattori portati da ciascun genitore che non si mescolano nella progenie.

6 Alleli e cromosomi: le basi molecolari dell'ereditarietà

Oggi sappiamo che i geni sono tratti di DNA contenuti nei cromosomi. Più precisamente, un **gene** è una sequenza di DNA che si trova in un punto preciso del cromosoma, detto **locus** (al plurale **loci**), e che codifica un preciso carattere.

LE PAROLE

Locus è il vocabolo latino che significa «luogo», ma i primi genetisti lo scelsero come termine tecnico per indicare la precisa posizione di un gene nel cromosoma.

Mendel ha elaborato la sua legge della segregazione senza conoscere cromosomi e meiosi: oggi possiamo immaginare la disgiunzione dei differenti alleli di un gene come la separazione dei cromosomi durante la meiosi I (▸figura 5).

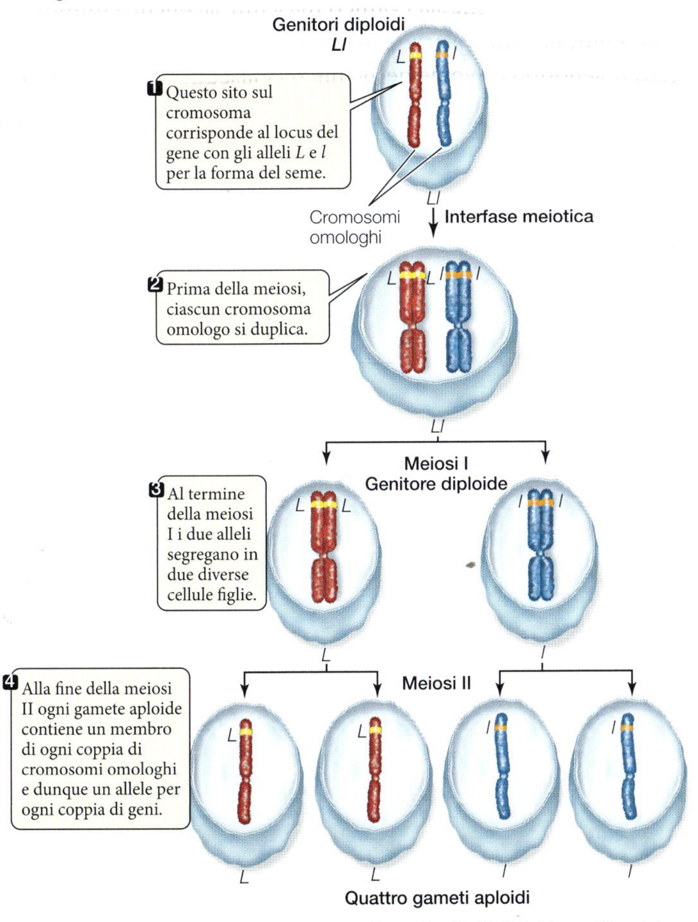

Figura 5 La meiosi spiega la segregazione degli alleli Sebbene Mendel non conoscesse l'esistenza dei cromosomi e della meiosi, oggi sappiamo che ogni coppia di alleli si trova sui cromosomi omologhi e che pertanto tali alleli segregano durante la meiosi.

7 Mendel sottopose le proprie ipotesi alla verifica del testcross

Per verificare l'ipotesi che nella generazione F_1 a seme liscio esistessero due possibili combinazioni alleliche (*LL* e *Ll*), Mendel eseguì un **testcross** (▸figura 6), ovvero un incrocio di controllo che permette di scoprire se un individuo che mostra un carattere dominante è omozigote o eterozigote. In un testcross l'individuo sotto analisi viene incrociato con un individuo *omozigote per il carattere recessivo*, una condizione facile da riconoscere perché corrisponde sempre a un fenotipo recessivo. Per il gene responsabile della forma del seme, l'omozigote recessivo utilizzato è *ll*. All'inizio l'individuo da sottoporre a controllo sarà indicato come *L*_, perché ancora non conosciamo la natura del secondo allele. Le possibilità sono due:

1. se l'individuo sotto analisi è un omozigote dominante (*LL*), tutta la prole dell'incrocio di controllo sarà *Ll* e mostrerà il carattere dominante, ovvero seme liscio;
2. se l'individuo sotto analisi è un eterozigote (*Ll*), allora circa metà della prole sarà eterozigote (*Ll*) e mostrerà il carattere dominante, ma l'altra metà sarà omozigote (*ll*) e mostrerà il carattere recessivo.

I risultati confermarono la seconda possibilità: l'ipotesi di Mendel dunque consentiva di prevedere i risultati del testcross.

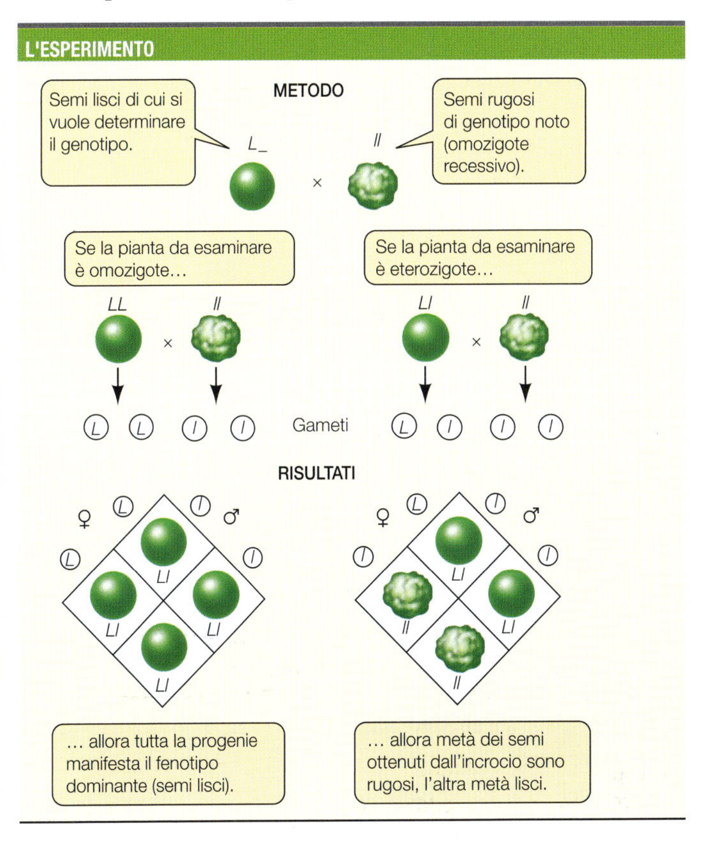

Figura 6 Omozigote o eterozigote? Il genotipo di un individuo con fenotipo dominante può essere determinato incrociandolo con un omozigote recessivo e osservando il fenotipo della progenie (o testcross).

FACCIAMO IL PUNTO

Termini e concetti chiave

a. Che cosa significano i termini «dominante» e «recessivo»?
b. Quali dati ottenuti per via sperimentale da Mendel smentiscono la teoria della mescolanza?
c. Enuncia e spiega brevemente la prima e la seconda legge di Mendel.

1.1 ATTIVITÀ
Le leggi di Mendel
ebook.scuola.zanichelli.it/sadavabiologiablu

La terza legge di Mendel

A questo punto della propria ricerca Mendel proseguì affrontando un nuovo interrogativo: come si comportano negli incroci due coppie diverse di geni se le consideriamo congiuntamente? In questo paragrafo vedremo come sia riuscito a trovare la soluzione.

8 La terza legge di Mendel: l'assortimento indipendente

Consideriamo un individuo eterozigote per due geni (*LlGg*), nel quale gli alleli *L* e *G* provengano dalla madre mentre gli alleli *l* e *g* provengano dal padre. Quando questo organismo produce i gameti, gli alleli di origine materna (*L* e *G*) devono per forza finire insieme in uno stesso gamete e quelli di origine paterna (*l* e *g*) in un altro, oppure un gamete può ricevere un allele materno e uno paterno (*L* e *g*, come pure *l* e *G*)?

Per rispondere a questa domanda, Mendel progettò un'altra serie di esperimenti. Cominciò con dei ceppi di pisello che differivano per due caratteristiche del seme: la forma e il colore. Un ceppo parentale puro produceva soltanto semi lisci e gialli (*LLGG*), mentre l'altro produceva soltanto semi rugosi e verdi (*llgg*). Dall'incrocio fra questi due ceppi si otteneva una generazione F_1 nella quale le piante avevano tutte genotipo *LlGg*. Poiché gli alleli *L* e *G* sono dominanti, i semi erano tutti lisci e gialli.

Mendel continuò l'esperimento fino alla generazione F_2 compiendo un **incrocio diibrido** (ovvero un incrocio fra individui che sono tutti doppiamente eterozigoti) fra piante di F_1; in pratica, si limitò a lasciare che le piante di F_1 si autoimpollinassero. Secondo Mendel, (che, come dobbiamo ricordare, non aveva mai sentito parlare di cromosomi o di meiosi), esistevano due diversi modi in cui tali piante doppiamente eterozigoti potevano produrre gameti.

1. Gli alleli *L* e *l* potevano conservare la relazione che avevano nella generazione parentale (cioè essere **associati**). In questo caso le piante F_1 avrebbero prodotto due soli tipi di gameti (*LG* e *lg*) e la progenie di F_2 risultante dall'autoimpollinazione avrebbe dovuto essere composta da piante con semi lisci e gialli e da piante con semi rugosi e verdi, con un rapporto 3:1. Se questo fosse stato il risultato, non ci sarebbe stata ragione di pensare che la forma e il colore del seme fossero regolati da due geni diversi, dato che i semi lisci sarebbero stati sempre gialli e quelli rugosi sempre verdi.
2. Gli alleli *L* e *l* si potevano distribuire in modo indipendente da come si distribuivano *G* e *g* (cioè i due geni potevano essere **indipendenti**). In questo caso la F_1 avrebbe prodotto in ugual misura quattro tipi di gameti: *LG*, *Lg*, *lG* e *lg*. Dalla combinazione casuale di questi gameti si sarebbe generata una F_2 con nove genotipi differenti. La progenie di F_2 avrebbe uno fra tre genotipi possibili per la forma (*LL*, *Ll* e *ll*) e uno fra tre genotipi possibili per il colore (*GG*, *Gg* e *gg*) che, combinati fra loro, danno nove genotipi. I fenotipi corrispondenti sarebbero stati quattro: liscio giallo, liscio verde, rugoso giallo e rugoso verde. Se inserisci questi dati in un quadrato di Punnett, puoi prevedere che questi quattro fenotipi si sarebbero presentati nei rapporti numerici di 9:3:3:1 (►figura 7).

Gli incroci diibridi di Mendel confermarono la *seconda* previsione: in F_2 comparvero infatti quattro fenotipi differenti in un rapporto di 9:3:3:1. In una parte della progenie le caratteristiche parentali si presentarono in combinazioni inedite (liscio con verde e rugoso con giallo), che prendono il nome di fenotipi **ricombinanti**.

Questi risultati indussero Mendel alla formulazione di quella che è nota come **terza legge di Mendel** o legge dell'assortimento indipendente dei caratteri: *durante la formazione dei gameti, geni diversi si distribuiscono l'uno indipendentemente* DELL'ALTRO.

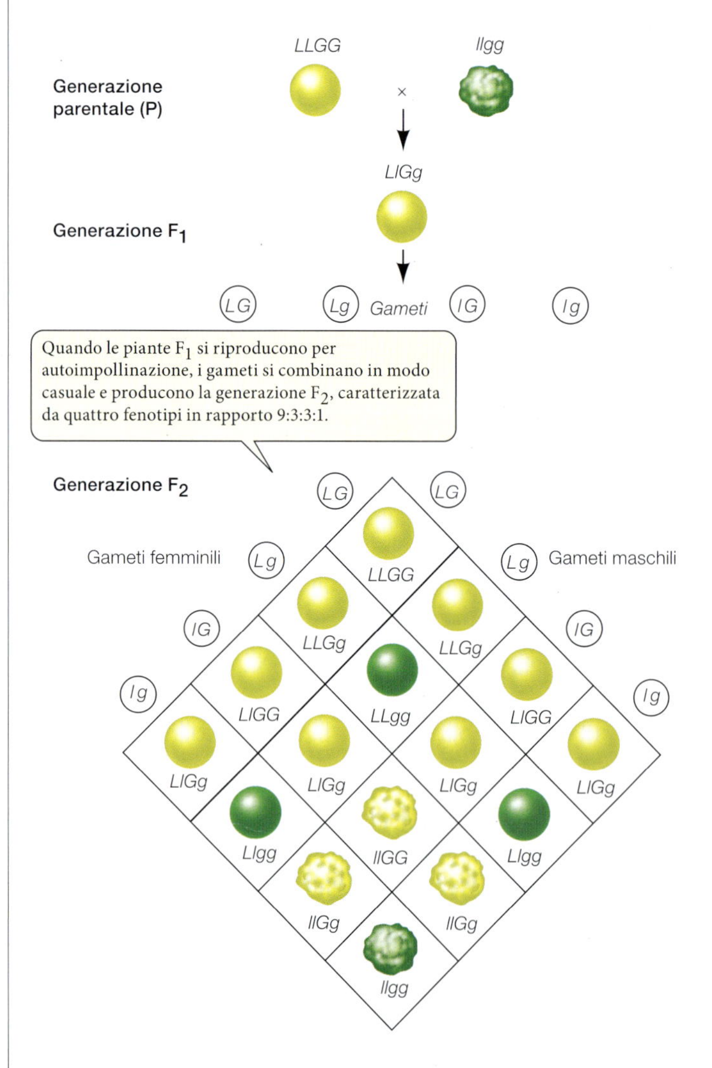

Figura 7 L'assortimento indipendente Le sedici possibili combinazioni gametiche di questo incrocio diibrido danno origine a nove diversi genotipi. Poiché *L* e *G* sono rispettivamente dominanti su *l* e *g*, i nove genotipi determinano quattro fenotipi diversi in rapporto di 9:3:3:1. Questi risultati illustrano che i due geni segregano indipendentemente l'uno dall'altro.

dall'altro. In altre parole, considerando i due geni *A* e *B*, la separazione degli alleli del gene *A* è indipendente dalla separazione degli alleli del gene *B*.

Oggi sappiamo che questa legge non è universalmente valida come la legge della disgiunzione; essa infatti si applica ai geni posizionati su cromosomi distinti, ma non sempre a quelli collocati su uno stesso cromosoma, come vedremo nelle prossime pagine. A ogni buon conto, non si sbaglia dicendo che durante la formazione dei gameti i *cromosomi* si riassortiscono l'uno indipendentemente dall'altro, e che così fanno due geni qualsiasi situati su coppie di cromosomi omologhi distinti (▸figura 8).

9

Gli alberi genealogici umani rispettano le leggi di Mendel

In che modo le leggi di Mendel si applicano alla specie umana? Mendel ha elaborato le sue leggi eseguendo molti incroci programmati e numerosi conteggi della prole. Né l'una né l'altra procedura è applicabile agli esseri umani, perciò la genetica umana può contare soltanto sulle genealogie: alberi genealogici che mostrano la comparsa di determinati fenotipi (e alleli) in più generazioni di individui imparentati.

Dato che la nostra specie produce una prole molto meno numerosa delle piante di pisello, negli alberi genealogici umani i rapporti numerici fra i fenotipi della prole non sono così netti come quelli osservati da Mendel. Per esempio, quando un uomo e una donna entrambi eterozigoti (poniamo, *Aa*) hanno figli, ogni figlio ha una probabilità del 25% di essere omozigote recessivo (*aa*). Se questa coppia dovesse avere dozzine di figli, un quarto di essi sarebbe omozigote recessivo (*aa*), ma la prole di un'unica coppia molto probabilmente è troppo scarsa per mostrare la proporzione esatta di un quarto. In una famiglia con due figli, per esempio, ciascuno di essi potrebbe facilmente essere *aa* (come pure *Aa* o *AA*).

Come si fa per sapere se tanto la madre quanto il padre sono portatori di un allele recessivo? La genetica umana parte dal presupposto che gli alleli responsabili di fenotipi anomali (come le malattie genetiche) siano rari all'interno della popolazione. Ciò significa che se alcuni membri di una data famiglia presentano un allele raro, è altamente improbabile che una persona esterna alla famiglia che entri a farne parte per matrimonio sia anch'essa dotata dello stesso allele raro.

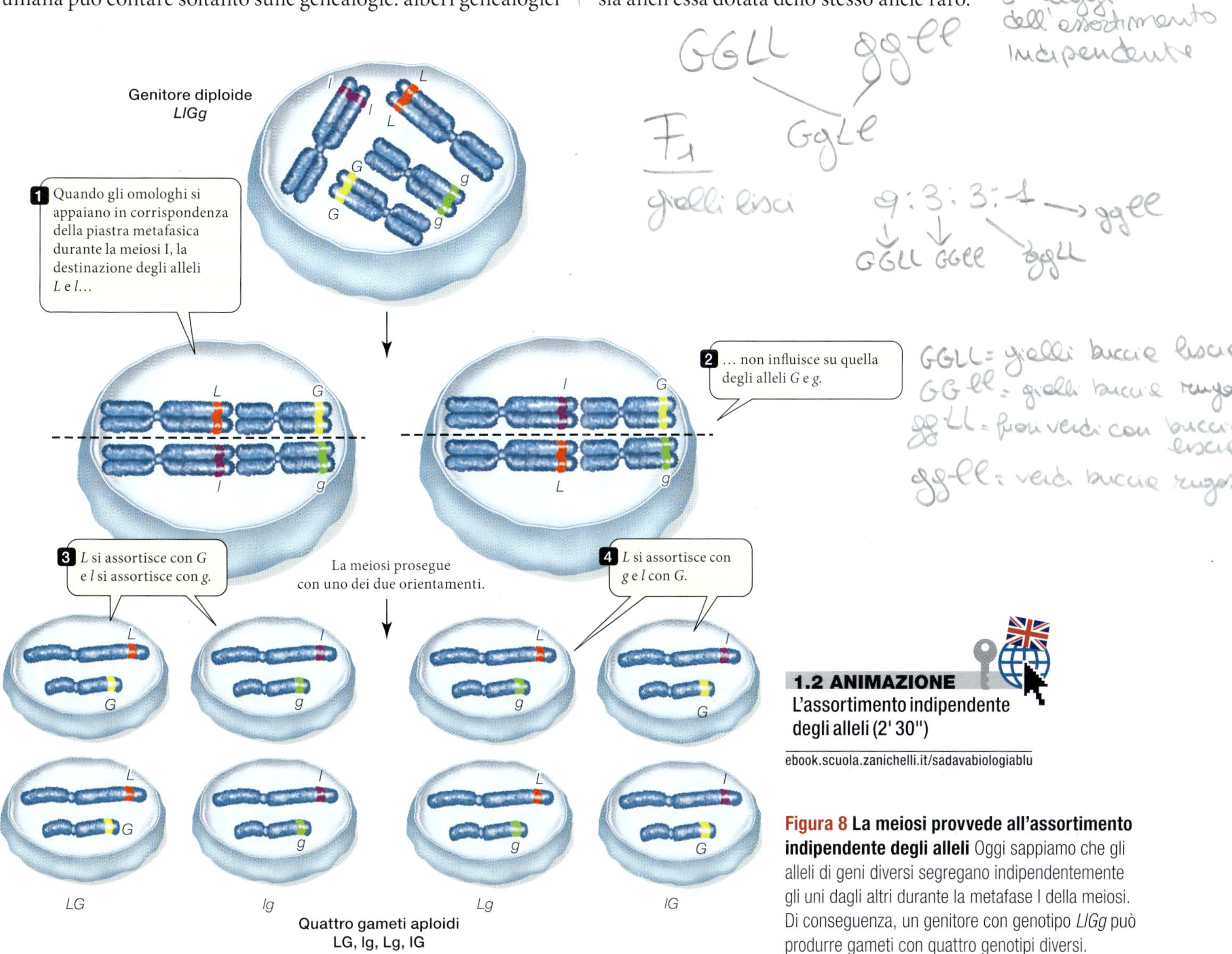

1.2 ANIMAZIONE
L'assortimento indipendente degli alleli (2' 30")
ebook.scuola.zanichelli.it/sadavabiologiablu

Figura 8 La meiosi provvede all'assortimento indipendente degli alleli Oggi sappiamo che gli alleli di geni diversi segregano indipendentemente gli uni dagli altri durante la metafase I della meiosi. Di conseguenza, un genitore con genotipo *LlGg* può produrre gameti con quattro genotipi diversi.

10 Le malattie genetiche possono essere dovute ad alleli dominanti o recessivi

È frequente che i genetisti umani vogliano sapere se un particolare allele raro, responsabile di un fenotipo anomalo, è dominante o recessivo. Nella ▸figura 9A puoi vedere un albero genealogico che mostra lo schema di trasmissione ereditaria di un *allele dominante*. Le caratteristiche chiave da ricercare in una simile genealogia sono le seguenti:

- ogni persona malata ha un genitore malato;
- circa metà dei figli di un genitore malato è malata;
- il fenotipo compare con la stessa frequenza nei due sessi.

Confronta questo schema con la ▸figura 9B, che mostra invece la trasmissione ereditaria di un *allele recessivo*:

- le persone malate hanno due genitori di solito sani;
- nelle famiglie colpite dalla malattia, circa un quarto dei figli di genitori sani è malato;
- il fenotipo compare con la stessa frequenza nei due sessi.

Negli alberi genealogici che mostrano la trasmissione ereditaria di un fenotipo recessivo non è raro trovare un matrimonio fra parenti. Questo fatto è una conseguenza della *rarità* degli alleli recessivi che danno origine a fenotipi anomali. Perché due genitori fenotipicamente normali abbiano un figlio malato (*aa*) è necessario che siano entrambi eterozigoti (*Aa*). Se un determinato allele recessivo è raro nella popolazione in generale, la probabilità che due coniugi siano entrambi portatori di quell'allele sarà molto bassa.

Se però quell'allele è presente in una famiglia, due cugini potrebbero condividerlo (*vedi* ▸figura 9B). Infatti gli studi su popolazioni isolate per motivi culturali (per esempio a causa della religione) e geografici (come le popolazioni insulari) hanno portato un contributo importante alla genetica umana, poiché gli individui di questi gruppi tendono a sposarsi fra loro.

Dato che l'analisi delle genealogie trova il suo principale impiego nelle valutazioni cliniche e nella consulenza a pazienti con anomalie ereditarie, di solito viene eseguita su una sola coppia di alleli per volta. Tuttavia, se considerassimo due diverse coppie di alleli, vedremmo rispettato anche l'assortimento indipendente, oltre alla segregazione degli alleli.

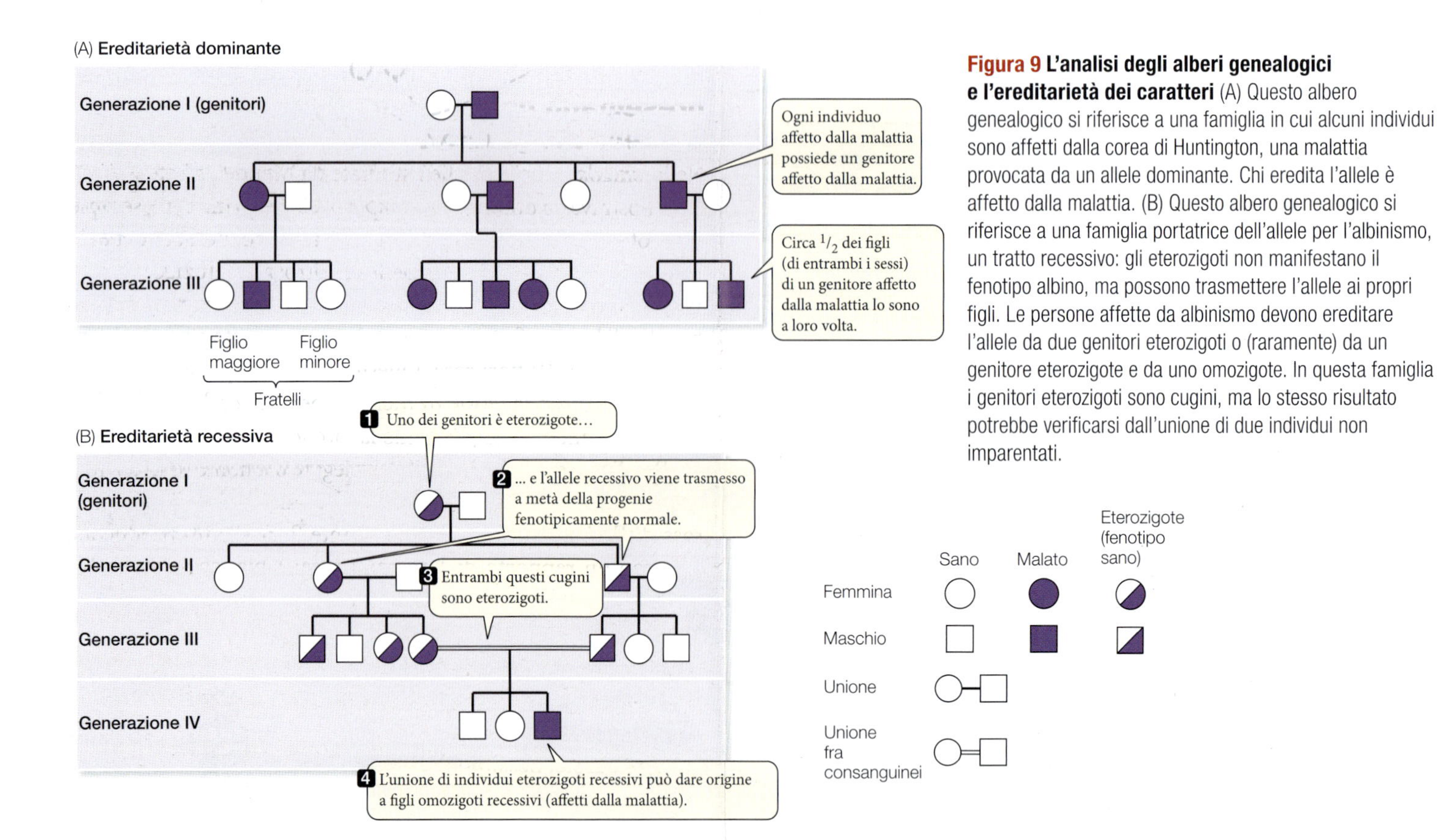

Figura 9 L'analisi degli alberi genealogici e l'ereditarietà dei caratteri (A) Questo albero genealogico si riferisce a una famiglia in cui alcuni individui sono affetti dalla corea di Huntington, una malattia provocata da un allele dominante. Chi eredita l'allele è affetto dalla malattia. (B) Questo albero genealogico si riferisce a una famiglia portatrice dell'allele per l'albinismo, un tratto recessivo: gli eterozigoti non manifestano il fenotipo albino, ma possono trasmettere l'allele ai propri figli. Le persone affette da albinismo devono ereditare l'allele da due genitori eterozigoti o (raramente) da un genitore eterozigote e da uno omozigote. In questa famiglia i genitori eterozigoti sono cugini, ma lo stesso risultato potrebbe verificarsi dall'unione di due individui non imparentati.

FACCIAMO IL PUNTO

Termini e concetti chiave

a. Come si costruisce il quadrato di Punnett nel caso di genitori diibridi? Quante righe e quante colonne avrà?
b. Quali risultati si ottengono in un testcross effettuato per verificare il genotipo di una piantina a semi gialli e lisci?
c. In che modo la meiosi spiega i risultati e i limiti della terza legge di Mendel?

Come interagiscono gli alleli?

Nel corso del Novecento, le conoscenze nel campo della genetica si sono sviluppate ampliando e in parte modificando le teorie di Mendel. Oggi sappiamo che le mutazioni danno origine a nuovi alleli; perciò all'interno di una popolazione possono esistere molte varianti alleliche per un unico carattere. Inoltre gli alleli spesso non mostrano il rapporto semplice di dominanza e recessività. Esistono poi casi in cui un singolo allele determina contemporaneamente più tratti del fenotipo.

11 Le mutazioni danno origine a nuovi alleli

I diversi alleli di uno stesso gene esistono perché i geni sono soggetti a **mutazioni**.

Una mutazione, nonostante sia un evento piuttosto raro, può dare origine a un nuovo allele. Le mutazioni, che studieremo nel ▶capitolo B3, sono fenomeni casuali; copie diverse di uno stesso allele possono andare incontro a cambiamenti differenti.

I genetisti definiscono **selvatico** quel particolare allele di un gene che in natura è presente nella maggior parte degli individui. Esso dà origine a un carattere (o fenotipo) atteso, mentre gli altri alleli del gene, detti *alleli mutanti*, producono un fenotipo diverso.

L'allele selvatico e gli alleli mutanti occupano lo stesso locus e vengono ereditati secondo le regole stabilite da Mendel. Un gene il cui locus è occupato dall'allele selvatico in meno del 99% dei casi (e negli altri casi da alleli mutanti) è detto **polimorfico**.

LE PAROLE

Il termine **mutazione** nel linguaggio comune è sinonimo di cambiamento, ma la *mutazione genetica* è un tipo di modificazione particolare, che deve essere stabile ed ereditario. Nei casi più semplici, una mutazione è dovuta a un cambiamento chimico di una singola base azotata del DNA.

Polimorfico deriva dal greco *polýs*, «molto» e *morphé*, «forma». Il termine indica quindi che il gene in questione si può trovare in diverse forme alleliche.

12 Molti geni presentano alleli multipli: la poliallelia

In una specie, a seguito di mutazioni casuali, possono esistere più di due alleli di un certo gene (anche se ogni individuo diploide ne contiene soltanto due, uno di origine materna e l'altro di origine paterna). Questa condizione prende il nome di **poliallelia** ed è assai frequente in natura.

Per esempio, il colore del manto nei conigli è determinato da un unico gene di cui conosciamo quattro alleli. Poiché ogni individuo ne possiede soltanto due, tra i conigli sono diffusi numerosi genotipi e fenotipi. Un coniglio provvisto dell'allele *C* (abbinato a uno qualsiasi dei quattro possibili) è grigio scuro, mentre un coniglio *cc* è albino. Le colorazioni intermedie sono il risultato di diverse combinazioni alleliche (▶figura 10).

L'esistenza della poliallelia accresce il numero di fenotipi possibili. Negli esempi considerati da Mendel erano presenti soltanto una coppia di alleli (*L* e *l*) e due possibili fenotipi (corrispondenti l'uno a *LL* oppure a *Ll* e l'altro a *ll*) per ciascun carattere. I quattro alleli del gene per il colore del manto del coniglio producono invece cinque fenotipi differenti.

13 Nella dominanza incompleta, gli eterozigoti presentano un fenotipo intermedio a quello dei genitori

Nelle singole coppie di alleli studiate da Mendel, gli eterozigoti (*Ll*) mostravano dominanza *completa*, cioè esprimevano sempre il fenotipo *L*. Molti geni, però, hanno alleli che non sono né dominanti né recessivi l'uno rispetto all'altro: gli eterozigoti, infatti, presentano un fenotipo intermedio. Per esempio, varietà pure di bocche di leone a fiori rossi incrociate con varietà a fiori bianchi, in F_1 danno tutti fiori rosa. Questo risultato a prima vista pare in contrasto con le teorie di Mendel, perché sembrerebbe che i caratteri si mescolino perdendo la loro identità.

Per dimostrare che è possibile spiegare il fenomeno in termini di genetica mendeliana è sufficiente lasciare che bocche di leone rosa di F_1 si autoimpollinino; le piante F_2 risultanti producono fiori con un rapporto di 1 rosso: 2 rosa: 1 bianco (▶figura 11). Chiaramente le particelle ereditarie, cioè i geni, non si sono mescolati, tanto che nella generazione F_2 si sono riassortiti rispettando i rapporti previsti dalla seconda legge di Mendel.

Quando gli eterozigoti mostrano un fenotipo intermedio, si dice che il gene segue la regola della **dominanza incompleta**; in altre parole, nessuno dei due alleli è dominante.

Figura 10 La trasmissione ereditaria del colore del pelo nei conigli
Esistono quattro diversi alleli del gene che codifica il colore del pelo di questi conigli nani. Le diverse combinazioni di due alleli assortiti a caso danno origine alle diverse colorazioni degli animali.

Possibili genotipi	CC, Cc^{ch}, Cc^{h}, Cc	$c^{ch}c^{ch}$	$c^{ch}c^{h}$, $c^{ch}c$	$c^{h}c^{h}$, $c^{h}c$	cc
Fenotipi	Grigio scuro	Cincillà	Grigio chiaro	Estremità scure	Albino

14 Nella codominanza si esprimono entrambi gli alleli di un locus

Talvolta i due alleli di un locus producono due diversi fenotipi che compaiono *entrambi* negli eterozigoti, un fenomeno definito **codominanza**. Un buon esempio di codominanza è osservabile nel sistema AB0 dei gruppi sanguigni umani (che costituisce anche un caso di poliallelia).

I primi tentativi di trasfusione provocavano spesso la morte del paziente. All'inizio del Novecento, lo scienziato austriaco Karl Landsteiner provò a mescolare i globuli rossi di un individuo con il *siero* (il liquido emesso dal sangue dopo la coagulazione) di un altro individuo, e trovò che soltanto certe combinazioni sono compatibili; nelle altre, i globuli rossi si agglutinano, cioè si riuniscono in piccole masse, che finiscono per danneggiare la circolazione.

L'agglutinazione dei globuli rossi si verifica perché alcune proteine presenti nel siero, dette *anticorpi*, reagiscono con le cellule estranee. Gli anticorpi si legano a molecole, gli *antigeni*, situate sulla superficie delle cellule estranee.

La compatibilità sanguigna dipende da una serie di tre alleli (I^A, I^B e i) di uno stesso locus posto sul cromosoma 9, che determinano il tipo di antigeni sulla superficie dei globuli rossi. Le varie combinazioni di questi alleli producono nella popolazione quattro diversi fenotipi: i gruppi sanguigni A, B, AB e 0 (▸figura 12). Il fenotipo AB, che si riscontra negli individui a genotipo I^AI^B, è un esempio di codominanza: questi individui infatti producono antigeni della superficie cellulare tanto di tipo A quanto di tipo B.

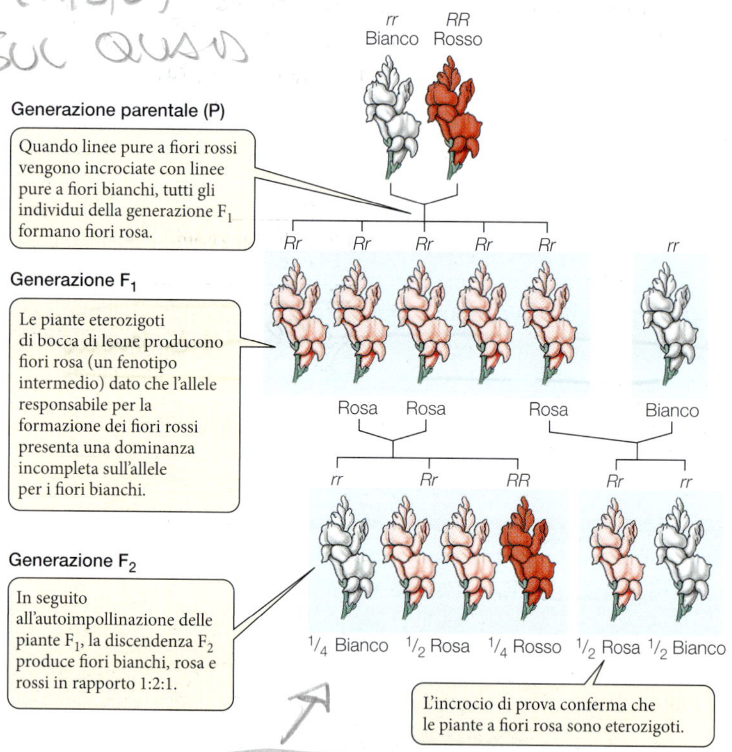

15 La pleiotropia: un singolo allele può avere effetto su più caratteri fenotipici

I principi di Mendel si ampliarono ulteriormente quando fu scoperto che un singolo allele può influenzare più di un fenotipo. Un allele che abbia più effetti fenotipici distinti è detto **pleiotropico**.

Un comune esempio di pleiotropia riguarda l'allele responsabile della colorazione del pelo dei gatti siamesi, con le estremità più scure del resto del corpo; lo stesso allele è responsabile anche dei caratteristici occhi strabici dei gatti siamesi. Entrambi questi effetti, fra i quali non sembra esserci alcun rapporto diretto, derivano da una stessa proteina prodotta sotto l'influenza di tale allele.

Tra i geni che hanno un'azione pleiotropica ci sono quelli responsabili di molte malattie umane caratterizzate da un quadro clinico complesso con molti sintomi differenti, come per esempio la *fenilchetonuria* (PKU). La fenilchetonuria è causata da un allele recessivo che rende inattivo l'enzima che catalizza la conversione dell'amminoacido fenilalanina in tirosina.

In presenza dell'allele recessivo, la fenilalanina che entra nel corpo umano con il cibo non viene degradata ma si accumula nell'organismo; in queste condizioni viene convertita in un composto tossico, l'acido fenilpiruvico, che

LE PAROLE

Pleiotropìa deriva dal greco *plêion*, «più», e *trépein*, «volgere», che in campo scientifico prende però il significato di «muovere». Il termine indica quindi un'unica causa, un unico gene, che controlla, che fa muovere più caratteri fenotipici.

rr Bianco *RR* Rosso

Generazione parentale (P)

Quando linee pure a fiori rossi vengono incrociate con linee pure a fiori bianchi, tutti gli individui della generazione F_1 formano fiori rosa.

Rr *Rr* *Rr* *Rr* *Rr* *rr*

Generazione F_1

Le piante eterozigoti di bocca di leone producono fiori rosa (un fenotipo intermedio) dato che l'allele responsabile per la formazione dei fiori rossi presenta una dominanza incompleta sull'allele per i fiori bianchi.

Rosa Rosa Rosa Bianco

rr *Rr* *RR* *Rr* *rr*

Generazione F_2

In seguito all'autoimpollinazione delle piante F_1, la discendenza F_2 produce fiori bianchi, rosa e rossi in rapporto 1:2:1.

$^1/_4$ Bianco $^1/_2$ Rosa $^1/_4$ Rosso $^1/_2$ Rosa $^1/_2$ Bianco

L'incrocio di prova conferma che le piante a fiori rosa sono eterozigoti.

Figura 11 La dominanza incompleta è in accordo con le leggi di Mendel Quando nessuno dei due alleli per un carattere è dominante sull'altro, negli eterozigoti può manifestarsi un fenotipo intermedio rispetto a quello dei due genitori. Nelle generazioni successive i tratti della generazione parentale ricompaiono nelle loro forme originarie, come previsto dalle leggi mendeliane.

Cellule del gruppo sanguigno	Genotipo	Anticorpi prodotti	Reazione in seguito all'aggiunta di anticorpi	
			Anti-A	Anti-B
A	I^AI^A o I^Ai^O	Anti-B		
B	I^BI^B o I^Bi^O	Anti-A		
AB	I^AI^B	Né anti-A né anti-B		
0	i^Oi^O	Sia anti-A sia anti-B		

I globuli rossi che non reagiscono con gli anticorpi rimangono uniformemente sospesi.

I globuli rossi che reagiscono con gli anticorpi si agglutinano.

Figura 12 Le reazioni dei gruppi sanguigni AB0 sono importanti nelle trasfusioni di sangue Questo schema mostra i risultati della mescolanza di globuli rossi di tipo A, B, AB e 0 con siero contenente anticorpi anti-A o anti-B. Seguendo le singole colonne, puoi notare che ognuno dei tipi di sangue, quando viene mescolato separatamente con siero contenente anti-A o anti-B, dà origine a un unico abbinamento di risultati. Individui con sangue appartenente al gruppo 0 sono donatori universali, poiché le cellule 0 non reagiscono né con gli anticorpi A né con quelli B. Gli individui di gruppo sanguigno AB sono riceventi universali, poiché non producono nessuno dei due tipi di anticorpi.

PER SAPERNE DI PIÙ

I GRUPPI SANGUIGNI

Gli esseri umani hanno diversi gruppi sanguigni che dipendono dalla presenza, sulla superficie dei globuli rossi, di due antigeni diversi:

- chi possiede l'antigene A ha gruppo sanguigno A;
- chi possiede l'antigene B appartiene al gruppo B;
- chi presenta entrambi gli antigeni ha gruppo sanguigno AB (i cosiddetti riceventi universali);
- infine, se i globuli rossi non presentano nessuno dei due antigeni, gli individui appartengono al gruppo 0 (i cosiddetti donatori universali).

Gli antigeni A e B derivano da un glicolipide della membrana plasmatica dei globuli rossi che viene modificato chimicamente ad opera di due enzimi: l'enzima A aggiunge una molecola di N-acetil-glucosammina al «glicolipide base» trasformandolo nell'antigene A; l'enzima B aggiunge una molecola di galattosio al «glicolipide base» trasformandolo nell'antigene B.

Nel locus che controlla il gruppo sanguigno, l'allele I^A codifica per l'enzima A; l'allele I^B codifica per l'enzima B; l'allele *i* non codifica per nessun enzima.

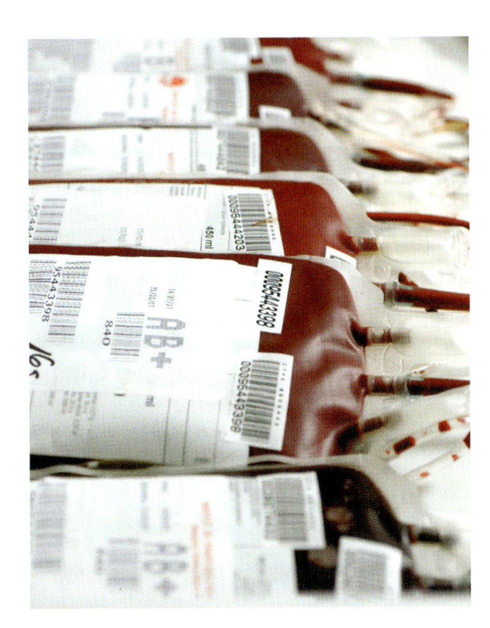

Le trasfusioni È fondamentale conoscere la compatibilità tra il gruppo sanguigno del donatore e quello del ricevente prima di effettuare una trasfusione di sangue.

attraverso il sangue raggiunge il cervello, impedendone il normale sviluppo e provocando ritardo mentale. La PKU è un esempio in cui una mutazione a carico di un solo gene provoca effetti molteplici a livello dell'intero organismo; ciò dipende sia dalla complessità delle interazioni geniche all'interno della cellula, sia da altri fattori come la quantità di fenilanina che si introduce con la dieta, la concentrazione dell'acido fenilpiruvico nel sangue e l'azione sul sistema nervoso centrale.

16 Anche i geni interagiscono tra loro

Non solo gli alleli possono interagire tra loro, ma anche i geni. Accade così che certi geni sono determinati da più geni (**caratteri poligenici**). I genetisti hanno scoperto svariati casi in cui due geni interagiscono tra loro, determinando comportamenti che apparentemente non rispettano le leggi di Mendel, ma che a esse possono essere ricondotti. Un caso è quello dell'**epistasi** (▶figura 13), studiata, per esempio, sui cani di razza Labrador, nei quali un gene *e* sopravanza l'espressione del gene *B* e determina, comunque, il colore chiaro del mantello.

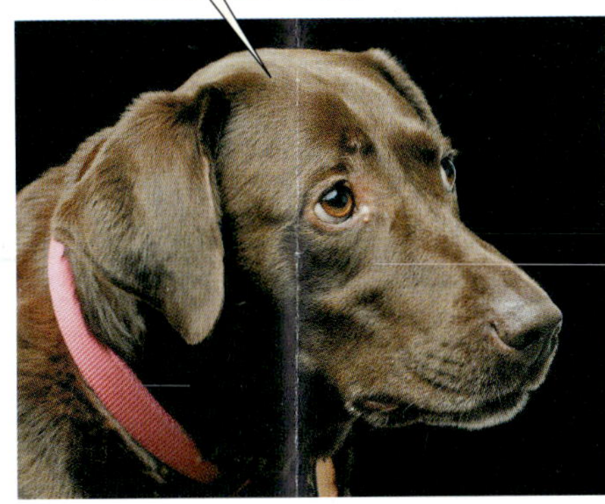

Figura 13 I geni possono interagire reciprocamente tramite epistasi
L'epistasi si manifesta quando un gene altera l'effetto fenotipico di un altro gene. Nel caso dei cani Labrador retriever il gene *E*/*e* determina l'espressione del gene *B*/*b*.

FACCIAMO IL PUNTO

Termini e concetti chiave

a. Che cosa si intende per allele selvatico?
b. Fai un esempio di poliallelia.
c. Spiega che cos'è la pleiotropia utilizzando come esempio la PKU.
d. Come vengono ereditati i gruppi sanguigni nella specie umana?
e. Quali caratteristiche contraddistinguono l'ereditarietà dei gruppi sanguigni?

In che rapporto stanno geni e cromosomi?

La constatazione che certe coppie di geni non seguivano la legge dell'assortimento indipendente di Mendel ha aperto la strada a ricerche che hanno chiarito la relazione tra geni e cromosomi.
Qual è lo schema ereditario seguito da tali geni?
Come possiamo stabilire se i geni sono posizionati su uno stesso cromosoma e a quale distanza?

17

I geni situati su uno stesso cromosoma di solito vengono ereditati insieme

I primi esperimenti di genetica sulla drosofila (▸figura 14) furono effettuati a partire dal 1909 da Thomas Hunt Morgan e dai suoi allievi presso la Columbia University. Morgan scelse il moscerino della frutta come modello sperimentale perché presentava una serie di caratteristiche vantaggiose: le dimensioni ridotte, la facilità di allevamento, la brevità dell'intervallo fra una generazione e la successiva, la facilità nell'identificare caratteri chiaramente riconoscibili, la possibilità di indurre con una certa facilità mutazioni creando nuovi alleli accanto a quelli selvatici. Ancora oggi la drosofila resta un soggetto estremamente importante per gli studi di struttura dei cromosomi, di genetica di popolazioni, genetica dello sviluppo e genetica del comportamento.

Il gruppo di Morgan effettuò diversi tipi di esperimenti, alcuni dei quali erano finalizzati a verificare la validità della terza legge di Mendel. Per raggiungere questo scopo Morgan prese in esame diversi caratteri per verificare se i loro alleli segregavano indipendentemente secondo quanto stabilito da Mendel.

Egli scoprì così che in molti casi i rapporti fenotipici erano in disaccordo con quelli previsti dalla legge dell'indipendenza. Consideriamo per esempio i caratteri «colore del corpo» e «forma delle ali», entrambi determinati da una coppia di alleli:

1. l'allele selvatico *B* (corpo grigio) domina su *b* (corpo nero);
2. l'allele selvatico *F* (ali normali) domina su *f* (ali vestigiali, cioè di dimensioni ridotte).

Incrociando un individuo eterozigote per entrambi i caratteri (genotipo *BbFf*) con un individuo omozigote recessivo (genotipo *bbff*) Morgan si aspettava di osservare quattro fenotipi in rapporto di 1:1:1:1, ma successe qualcosa di diverso. Il gene per il colore del corpo e il gene per la dimensione delle ali non si distribuivano in modo indipendente: anzi, per lo più venivano ereditati congiuntamente. Solo un piccolo numero di individui presentava la ricombinazione prevista da Mendel. Questi risultati trovarono una spiegazione quando Morgan considerò la possibilità che i due loci fossero situati sullo stesso cromosoma, cioè che fossero *associati*.

Dopo tutto, dato che in una cellula il numero dei geni è molto superiore a quello dei cromosomi, ogni cromosoma deve contenere parecchi geni. Oggi diciamo che l'intera serie di loci di un dato cromosoma costituisce un **gruppo di associazione**. Il numero di gruppi di associazione tipico di una specie corrisponde al suo numero di coppie di cromosomi omologhi.

LE PAROLE

L'**associazione** tra geni viene spesso indicata con il termine inglese di *linkage*, che ha esattamente lo stesso significato. *Link* è un termine di uso comune in informatica, dove ha soppiantato l'italiano «collegamento».

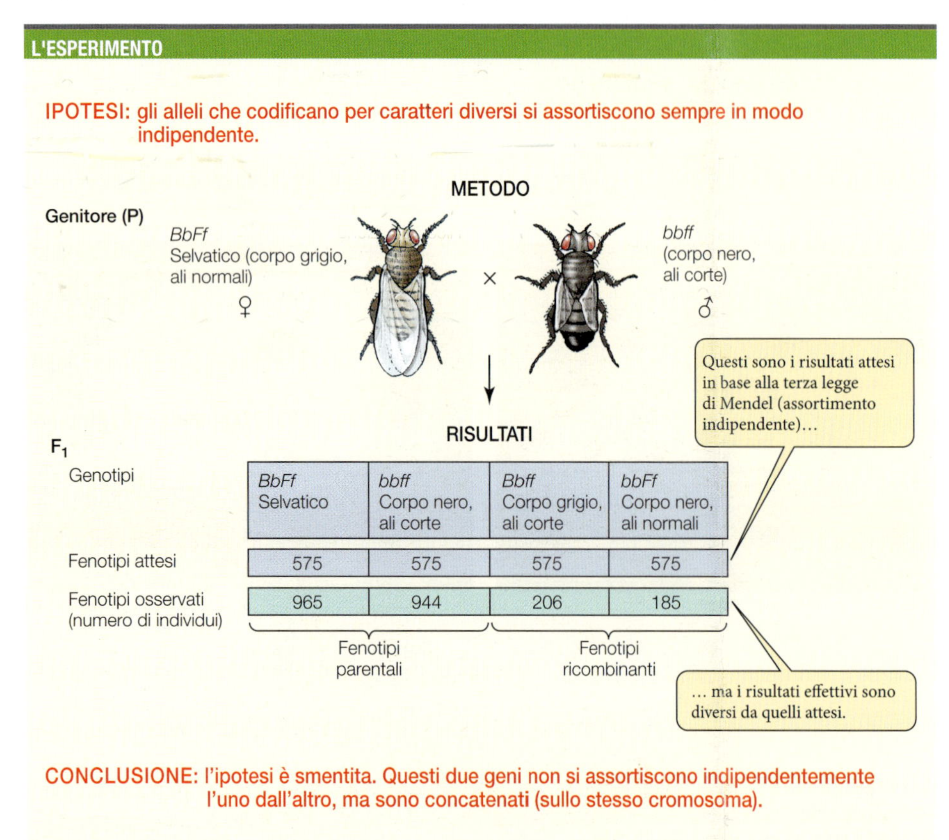

1.3 ANIMAZIONE
Alleli che non seguono l'assortimento indipendente (7' 45")
ebook.scuola.zanichelli.it/sadavabiologiablu

Figura 14 Alcuni alleli non seguono un assortimento indipendente Gli studi di Morgan hanno dimostrato che nella drosofila i geni responsabili del colore del corpo e delle dimensioni delle ali sono associati, cosicché i rispettivi alleli non seguono un assortimento indipendente. Questa associazione è responsabile della discordanza dei fenotipi osservati rispetto a quelli attesi in base alla legge mendeliana dell'assortimento indipendente.

Adesso supponiamo che i loci *Bb* e *Ff* siano realmente posizionati su uno stesso cromosoma. Allora perché non *tutti* i moscerini dell'incrocio di Morgan presentavano i fenotipi parentali? In altre parole, perché l'incrocio produceva anche qualcosa di diverso da moscerini grigi con ali normali (tipo selvatico) e moscerini neri con ali vestigiali? Se l'associazione fosse *assoluta*, cioè se i cromosomi rimanessero sempre integri e immutati, dovremmo aspettarci di osservare soltanto questi due tipi di progenie. Invece, non sempre è così.

18 Fra i cromatidi fratelli può avvenire uno scambio di geni

Un'associazione assoluta è un evento estremamente raro. Se l'associazione fosse assoluta, la legge di Mendel dell'indipendenza si applicherebbe soltanto ai loci situati su cromosomi diversi. La realtà dei fatti è più complessa e quindi anche più interessante. Dato che i cromosomi si possono spezzare, è possibile che si verifichi una **ricombinazione** di geni: talvolta durante la meiosi geni posti in loci diversi di uno stesso cromosoma effettivamente si separano l'uno dall'altro.

Si può avere ricombinazione fra geni quando, durante la profase I della meiosi, due cromosomi omologhi si scambiano materialmente segmenti corrispondenti, cioè attraverso il crossing-over (▸figura 15). Come abbiamo visto nel capitolo precedente, durante la fase S del ciclo cellulare il DNA si duplica; perciò alla profase I, quando le coppie di cromosomi omologhi si avvicinano e formano le tetradi, ciascun cromosoma è composto di due cromatidi. Gli episodi di scambio coinvolgono soltanto due dei quattro cromatidi di una tetrade, uno per ciascun rappresentante della coppia di omologhi, e possono verificarsi in qualsiasi punto lungo il cromosoma.

Fra i segmenti di cromosoma interessati avviene uno scambio reciproco, perciò tutti e due i cromatidi che partecipano al crossing-over diventano *ricombinanti* (cioè, finiscono per contenere geni provenienti da entrambi i genitori). Di solito lungo tutta l'estensione di una coppia di omologhi si verificano più episodi di scambio.

Se fra due geni associati avviene un crossing-over, non tutta la progenie di un incrocio presenta i fenotipi parentali; come nell'incrocio di Morgan, compare anche una prole ricombinante. Ciò avviene in una percentuale di casi, detta **frequenza di ricombinazione**, che si calcola dividendo il numero di figli ricombinanti per il numero totale di figli (▸figura 16).

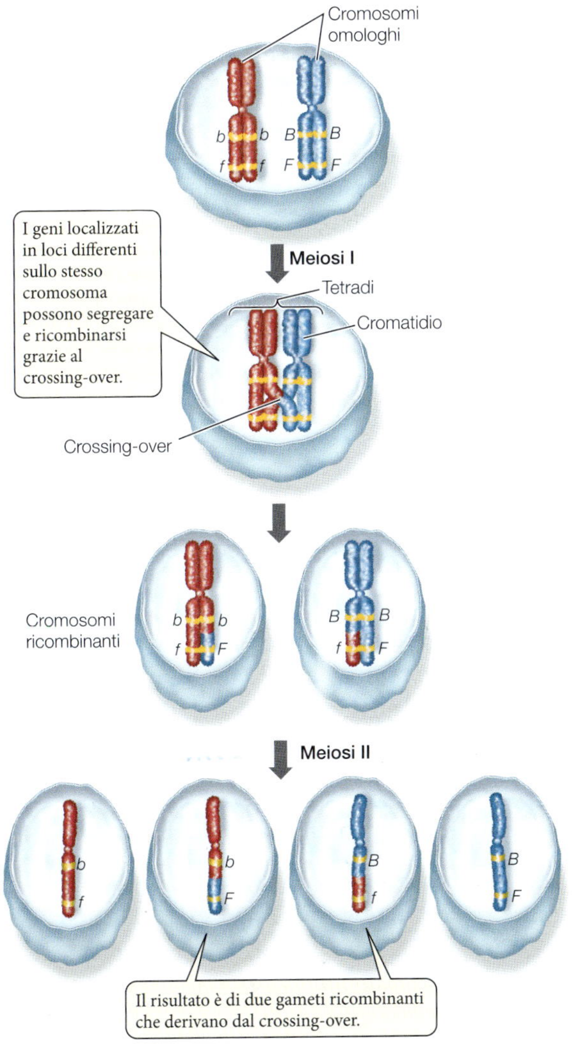

Figura 15 Il crossing-over determina il fenomeno della ricombinazione genica I geni collocati sullo stesso cromosoma ma in loci differenti possono essere separati e ricombinati mediante il fenomeno del crossing-over. La ricombinazione avviene durante la profase I della meiosi.

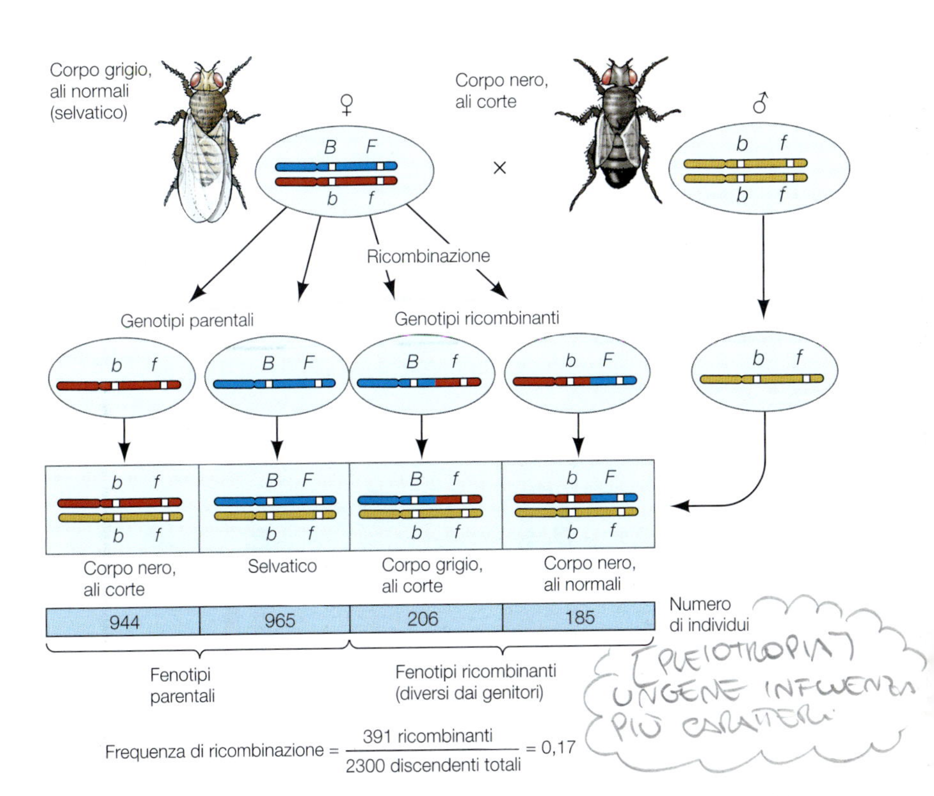

Figura 16 Come si calcola la frequenza di ricombinazione Il conteggio degli individui caratterizzati da un fenotipo differente rispetto a quello di entrambi i genitori permette di calcolare la frequenza di ricombinazione.

La determinazione cromosomica del sesso

Nel lavoro di Mendel gli incroci reciproci davano sempre risultati identici; in genere non aveva importanza se un allele dominante era stato fornito dalla madre o dal padre. Però in certi casi l'origine parentale di un cromosoma conta. Per capire quei tipi di trasmissione ereditaria nei quali è importante l'origine parentale di un allele, dobbiamo prima prendere in considerazione i vari tipi di determinazione del sesso nelle diverse specie.

19

I cromosomi sessuali e gli autosomi

Nel mais, ogni pianta adulta ha gli organi riproduttivi sia maschili sia femminili. I tessuti di questi due tipi di organi sono geneticamente identici, proprio come sono geneticamente identiche le radici e le foglie. Gli organismi come il mais, in cui uno stesso individuo produce i gameti dei due sessi, sono detti *monoici*; altri organismi, come le palme da dattero, le querce e gran parte degli animali, sono invece *dioici*: alcuni individui producono soltanto gameti maschili e altri soltanto gameti femminili. In altre parole, gli organismi dioici presentano due sessi separati.

> **LE PAROLE**
> **Monoico**, dal greco *mónos*, «solo», e *ôikos*, «casa», si riferisce a un tipo di vegetale in cui lo stesso individuo porta fiori maschili e femminili. **Dioico** si riferisce quindi a vegetali a sessi separati.

In molti organismi dioici il sesso di un individuo è determinato da differenze *cromosomiche*, ma questo meccanismo di determinazione funziona in modo diverso nei vari gruppi. Per esempio, in molti animali, compresi gli esseri umani, il sesso è determinato da una coppia di **cromosomi sessuali**; tanto i maschi quanto le femmine possiedono, invece, due copie di ciascuno degli altri cromosomi, che sono detti **autosomi**.

I cromosomi sessuali delle femmine di mammifero sono costituiti da una coppia di cromosomi X; i maschi, invece, hanno un solo cromosoma X accompagnato da un altro cromosoma sessuale che non si trova nelle femmine: il cromosoma Y. Maschi e femmine possono pertanto essere indicati rispettivamente come XY e XX:

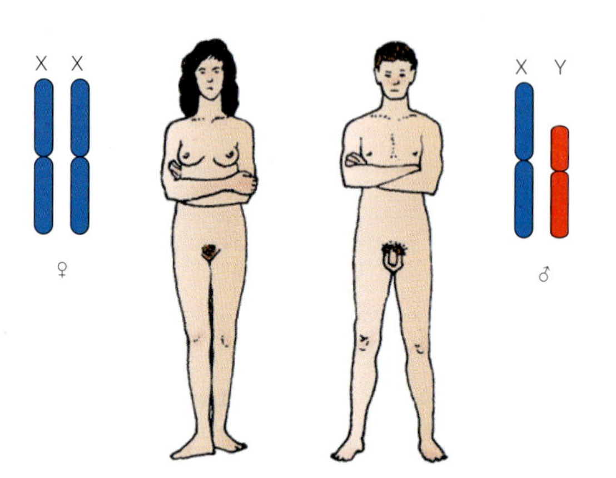

I maschi di mammifero producono *due* tipi di gameti. Ogni gamete contiene una serie completa di autosomi, ma metà dei gameti porta un cromosoma X mentre l'altra metà porta un cromosoma Y. Quando uno spermatozoo contenente X feconda una cellula uovo, lo zigote risultante XX sarà una femmina; se invece a fecondare è uno spermatozoo contenente Y, lo zigote risultante XY sarà maschio.

La situazione è diversa negli uccelli, nei quali i maschi sono XX e le femmine XY (per evitare confusione, questi cromosomi sono chiamati rispettivamente ZZ e ZW):

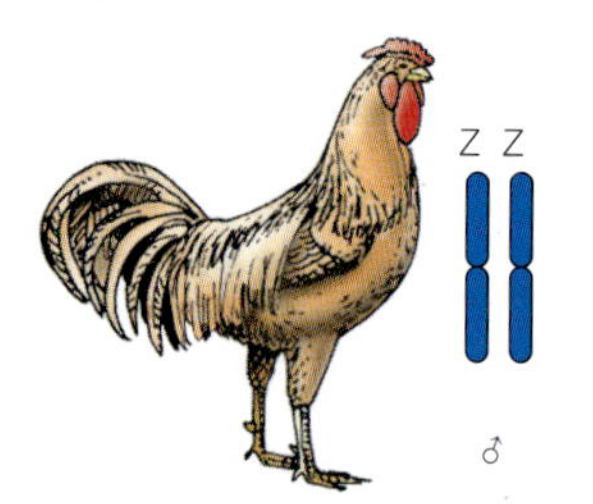

In questi organismi è la femmina che produce due tipi di gameti, contenenti Z o W. Il sesso della prole dipende dal fatto che l'uovo sia Z o W, mentre nell'uomo o nella drosofila il sesso dipende dallo spermatozoo che contiene X oppure Y.

20

I geni legati al sesso sono ereditati con modalità particolari

I geni situati sui cromosomi sessuali non seguono gli schemi mendeliani di ereditarietà. Nella drosofila, come negli esseri umani, il cromosoma Y pare essere povero di geni, ma il cromosoma X contiene un considerevole numero di geni che influenzano un vasta gamma di caratteri. Ognuno di tali geni è presente in duplice copia nelle femmine e in copia singola nei maschi. Definiamo **emizigoti** gli individui che possiedono una sola copia di un dato gene. I maschi di drosofila sono pertanto emizigoti per quasi tutti i geni che si trovano sul cromosoma X.

> **LE PAROLE**
> **Emizigote** rimanda ai termini omozigote ed eterozigote, già visti; il prefisso deriva dal greco *hemi*, «metà», alludendo al fatto che i maschi possiedono una sola copia dei geni che si trovano sul cromosoma X.

I geni che si trovano sul cromosoma X e sono assenti sul cromosoma Y vengono ereditati in rapporti che differiscono da quelli mendeliani, tipici dei geni situati sugli autosomi. I caratteri corrispondenti a questi geni sono detti **caratteri legati al sesso**.

Il primo esempio studiato di ereditarietà di un carattere legato al sesso è quello del colore degli occhi della drosofila. In questi moscerini gli occhi di tipo selvatico sono di colore rosso. Nel 1910 Morgan scoprì una mutazione che produce occhi bianchi. Egli condusse quindi esperimenti di incrocio fra drosofile di tipo selvatico e drosofile mutanti, i cui risultati dimostrarono che il locus per il colore degli occhi si trova sul cromosoma X.

- Incrociando una femmina omozigote a occhi rossi con un maschio (emizigote) a occhi bianchi, tutti i figli, maschi e femmine, hanno occhi rossi perché tutta la progenie ha ereditato dalla madre un cromosoma X di tipo selvatico e perché il rosso domina sul bianco (▸figura 17A).
- Nell'incrocio reciproco, in cui una femmina a occhi bianchi si accoppiava con un maschio a occhi rossi, tutti i figli maschi avevano occhi bianchi e tutte le figlie femmine avevano occhi rossi (▸figura 17B).
- I figli maschi nati dall'incrocio reciproco ereditavano il loro unico cromosoma X da una madre a occhi bianchi; il cromosoma Y ereditato dal padre, infatti, non contiene il locus per il colore degli occhi. Le figlie femmine, invece, ricevevano dalla madre un cromosoma X contenente l'allele «occhi bianchi» e dal padre un cromosoma X contenente l'allele «occhi rossi»; erano quindi eterozigoti a occhi rossi.

Accoppiando queste femmine eterozigoti con maschi a occhi rossi, si avevano figlie tutte a occhi rossi e figli per metà a occhi rossi e per metà a occhi bianchi. Questi risultati dimostravano che il colore degli occhi nella drosofila si trova sul cromosoma X.

21 Gli esseri umani presentano molte caratteristiche legate al sesso

Sul cromosoma X umano sono stati identificati circa 2000 geni.Gli alleli di questi loci seguono un modello di ereditarietà uguale a quello del colore degli occhi nella drosofila. Per esempio, uno di questi geni presenta un allele mutante recessivo che porta al daltonismo, un disturbo ereditario consistente nell'incapacità di distinguere i colori rosso e verde. Il disturbo si manifesta negli individui omozigoti o emizigoti per l'allele mutante recessivo.

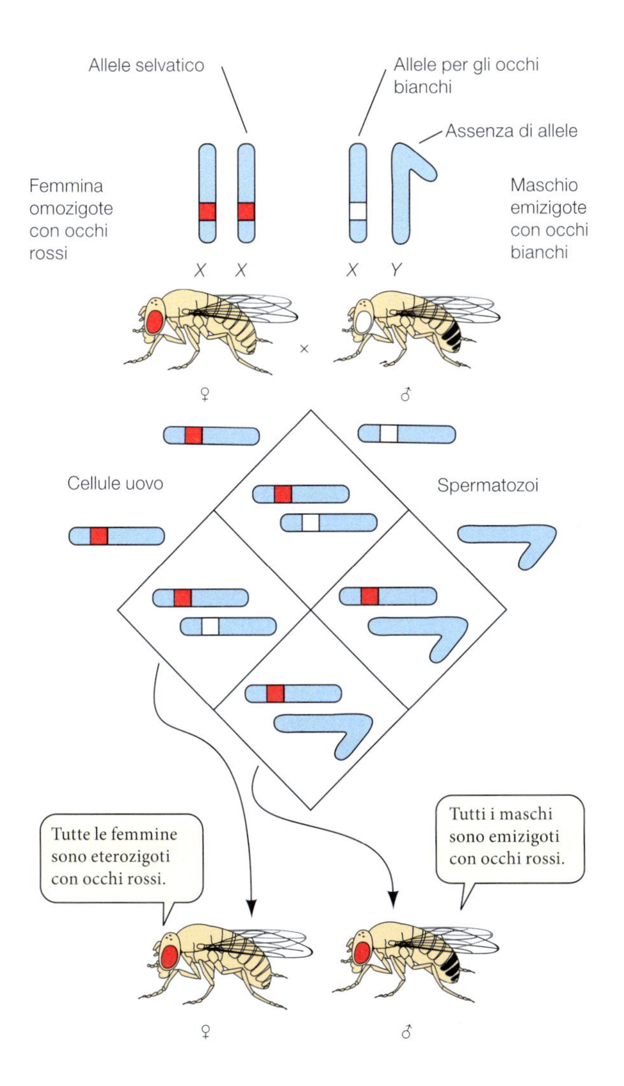

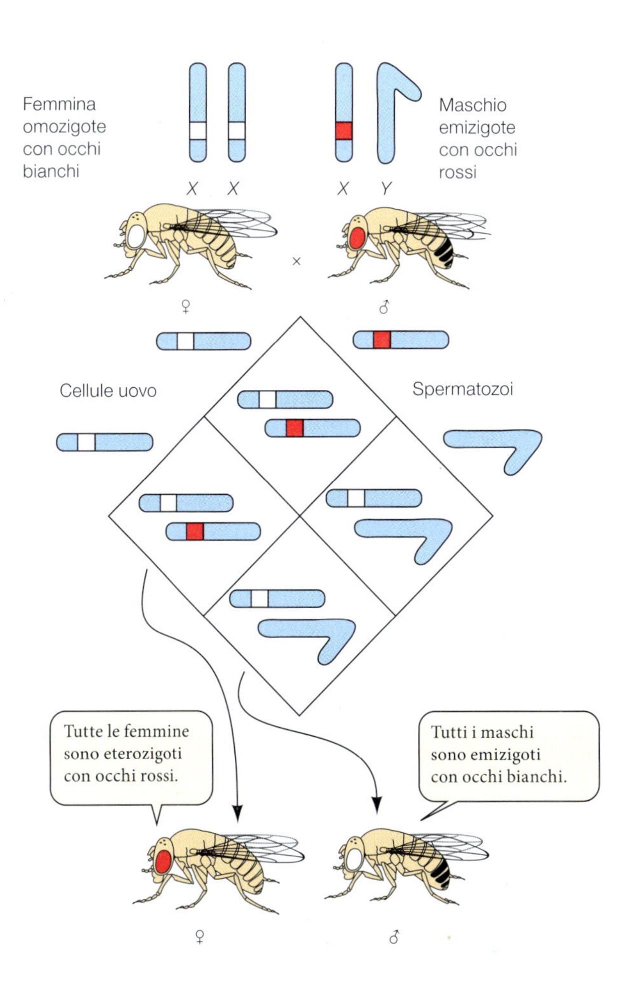

Figura 17 Nella drosofila, il colore degli occhi è un carattere legato al sesso Morgan ha dimostrato che l'allele mutato responsabile del colore degli occhi è localizzato sul cromosoma X. Nota che in questo caso gli incroci reciproci non danno lo stesso risultato.

Gli alberi genealogici per i fenotipi recessivi legati all'X mostrano le seguenti caratteristiche (▸figura 18).

- Il fenotipo compare più spesso nei maschi che nelle femmine; affinché si esprima nei maschi è sufficiente una sola copia dell'allele raro, mentre nelle femmine ne servono due.
- Un maschio con la mutazione può trasmetterla soltanto alle figlie femmine; infatti a tutti i figli maschi cede il suo cromosoma Y.
- Le femmine che ricevono un cromosoma X mutante sono portatrici, fenotipicamente normali in quanto eterozigoti, ma in grado di trasmettere l'X mutato tanto ai figli quanto alle figlie (anche se lo fanno in media soltanto nel 50% dei casi, perché metà dei loro cromosomi X contiene l'allele normale).
- Il fenotipo mutante può saltare una generazione qualora la mutazione passi da un maschio a sua figlia (che sarà fenotipicamente normale) e da questa a un suo figlio.

Il daltonismo, come pure alcune importanti malattie umane, è un fenotipo recessivo legato all'X. Le mutazioni umane legate all'X ereditate come fenotipi dominanti sono più rare di quelle recessive perché i fenotipi dominanti compaiono in tutte le generazioni e le persone che portano una mutazione dannosa, anche se in eterozigosi, spesso non riescono a sopravvivere e riprodursi. (Considera i quattro punti elencati sopra e cerca di stabilire che cosa succederebbe se la mutazione fosse dominante.)

Il cromosoma Y umano è piccolo e contiene appena poche dozzine di geni. Fra questi c'è *SRY*, il gene che determina la mascolinità.

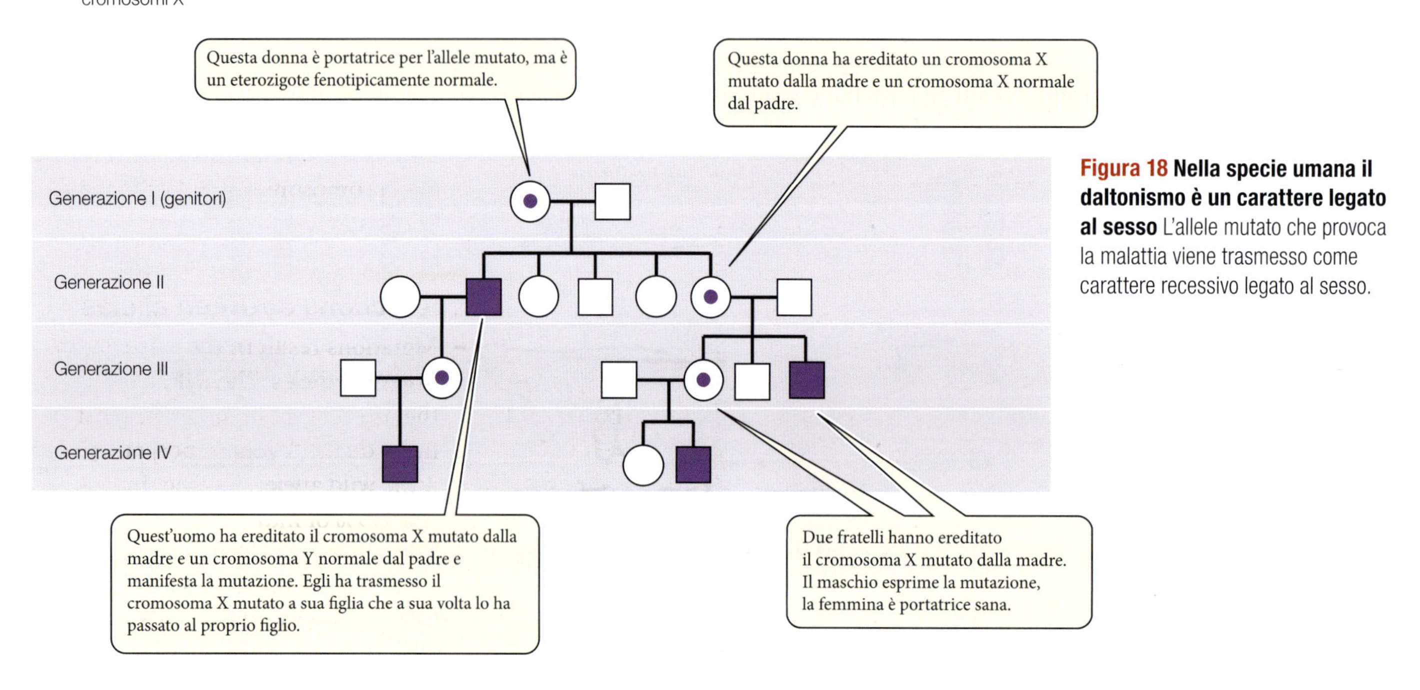

Figura 18 Nella specie umana il daltonismo è un carattere legato al sesso L'allele mutato che provoca la malattia viene trasmesso come carattere recessivo legato al sesso.

FACCIAMO IL PUNTO

Termini e concetti chiave

a. Qual è la differenza tra l'ereditarietà di un carattere legato al sesso e quella di un carattere i cui geni si trovano sugli autosomi?
b. Se un carattere è legato al sesso, da quali particolari della trasmissione ereditaria si riconoscerà?
c. Che cosa significa il termine «emizigote»? In quali casi può essere utilizzato?
d. Quali sono le caratteristiche degli alberi genealogici per i fenotipi recessivi legati all'X?

From Mendel to models of heredity

Genetics

- Genetics studies the **mechanisms of transmission** of characters from one generation to another.
- A **character** is a physical characteristic that can be observed in an individual.
- A **trait** is the particular form that a character can assume, and is said to be hereditary if it is transmitted from parents to children.
- **Gregor Mendel** carried out the first studies on heredity in the second half of the 19th century using pea plants.

Dominance (first law)

- Mendel performed cross-fertilization between a pure line of pea plants for opposite forms of the same character.
- The parental generation (P) produces the first filial generation (F_1) of hybrid individuals that manifest only one of the traits present in P (**dominant trait**); the other trait (**recessive trait**) does not appear in F_1.

Segregation (second law)

- The second filial generation (F_2) is obtained by self-pollination of F_1.
- In F_2, both the dominant and the recessive trait are manifested in a ratio of 3:1.
- The units responsible for the heredity of a character (**genes**) can exist in different versions (**alleles**).
- Each individual possesses two copies of each gene; these are separated during the formation of gametes, of which only one copy is inherited. An individual is **homozygous** for a gene when both alleles are the same, and is **heterozygous** if the two are different.
- The **genotype** is the entire set of alleles that determines a character. The **phenotype** is the observable characteristic determined by the genotype.
- Crossing with the recessive homozygote (**testcross**) reveals whether an individual of a dominant phenotype is homozygous or heterozygous.
- The **Punnett square** can be used to predict the allele combinations resulting from a cross.

Independent assortment (third law)

- The cross between two individuals that are heterozygous for two genes (**dihybrids**) generates four possible phenotypes, two of which are the same as the **parental** phenotypes and two of which are **recombinant**.
- Different genes segregate independently during the formation of gametes.

Genes and chromosomes

- A gene is a sequence of DNA located on a **locus** on a chromosome.
- Genes that are on the same chromosome make up an **associated group** and segregate independently only in case of crossing-over between sister chromatids during meiosis.
- Two nearby loci have less probability of undergoing **recombination** than distant loci.
- The sex of many organisms is determined by a pair of **sex chromosomes** (in humans, XX for female and XY for male), while **autosomes** are present in two copies of the genome.
- Women produce only gametes with the X chromosome, while men produce half gametes with X and half with Y. Some genes found on the sex chromosome are inherited in a particular way.

Interactions between alleles

- Mutations result in the existence of different alleles. The **wild** allele is the one present in nature in most individuals. A gene is **polymorphous** if the wild allele is present in less than 99% of individuals.
- For many genes, there are more than two possible alleles (**multiple alleles**).
- The **pleiotropic** allele affects the phenotype of more than one character. The term **incomplete dominance** describes heterozygous individuals showing an intermediate phenotype between those of different homozygotes, and **codominance** describes heterozygous individuals both showing homozygous phenotypes.

ebook.scuola.zanichelli.it/sadavabiologiablu

Verifica le tue conoscenze

1 **Mendel scelse di lavorare sulla pianta di pisello perché**

A si riproduce solo sessualmente e si autofeconda
B si riproduce solo asessualmente e si autofeconda
C si può sottoporre facilmente a fecondazione incrociata
D ha pochi cromosomi e perciò è più facile da studiare

2 **Se fosse stata vera la teoria della mescolanza, la progenie ottenuta da una pianta di pisello a fiori rossi e una a fiori bianchi sarebbe stata**

A 100% a fiori rosa
B 50% a fiori rossi, 50% a fiori bianchi
C 100% a fiori rossi
D non sarebbe stato possibile fare previsioni

3 **Il colore giallo dei semi di pisello è un esempio di**

A carattere, perché riguarda l'aspetto della pianta
B tratto, perché è una delle due alternative possibili
C gene, perché è una caratteristica ereditaria
D allele, perché è dominante sul colore verde

4 **I loci sono**

A i punti precisi del genotipo dove si trova un gene
B i punti precisi di un gene in cui si trova un allele
C i punti precisi di un cromosoma in cui si trova un carattere
D i punti precisi del cromosoma dove si trova un gene

5 **Un testcross si definisce come**

A un qualunque esperimento controllato realizzato attraverso un incrocio genetico
B l'incrocio tra un individuo di fenotipo recessivo e uno di genotipo ignoto
C un incrocio con i fenotipi invertiti tra i due sessi, per evidenziare eventuali cambiamenti
D la ripetizione di un incrocio per verificare la correttezza dei risultati statistici

6 **Per assortimento indipendente si intende**

A l'associarsi casuale degli alleli di origine paterna e materna quando un organismo attua la meiosi
B la scelta casuale degli individui da incrociare per potere ottenere dati statisticamente attendibili
C le diverse modalità con cui possono variare tra loro gli alleli di un determinato gene
D la formazione di una progenie con un rapporto fenotipico statisticamente vicino a 3:1

7 **La terza legge di Mendel dipende**

A dall'assortimento indipendente e dalla ricombinazione
B soltanto dall'assortimento indipendente
C dalla ricombinazione e dalla meiosi
D dall'assortimento indipendente e dalla dominanza

8 **Quale caratteristica non sussite nel caso di una malattia genetica dovuta a un allele recessivo?**

A le persone malate hanno in genere due genitori sani
B nelle famiglie colpite dalla malattia, circa un quarto dei figli di genitori sani è malato
C sono più frequenti i casi in famiglie in cui la malattia si sia già manifestata
D tutti i figli di una persona malata avranno a loro volta la malattia

9 **Se un carattere è controllato da un solo gene, quanti diversi fenotipi puoi avere?**

A uno solo, quello dominante
B due, quello dominante e quello recessivo
C tre, quelli dei due dominanti e dell'eterozigote
D dipende da quanti alleli esso può avere

10 **Quale delle seguenti affermazioni relative all'epistasi è corretta?**

A l'allele dominante di un gene determina l'espressione di un altro gene
B l'allele dominante di un gene impedisce l'espressione degli alleli mutanti di un altro gene
C un gene dominante determina l'espressione di un altro gene
D l'allele recessivo di un gene determina l'espressione di un altro gene

11 **Se un gene umano si trova sul cromosoma X, allora**

A i maschi sono sempre omozigoti
B le femmine sono sempre eterozigoti
C i maschi sono sempre emizigoti
D le femmine sono sempre emizigoti

12 **Un albero genealogico**

A serve a curare le malattie genetiche
B ricostruisce la storia umana
C può predire i fenotipi
D è fattibile solo per le femmine

Verifica le tue abilità

Leggi e completa.

13 **Leggi e completa, con i termini opportuni, le seguenti frasi riferite alle leggi di Mendel.**

A La .... legge di Mendel è detta legge della dominanza.

B Questa legge si basa sul fatto che uno dei due .... studiati è dominante.

C Negli individui della F_1 si verifica una .... dei tratti alternativi.

14 **Leggi e completa, con i termini opportuni, le seguenti frasi riferite all'interazione tra alleli.**

A Il numero degli alleli che esistono per un gene può aumentare in seguito a ....

B I genetisti definiscono .... l'allele più frequente in natura.

C Si dice .... un gene in cui l'allele più frequente si trova in meno del 99% dei casi.

15 **Leggi e completa, con i termini opportuni, le seguenti frasi riferite alla determinazione del sesso.**

A I cromosomi non coinvolti nella determinazione del sesso si dicono ....

B I cromosomi sessuali dei maschi negli uccelli sono ....

C Infatti è il sesso .... ad avere diversi cromosomi sessuali.

D Nella specie umana il sesso dei figli è determinato dal genitore di sesso ....

Spiega e rispondi.

16 **Il quadrato di Punnett permette di prevedere i risultati di un incrocio tra una pianta di pisello eterozigote per la consistenza della buccia (*Ll*) e una omozigote dominante (*LL*). Indica quali delle seguenti affermazioni sono corrette.**

A L'incrocio è un testcross.

B Tutti i figli avranno semi con la buccia liscia.

C In tutte le caselle del quadrato compare lo stesso genotipo.

D I figli omozigoti saranno il 50%.

Motiva le tue risposte, disegnando il quadrato di Punnett e discutendo i risultati che ottieni.

17 **In una coppia, uno dei due partner ha gruppo sanguigno AB e l'altro gruppo 0. Indica quali delle seguenti affermazioni sono corrette.**

A I figli potranno essere di qualsiasi gruppo.

B Metà dei figli sarà A e metà sarà B.

C Solo 1 figlio su 4 potrà essere AB.

D Non potranno nascere figli di gruppo 0.

Motiva le tue risposte scrivendo l'incrocio e discutendone i risultati.

18 **L'emofilia è una malattia legata al sesso. Indica quali delle seguenti affermazioni sono corrette.**

A La malattia si trasmette per via sessuale.

B Non tutti i maschi che hanno l'allele per l'emofilia sono malati.

C Solo le femmine possono essere portatrici sane.

D La malattia è più frequente nei maschi.

E La malattia si manifesta anche nell'eterozigote.

Motiva le tue risposte fornendo degli esempi.

Rispondi in poche righe.

19 **Descrivi brevemente gli elementi di novità introdotti da Mendel nelle sue ricerche.**

20 **Discuti le relazioni che esistono fra allele, carattere, gene e tratto.**

21 **Descrivi come si costruisce un quadrato di Punnett e mostra come si possa utilizzare per prevedere i risultati di un testcross.**

22 **Spiega per quali ragioni la meiosi è alla base della comprensione della terza legge di Mendel.**

23 **Dall'incrocio tra un coniglio grigio scuro e uno con le estremità scure, nascono un coniglio con le estremità scure e uno albino. Spiega di quale incrocio si tratti e determina, se possibile, i genotipi dei genitori e dei figli.**

24 **Una donna normalmente capace di vedere i colori è figlia di una coppia anch'essa normale, ma il nonno materno era daltonico, così come quello paterno. Ricostruisci l'albero genealogico e stabilisci qual è la probabilità che la donna abbia un figlio daltonico da un uomo normale.**

Mettiti alla prova

Rispondi in 20 righe.

25 Mendel viene sovente citato per il modo esemplare in cui ha condotto le sue ricerche sperimentali. Sulla base delle tue conoscenze, chiarisci quali sono i motivi di questo positivo giudizio, mostrando come il procedere di Mendel segua i criteri del metodo scientifico.

26 Gli studi di genetica classica, pur non avendo alla base alcuna conoscenza della natura molecolare dei geni, consentirono di mappare i cromosomi, localizzando i punti in cui si trovavano i geni conosciuti. Mostra come sia stato possibile.

27 L'ittiosi è una famiglia di patologie che determinano squamosità e spessore eccessivo della pelle. Un medico sta studiando una forma di questa patologia in una famiglia in cui un uomo malato ha sposato una cugina e dal matrimonio sono nati 5 figli: 3 maschi malati e due femmine, una malata e una sana. Fornisci una spiegazione di questi dati e determina, se possibile, i genotipi dei genitori e dei figli.

Rispondi in 10 righe.

CONOSCENZE

28 Enuncia la terza legge di Mendel e spiegane il fondamento biologico.

29 Descrivi come viene determinato il sesso nella nostra specie e nelle altre di cui conosci il meccanismo.

COMPETENZE

30 La patologia detta drepanocitosi o anemia falciforme, è causata da un allele anomalo, che determina la formazione di globuli rossi malformati, con gravi danni all'organismo. Gli eterozigoti manifestano sintomi più lievi degli omozigoti per l'allele mutato. A livello molecolare, essi possiedono 50% di emoglobina normale e 50% di emoglobina anormale. Sulla base di queste conoscenze, indica a quale tipo di modello ereditario si può ascrivere la malattia studiata a livello di organismo e a quale se lo studio è condotto a livello molecolare. Motiva adeguatamente le tue risposte.

31 Compara tra loro il caso della dominanza mendeliana e dell'epistasi: in che cosa si assomigliano e perché, comunque, vengono distinti?

Scegli la risposta corretta.

CONOSCENZE

32 Un allele è una delle possibili alternative

A di un carattere, come il colore dei petali di un fiore
B di un gene, come quello che controlla il colore del seme
C del fenotipo, cioè dell'insieme delle caratteristiche di un organismo
D del genotipo, cioè delle informazioni ereditarie di un organismo

33 I gruppi sanguigni del sistema AB0 sono 4. Per determinarli occorrono

A 1 gene con 3 diversi alleli
B 1 gene con 4 diversi alleli
C 2 geni con 2 alleli ciascuno
D 4 diversi geni

COMPETENZE

34 Un genetista incrocia una pianta di pisello con i fiori viola e una con i fiori bianchi e ottiene una progenie composta da ½ di piante con fiori bianchi e ½ di piante con fiori viola. Da ciò egli deduce che

A la pianta genitrice con i fiori viola era eterozigote e quella con i fiori bianchi omozigote
B la pianta genitrice con i fiori viola era omozigote e quella con i fiori bianchi eterozigote
C ambedue le piante erano eterozigoti per il gene considerato
D la pianta con i fiori viola era omozigote dominante e quella con i fiori bianchi omozigote recessiva

35 Nei fagiani si distinguono esemplari con il petto rosa, tratto recessivo *p*, da altri con il petto viola, tratto dominante *P*. Dall'incrocio tra un maschio dal petto rosa e una femmina dal petto viola, un ricercatore ottiene una progenie in cui tutti i maschi hanno il petto viola e tutte le femmine hanno il petto rosa. Questo significa che

A il carattere è legato al sesso e la femmina eterozigote *Pp*
B il carattere è legato al sesso e il maschio è emizigote *p*_
C il carattere non è legato al sesso e la femmina è eterozigote *Pp*
D il carattere è legato al sesso e il maschio è omozigote recessivo *pp*

Verso l'Università.

36 La trasmissione autosomica dominante relativa ad una certa malattia ha come caratteristica che:

A il 50% dei figli di un genitore malato presenta il carattere considerato
B il carattere salterà una generazione per manifestarsi solo nei nipoti
C si trasmette solo alle figlie femmine
D se entrambi i genitori sono malati sicuramente tutti i figli saranno malati
E il carattere si trasmette alle figlie femmine solo per via paterna

[*dalla prova di ammissione al corso di laurea in Medicina e Chirurgia, anno 2008-2009*]

37 In una coppia la madre è di gruppo sanguigno A ed ha una visione normale dei colori e il padre è omozigote per il gruppo sanguigno B ed è daltonico (carattere recessivo legato al cromosoma X). Si può affermare che la coppia NON potrà, in nessun caso, avere:

A figlie femmine di gruppo A non daltoniche
B figlie femmine di gruppo B daltoniche
C figlie femmine di gruppo AB non daltoniche
D figli maschi di gruppo B non daltonici
E figli maschi di gruppo AB daltonici

[*dalla prova di ammissione ai corsi di laurea in Medicina e Chirurgia e in Odontoiatria e Protesi Dentaria, anno 2011-2012*]

Biology in English.

38 In a simple Mendelian monohybrid cross, tall plants are crossed with short plants, and the F_1 plants are allowed to self-pollinate. What fraction of the F_2 generation are both tall and heterozygous?

A 1/8
B 1/4
C 1/3
D 2/3
E 1/2

39 The phenotype of an individual

A depends at least in part on the genotype.
B is either homozygous or heterozygous.
C determines the genotype.
D is the genetic constitution of the organism.
E is either monohybrid or dihybrid.

40 The AB0 blood groups in humans are determined by a multiple-allele system in which IA and IB are codominant and dominant to i0. A newborn infant is type A. The mother is type 0. Possible genotypes of the father are

A A, B, or AB
B A, B, or 0
C 0 only
D A or AB
E A or 0

41 Which statement about an individual that is homozygous for an allele is not true?

A Each of its cells possesses two copies of that allele.
B Each of its gametes contains one copy of that allele.
C It is true-breeding with respect to that allele.
D Its parents were necessarily homozygous for that allele.
E It can pass that allele to its offspring.

42 Which statement about a test cross is not true?

A It tests whether an unknown individual is homozygous or heterozygous.
B The test individual is crossed with a homozygous recessive individual.
C If the test individual is heterozygous, the progeny will have a 1:1 ratio.
D If the test individual is homozygous, the progeny will have a 3:1 ratio.
E Test cross results are consistent with Mendel's model of inheritance.

43 Linked genes

A must be immediately adjacent to one another on a chromosome.
B have alleles that assort independently of one another.
C never show crossing over.
D are on the same chromosome.
E always have multiple alleles.

44 In the F_2 generation of a dihybrid cross

A four phenotypes appear in the ratio 9:3:3:1 if the loci are linked.
B four phenotypes appear in the ratio 9:3:3:1 if the loci are unlinked.
C two phenotypes appear in the ratio 3:1 if the loci are unlinked.
D three phenotypes appear in the ratio 1:2:1 if the loci are unlinked.
E two phenotypes appear in the ratio 1:1 whether or not the loci are linked.

The wisdom of the rabbis

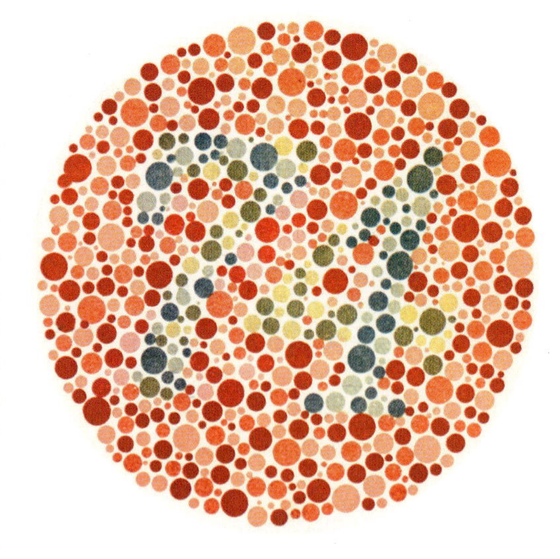

Test for a sex-linked trait Like hemophilia, the mutant allele for red-green color blindness is carried on the X chromosome. Unlike hemophilia, however, this condition is not usually deleterious. In the simple test shown here, a person with normal color vision sees the number 74; people with the most typical type of color blindness see 21; and severely color blind people cannot distinguish any numeral.

In the Middle Eastern desert of 1,800 years ago, the rabbi faced a dilemma. A Jewish woman had given birth to a son. As required by the laws set down by God's commandment to Abraham almost 2,000 years previously and later reiterated by Moses, the mother brought her 8-day-old son to the rabbi for ritual penile circumcision. The rabbi knew that the woman's two previous sons had bled to death when their foreskins were cut. Yet the biblical commandment remained: unless he was circumcised, the boy could not be counted among those with whom God had made His solemn covenant. After consultation with other rabbis, it was decided to exempt this, the third son.

Almost a thousand years later, in the twelfth century, the physician and biblical commentator Moses Maimonides reviewed this and numerous other cases in the rabbinical literature and stated that in such instances the third son should not be circumcised. Furthermore, the exemption should apply whether the mother's son was «from her first husband or from her second husband.» The bleeding disorder, he reasoned, was clearly carried by the mother and passed on to her sons.

Without any knowledge of our modern concepts of genes and genetics, the rabbis had linked a human disease (which we now know as hemophilia A) to a pattern of inheritance (which we now know as sex linkage). Only in the past few decades have the precise biochemical nature of hemophilia A and its genetic determination been worked out.

Humans normally have two copies each of 22 of the 23 chromosomes in the human karyotype. Thus, even if a given gene on one of the chromosomes is mutant, the normal gene on the second copy of that chromosome can usually produce a functional protein. But one pair of chromosomes is different. In the case of X and Y chromosomes, males receive only one copy of each; females receive two copies of the X chromosome (but no Y chromosome). The genetic mutation that causes the blood clotting malfunction of hemophilia is located on the X chromosome, and males carrying the mutation have no «back-up» normal gene. Color blindness, a physical condition with only minor ramifications for most individuals who suffer from it, has a similar pattern of transmission.

How do we account for and predict such patterns of inheritance? Much about inheritance was intuited even before scientists and scholars knew that genes and chromosomes existed—as proven by the ruling of that wise rabbi almost two thousand years ago. Indeed, the foundations of the science of inheritance and genetic transmission were laid in the 1860s by some of the most amazing experiments and feats of data analysis in the history of biological science. It was almost 50 years after that the significance of these experiments and their analyses by Gregor Mendel was recognized by the scientific community. Once that recognition was finally achieved, however, natural science and medicine began to move forward at an unprecedented pace.

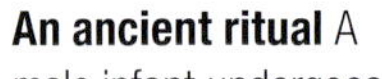

An ancient ritual A male infant undergoes ritual circumcision in accordance with Jewish laws. Sons of Jewish mothers who carry the gene for hemophilia may be exempted from this ritual.

Answer the questions.

- Why did the rabbi face a dilemma?
- How did he solve it?

AUDIO
The wisdom of the rabbis
ebook.scuola.zanichelli.it/sadavabiologiablu

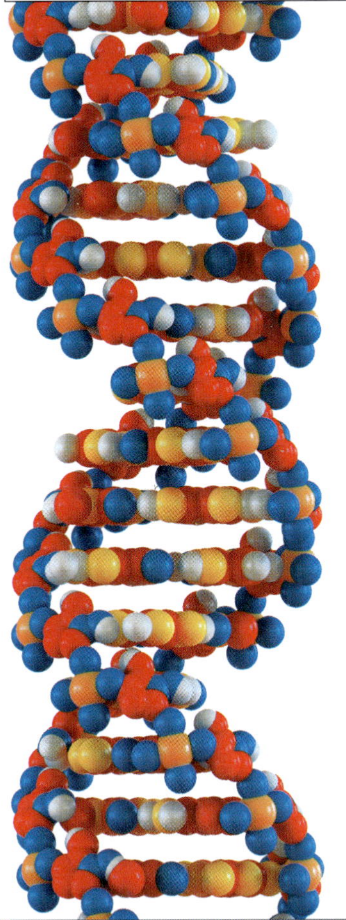

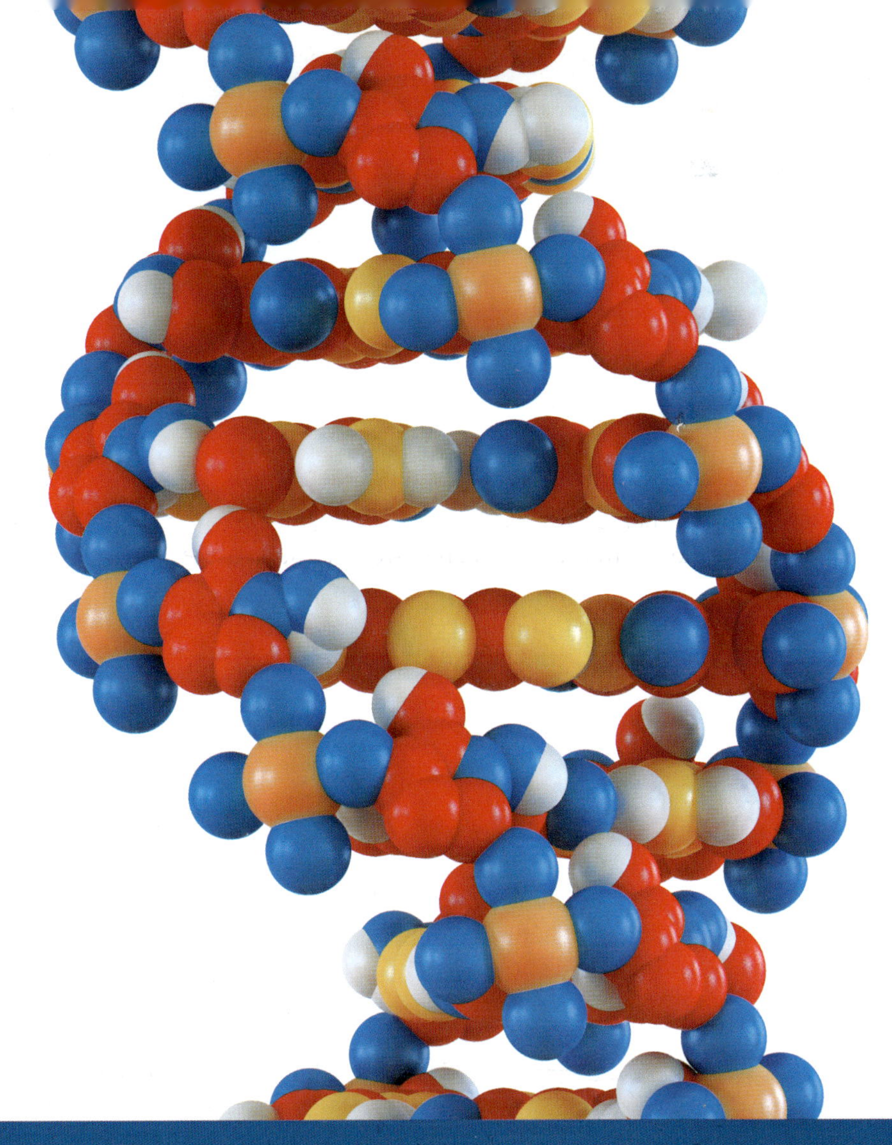

capitolo

B2 Il linguaggio della vita

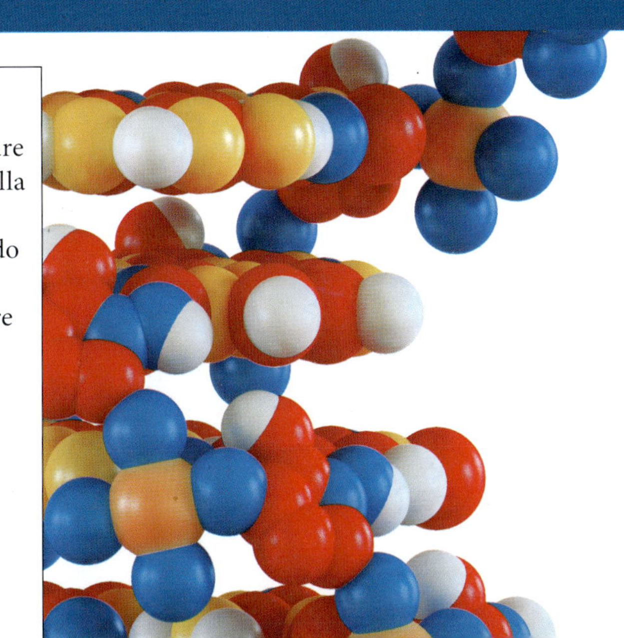

LA PRIMA SCOPERTA DEL DNA

Per conoscere com'è avvenuta la prima scoperta del DNA bisogna andare indietro fino al 1869: siamo in Germania, in particolare a Tubinga, nella cucina di un castello medievale, diventata un laboratorio universitario di chimica. Qui un giovane medico svizzero, Friedrich Miescher, sta cercando di studiare le caratteristiche chimiche delle cellule. Per farlo egli recupera dal pus dei bendaggi chirurgici i globuli bianchi e da questi cerca di isolare e analizzare varie componenti cellulari. Ne individua una in particolare, con caratteristiche tali da non poter essere né una proteina né un lipide. La nuova sostanza si trova nel nucleo e per questo le viene dato il nome di nucleina. Qualche anno dopo però, data la sua natura acida, verrà ribattezzata acido nucleico mentre oggi è meglio conosciuto come acido deossiribonucleico, ovvero DNA.

Come si dimostra che i geni sono fatti di DNA?

Nel film *Jurassic Park* gli scienziati riescono a produrre un tirannosauro partendo dal DNA estratto da un insetto conservato nell'ambra che, in vita, aveva succhiato il sangue del dinosauro. Anche se è molto improbabile che il DNA si conservi inalterato per milioni di anni, questa storia sottolinea l'idea che il segreto della vita è contenuto nel DNA. All'inizio del Novecento, i genetisti avevano già stabilito una relazione fra i geni e i cromosomi, ma occorreranno circa 50 anni per comprendere il ruolo centrale del DNA.

LE PAROLE

Talvolta anche il succedersi di nomi sottolinea il progresso della scienza. La **nucleina** di Miescher divenne **acido nucleico** quando se ne scoprirono le proprietà chimiche e **acido desossiribonucleico**, in seguito, per distinguerlo dall'RNA. Oggi la sigla DNA è conosciuta ben al di là del campo scientifico.

1 Le basi molecolari dell'ereditarietà

La scoperta dell'esistenza del materiale ereditario risale al 1869, quando il medico svizzero Friedrich Miescher scoprì, all'interno dei nuclei dei globuli bianchi, la presenza di una sostanza ricca di fosfato che denominò **nucleina**.

Negli anni Venti del Novecento gli scienziati divennero consapevoli che i cromosomi erano fatti di DNA (la nucleina di Miescher) e proteine; non c'era però alcun indizio che chiarisse il ruolo svolto da queste sostanze nella trasmissione delle informazioni genetiche. I biologi partivano dal presupposto che il materiale genetico dovesse possedere precise proprietà:

- deve essere presente in quantità differenti a seconda della specie;
- deve avere la capacità di duplicarsi;
- dev'essere in grado di agire all'interno della cellula regolandone lo sviluppo.

L'attenzione dei biologi era concentrata soprattutto sulle proteine per tre ragioni:

1. sono biomolecole che presentano una grande varietà di strutture e funzioni specifiche;
2. sono presenti non solo nei cromosomi, ma anche nel citoplasma dove svolgono diverse funzioni chiave;
3. è dimostrato che malattie genetiche e mutazioni determinano come effetto una variazione nella produzione di proteine specifiche.

Grazie a due serie fondamentali di esperimenti, condotte una sui batteri e l'altra sui virus, nella prima metà del Novecento è stato possibile dimostrare che il materiale genetico non è costituito dalle proteine, ma dal DNA.

2 Il «fattore di trasformazione» di Griffith è il materiale ereditario

Nel 1928 il medico inglese Frederick Griffith stava studiando il batterio *Streptococcus pneumoniae* o pneumococco, uno degli agenti patogeni della polmonite umana: lo scopo di Grif-

L'ESPERIMENTO

IPOTESI: una sostanza contenuta nelle cellule batteriche morte è in grado di trasformare geneticamente cellule batteriche vive.

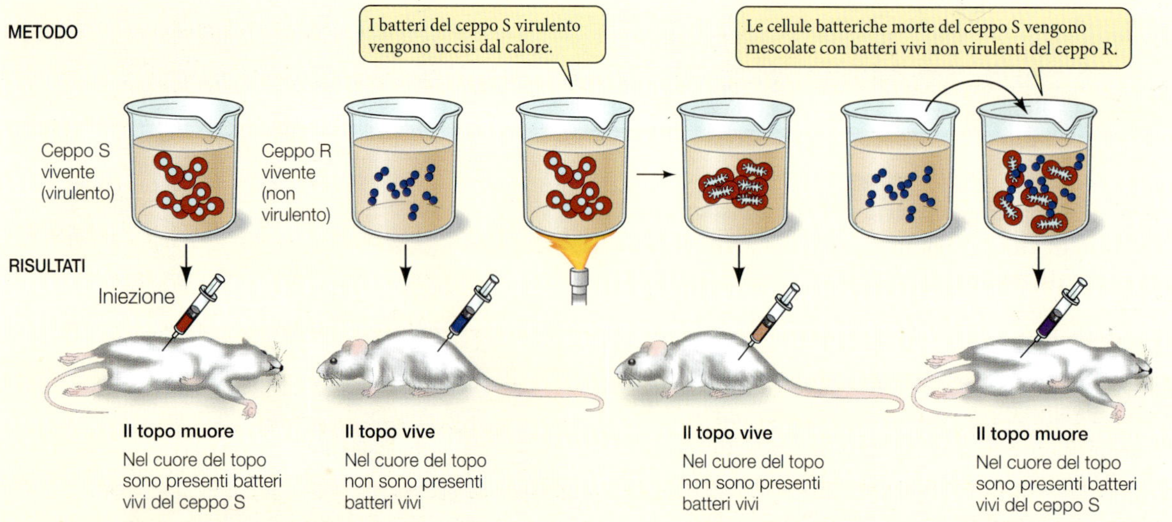

METODO

Ceppo S vivente (virulento)

Ceppo R vivente (non virulento)

I batteri del ceppo S virulento vengono uccisi dal calore.

Le cellule batteriche morte del ceppo S vengono mescolate con batteri vivi non virulenti del ceppo R.

RISULTATI

Iniezione

Il topo muore
Nel cuore del topo sono presenti batteri vivi del ceppo S

Il topo vive
Nel cuore del topo non sono presenti batteri vivi

Il topo vive
Nel cuore del topo non sono presenti batteri vivi

Il topo muore
Nel cuore del topo sono presenti batteri vivi del ceppo S

CONCLUSIONI: una sostanza chimica proveniente da una cellula può trasformare geneticamente un'altra cellula.

Figura 1 La trasformazione genetica di pneumococchi non virulenti Gli esperimenti di Griffith dimostrarono che una sostanza presente nel ceppo S virulento poteva trasformare i batteri non virulenti del ceppo R in una forma letale; ciò accadeva anche quando i batteri del ceppo S erano stati uccisi con il calore.

fith era sviluppare un vaccino contro questa malattia che al tempo, prima della scoperta degli antibiotici, mieteva molte vittime. Griffith stava lavorando con due diversi ceppi di pneumococco (▶figura 1).

- Il ceppo S (*smooth*, in inglese «liscio») era costituito da cellule che producevano colonie a superficie liscia. Essendo ricoperte da una capsula polisaccaridica, queste cellule erano protette dagli attacchi del sistema immunitario dell'ospite. Se iniettate in topi di laboratorio, esse si riproducevano e provocavano la polmonite (il ceppo quindi era virulento).
- Il ceppo R (*rough*, in inglese «ruvido») era costituito da cellule che producevano colonie con superficie irregolare. Queste cellule erano prive di una capsula protettiva e non erano virulente.

LE PAROLE

Il **ceppo** è la base del tronco di un albero. I microbiologi usano questo termine per indicare una popolazione di batteri che deriva da un unico antenato e, di conseguenza, può essere considerata praticamente identica dal punto di vista genetico.

Griffith inoculò in alcuni topolini degli pneumococchi S uccisi dal calore e osservò che i batteri erano disattivati, cioè incapaci di produrre l'infezione. Quando però Griffith somministrò a un altro gruppo di topi una miscela di batteri R vivi e batteri S uccisi dal calore, con sua grande meraviglia, notò che gli animali contraevano la polmonite e morivano. Esaminando il sangue di questi animali, Griffith lo trovò pieno di batteri vivi, molti dei quali dotati delle caratteristiche del ceppo virulento S; egli concluse che in presenza degli pneumococchi S uccisi, alcuni degli pneumococchi R vivi si erano *trasformati* in organismi del ceppo virulento S.

La trasformazione non dipendeva da qualcosa che avveniva nel corpo del topo, perché fu dimostrato che la semplice incubazione in una provetta di batteri R vivi insieme a batteri S uccisi dal calore produceva la stessa trasformazione. Alcuni anni dopo, un altro gruppo di scienziati scoprì che la trasformazione delle cellule R poteva essere prodotta anche da un estratto acellulare di cellule S uccise dal calore (un *estratto acellulare* contiene tutti gli ingredienti delle cellule frantumate, ma non cellule integre).

Questo dimostrava che una qualche sostanza, all'epoca chiamata **fattore di trasformazione**, estratta da pneumococchi S morti poteva agire sulle cellule R provocando un cambiamento ereditario. A quel punto rimaneva solo da individuare la natura chimica di questa sostanza.

3 L'esperimento di Avery rivelò che il fattore di trasformazione è il DNA

Il riconoscimento del fattore di trasformazione ha costituito una tappa fondamentale nella storia della biologia, raggiunta con fatica da Oswald Avery e dai suoi collaboratori. Essi sottoposero i campioni contenenti il fattore di trasformazione dello pneumococco a vari di trattamenti per distruggere tipi diversi di molecole (proteine, acidi nucleici, carboidrati e lipidi) e controllarono se tali campioni trattati avevano conservato la capacità di trasformazione.

L'esito fu sempre lo stesso: se si distruggeva il **DNA** del campione, l'attività di trasformazione andava persa, ma ciò non avveniva quando si distruggevano le proteine, i carboidrati o i lipidi (▶figura 2). Come tappa finale Avery isolò del DNA praticamente puro da un campione che conteneva il fattore di trasformazione dello pneumococco e dimostrò che esso provocava la trasformazione batterica. Oggi sappiamo che durante la trasformazione avviene il trasferimento del gene preposto all'enzima che catalizza la sintesi della capsula polisaccaridica dello pneumococco.

L'ESPERIMENTO

IPOTESI: la natura chimica della sostanza trasformante dello pneumococco è il DNA.

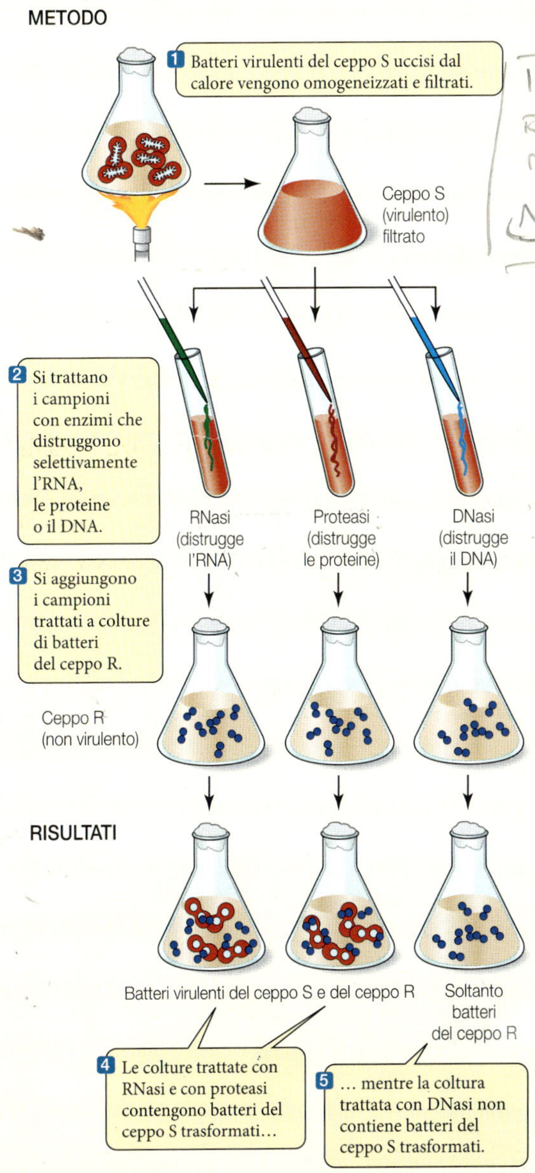

METODO

1 Batteri virulenti del ceppo S uccisi dal calore vengono omogeneizzati e filtrati.

Ceppo S (virulento) filtrato

2 Si trattano i campioni con enzimi che distruggono selettivamente l'RNA, le proteine o il DNA.

RNasi (distrugge l'RNA) — Proteasi (distrugge le proteine) — DNasi (distrugge il DNA)

3 Si aggiungono i campioni trattati a colture di batteri del ceppo R.

Ceppo R (non virulento)

RISULTATI

Batteri virulenti del ceppo S e del ceppo R — Soltanto batteri del ceppo R

4 Le colture trattate con RNasi e con proteasi contengono batteri del ceppo S trasformati…

5 … mentre la coltura trattata con DNasi non contiene batteri del ceppo S trasformati.

CONCLUSIONI: dal momento che soltanto la DNasi distrugge la sostanza trasformante, questa corrisponde al DNA.

Figura 2 La trasformazione genetica mediante DNA Gli esperimenti condotti da Avery hanno dimostrato che la sostanza responsabile della trasformazione genetica negli esperimenti di Griffith corrisponde al DNA degli pneumococchi virulenti del ceppo S.

Il lavoro di Avery e del suo gruppo ha rappresentato una pietra miliare nel percorso per stabilire che il materiale genetico delle cellule batteriche è il DNA. Tuttavia, quando fu pubblicato nel 1944 non fu accolto come meritava, e questo per due ragioni. La prima è che molti scienziati pensavano che il DNA fosse chimicamente troppo semplice per essere il materiale genetico, specialmente se confrontato con la complessità chimica delle proteine. La seconda, e forse più importante, ragione è che la genetica batterica costituiva un campo di studio nuovo: ancora non si era neppure del tutto certi che i batteri *possedessero* geni.

4 Gli esperimenti di Hershey e Chase hanno confermato che il materiale genetico è il DNA

Le incertezze relative ai batteri furono superate quando i ricercatori riconobbero i geni e le mutazioni. Batteri e virus, infatti, sembravano andare incontro a processi genetici simili a quelli delle drosofile e dei piselli. Per scoprire la natura chimica del materiale genetico furono dunque progettati esperimenti scegliendo di usare questi sistemi relativamente semplici.

LE PAROLE

I **batteriofagi** sono virus che infettano i batteri. Il termine deriva da *phagêin*, «mangiare» in greco, poiché agli inizi del Novecento, si sperava di usarli come cura contro i batteri patogeni.

Nel 1952 i genetisti statunitensi Alfred Hershey e Martha Chase pubblicarono un lavoro che ebbe una risonanza immediata molto maggiore di quello di Avery. L'esperimento di Hershey e Chase, teso a stabilire se il materiale genetico fosse il DNA o le proteine, fu eseguito su un virus che infetta i batteri. Questo virus, chiamato **batteriofago T2**, è composto da poco più che un cuore di DNA impacchettato in un rivestimento proteico (▶figura 3), proprio i due materiali all'epoca maggiormente sospettati di essere il materiale genetico.

LE PAROLE

Virus in latino significa «veleno». Fin dal Medio Evo fu utilizzato per indicare un agente patogeno, ma solo alla fine dell'Ottocento si fece chiarezza sulla natura di queste entità biologiche.

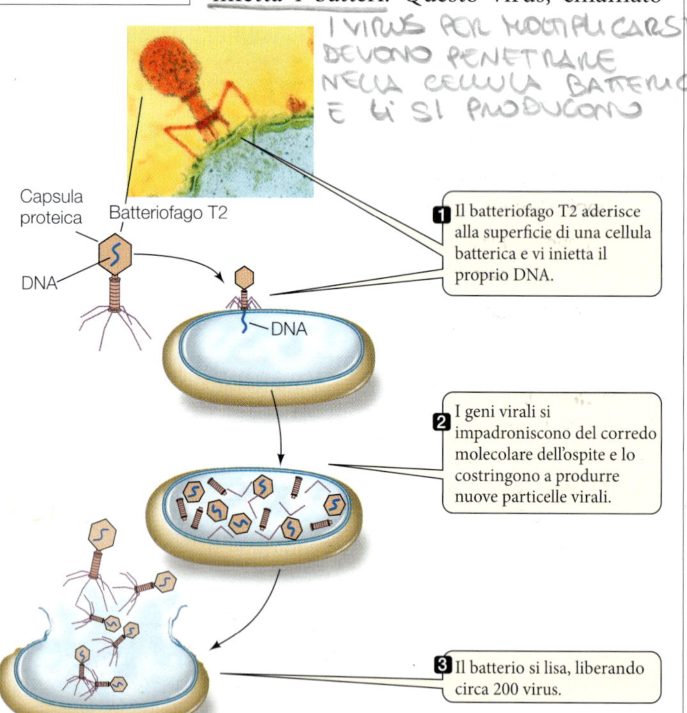

Figura 3 Il ciclo riproduttivo del batteriofago T2 Il batteriofago T2 è un parassita del batterio *E. coli* e dipende dalla cellula batterica per la produzione di nuove particelle virali. Le strutture esterne del batteriofago T2 sono formate da proteine e rimangono fuori dalla cellula, mentre il DNA viene iniettato nei batteri ospiti.

Quando un batteriofago T2 attacca un batterio, una parte del virus (ma non *tutto* il virus) penetra nella cellula batterica. Circa 20 minuti dopo l'infezione, la cellula va incontro a lisi e libera decine di particelle virali. Evidentemente il virus è in qualche modo capace di riprodursi all'interno del batterio. Hershey e Chase ne dedussero che l'ingresso di una qualche componente virale agisse sul programma genetico della cellula batterica ospite, trasformandola in una fabbrica di batteriofagi. Si accinsero quindi a stabilire quale parte del virus, la proteina o il DNA, penetra nella cellula batterica. Per rintracciare le due componenti del virus lungo il suo ciclo vitale, i due ricercatori le marcarono con isotopi radioattivi selettivi.

- Le proteine contengono *zolfo* (negli amminoacidi cisteina e metionina), un elemento che non compare nel DNA. Lo zolfo presenta un isotopo radioattivo, ^{35}S. Hershey e Chase fecero sviluppare il batteriofago T2 in una coltura batterica contenente ^{35}S, in modo da marcare con questo isotopo radioattivo le proteine delle particelle virali risultanti.
- Il DNA è ricco di *fosforo* (nell'ossatura desossiribosio-fosfato), un elemento normalmente assente nelle proteine. Anche il fosforo presenta un isotopo radioattivo, ^{32}P. Così i ricercatori fecero sviluppare un altro lotto di T2 in una coltura batterica contenente ^{32}P, in modo da marcare con questo isotopo radioattivo il DNA virale.

Usando questi virus marcati con isotopi radioattivi, Hershey e Chase eseguirono i loro esperimenti (▶figura 4). In un primo esperimento, i ricercatori lasciarono che i batteri venissero infettati da un batteriofago marcato con ^{32}P e in un secondo esperimento da un batteriofago marcato con ^{35}S. Dopo pochi minuti dall'infezione, le soluzioni contenenti i batteri infettati furono prima agitate in un frullatore, in modo abbastanza energico da staccare dalla superficie batterica le parti del virus che non erano penetrate nel batterio (ma non così tanto da provocare la lisi del batterio), poi furono sottoposte a *centrifugazione* per separare i batteri.

Se si centrifuga ad alta velocità una soluzione o una sospensione, i soluti o le particelle sospese si separano secondo un gradiente di densità: i residui del virus (cioè le parti che non sono penetrate nel batterio), che sono più leggeri, rimangono nel liquido surnatante; le cellule batteriche, che sono più pesanti, si addensano in un sedimento che si deposita sul fondo della provetta.

Hershey e Chase scoprirono così che la maggior parte di ^{35}S (e quindi della proteina virale) era contenuta nel liquido surnatante, mentre la maggior parte di ^{32}P (e quindi del DNA virale) rimaneva all'interno dei batteri. Questi risultati suggerivano che a trasferirsi nei batteri era stato il DNA: quindi era proprio questa la sostanza capace di modificare il programma genetico della cellula batterica.

L'ESPERIMENTO

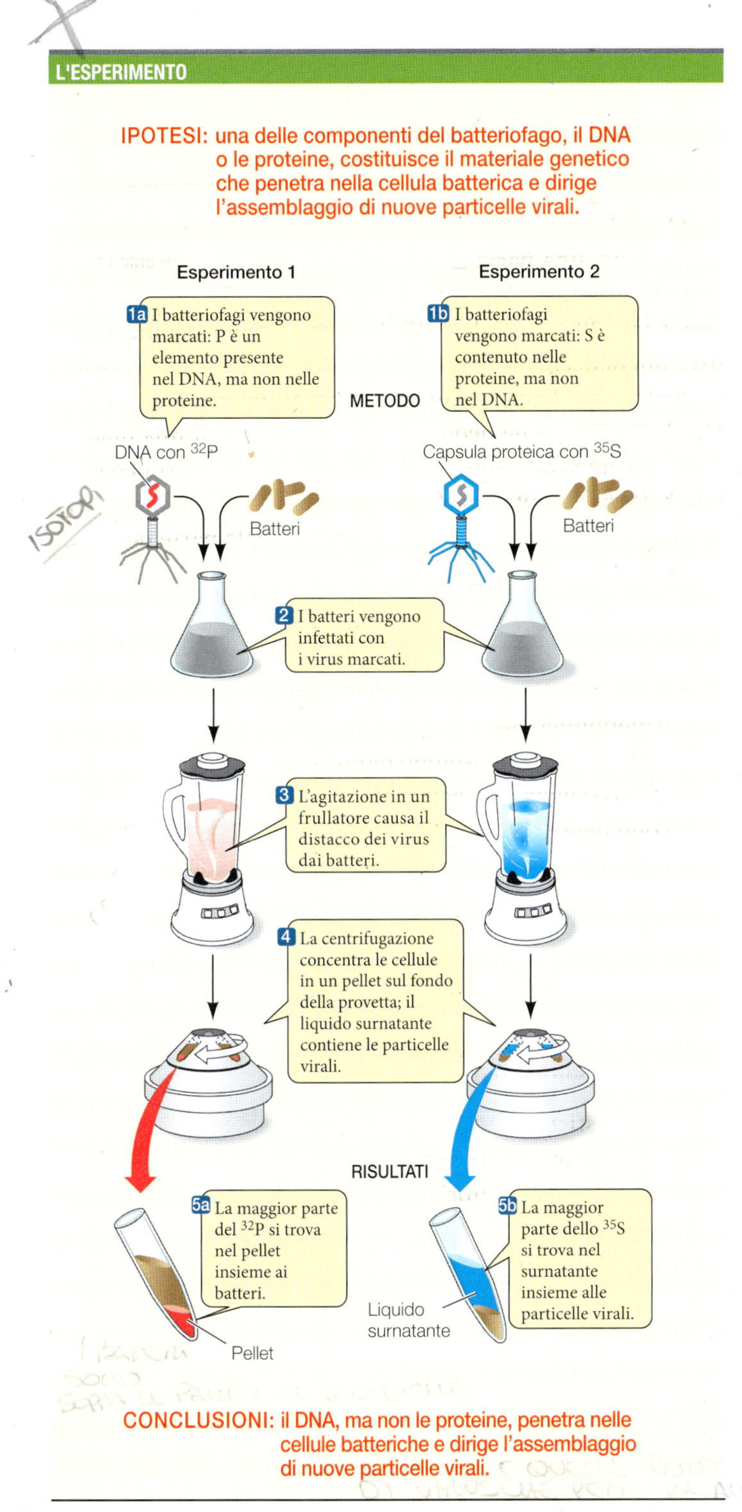

Figura 4 L'esperimento di Hershey-Chase Questo esperimento ha dimostrato che il materiale genetico è costituito dal DNA e non dalle proteine. Quando cellule batteriche venivano infettate con batteriofagi T2 radiomarcati, soltanto il DNA marcato si trovava nei batteri, mentre le proteine marcate rimanevano nella soluzione.

PER SAPERNE DI PIÙ

I VIRUS

Un virus (che in latino significa «veleno») è un agente infettivo, non propriamente vivo, ma in grado di causare malattie agli organismi viventi. Un tipico virus è formato da un rivestimento proteico e contiene un solo acido nucleico: DNA o RNA, mai entrambi. Un virus può avere un diametro nell'ordine dei 10 nm, cioè un centinaio di volte più piccolo di un batterio.

Fu proprio per questa loro semplicità che i virus attirano l'attenzione dei biologi molecolari, a partire dagli anni Quaranta del secolo scorso, quando la tecnologia cominciò a fornire strumenti adatti a manipolarli e studiarli.

Pioneristici furono gli studi di Salvador Luria e Max Delbrück, che dimostrarono come i virus avessero una genetica e fossero in grado di evolvere, chiarendo che essi potevano essere usati come «organismi modello» nella biologia molecolare. Per questo contributo, essi vinsero il premio Nobel per la fisiologia nel 1969, insieme ad Alfred Hershey.

I biologi non sono ancora certi di quale sia l'origine evolutiva dei virus, che potrebbero derivare da tratti di DNA persi dalle cellule che hanno mantenuto alcune funzionalità genetiche o essere frutto di un'evoluzione molecolare indipendente e parallela, rispetto a quella degli organismi viventi. L'ipotesi più probabile, anche alla luce di rencenti scoperte, pare essere che si tratti di antichi organismi tanto specializzati nel vivere come parassiti da semplificarsi fino a perdere la stessa struttura cellulare.

I virus hanno forme e comportamenti diversissimi. Esistono virus per ogni tipo di organismi viventi: ci sono virus degli animali, dei vegetali, ma perfino i batteri hanno le loro malattie virali. In tutti i casi, l'infezione da virus prevede che esso porti all'interno della cellula infettata il suo acido nucleico, così da potere usare le strutture e l'energia della cellula per riprodursi. In genere, quando la cellula si è trasformata in una sacca colma di copie del virus, scoppia, consentendo a ciascun elemento virale di andare alla ricerca di una nuova cellula da infettare.

Molte malattie umane sono causate da virus, alcune relativamente benigne, come l'influenza, altre tra le più pericolose, come l'AIDS o la febbre emorragica causata dal virus Ebola (▸figura).

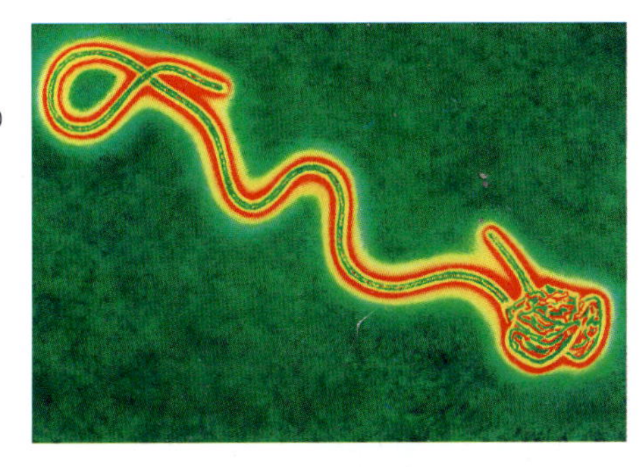

Il virus Ebola Questa fotografia, fatta al microscopio elettronico a scansione e poi colorata, mostra il virus Ebola che causa l'omonima febbre emorragica dall'esito quasi sempre mortale.

FACCIAMO IL PUNTO

Termini e concetti chiave

a. Quali proprietà deve avere il materiale genetico?
b. Quali esperimenti hanno dimostrato che il materiale genetico è il DNA?
c. Descrivi come Hershey e Chase usarono i diversi isotopi radioattivi nei loro esperimenti.

Qual è la struttura del DNA?

Non appena gli scienziati si convinsero che il materiale genetico era il DNA, cominciarono le ricerche per conoscere l'esatta struttura tridimensionale di questa molecola. Si sperava che la conoscenza della struttura del DNA potesse fornire la risposta a due domande: in che modo il DNA si duplica fra una divisione nucleare e l'altra, e come esso dirige la sintesi proteica.

5

Il contributo di Franklin e Wilkins fu decisivo per la scoperta della struttura del DNA

Per decifrare la struttura del DNA è stato necessario che la raccolta di numerosi dati sperimentali di vario tipo si confrontasse con alcune considerazioni teoriche. La prova decisiva fu ottenuta con la *cristallografia ai raggi X*, un metodo di indagine utilizzato per stabilire la struttura di macromolecole come acidi nucleici e proteine (▸figura 5). Nei primi anni Cinquanta, la biofisica inglese Rosalind Franklin ebbe l'idea di utilizzare questo metodo per studiare il DNA.

Il suo lavoro fu decisivo: senza i dati da lei ottenuti, i tentativi di descrivere la struttura del DNA sarebbero andati a vuoto. A sua volta, il lavoro della Franklin dipese dal successo ottenuto dal biofisico inglese Maurice Wilkins nel preparare campioni di DNA con fibre orientate in modo estremamente regolare (la regolarità della struttura interna è una prerogativa dei cristalli), e quindi assai più adatti a essere sottoposti a diffrazione. Le cristallografie preparate con questi campioni di DNA dalla Franklin suggerirono che la molecola fosse a forma elicoidale, o a spirale.

LE PAROLE

La **diffrazione** è un fenomeno che si verifica quando la luce incontra sul suo percorso un ostacolo di dimensioni molto ridotte. In tal caso, la radiazione, invece di procedere in linea retta, sembra piegarsi. Franklin usò la diffrazione per scoprire come fossero disposti gli atomi che formavano il DNA, scovandoli grazie al loro effetto sulla luce.

6

La composizione chimica del DNA

Importanti indizi sulla struttura del DNA provenivano anche dalla sua composizione chimica. I biochimici sapevano che il DNA era un polimero di *nucleotidi* e che ciascun nucleotide era composto da una molecola dello zucchero desossiribosio, da un gruppo fosfato e da una base azotata. La sola differenza fra i quattro nucleotidi presenti nel DNA risiedeva nelle basi azotate: le purine **adenina** (A) e **guanina** (G) e le pirimidine **citosina** (C) e **timina** (T).

Nel 1950, il chimico di origine austriaca Erwin Chargaff riscontrò alcune regolarità nella composizione del DNA.

- La percentuale dei quattro tipi di nucleotidi è sempre la stessa nel DNA di cellule provenienti da tessuti diversi del medesimo individuo.
- La composizione delle molecole di DNA non è influenzata da fattori esterni o dall'età dell'organismo.
- Il rapporto tra la percentuale di A e quella di G (le due purine presenti nel DNA) varia da una specie all'altra; ciò suggeriva una relazione con il «significato» del messaggio scritto nella biomolecola.
- In tutte le specie, la quantità di adenina è uguale alla quantità di timina (A = T) e la quantità di guanina è uguale alla quantità di citosina (G = C); di conseguenza la quantità totale delle purine (A + G) è uguale a quella delle pirimidine (T + C), come si vede nella ▸figura 6.

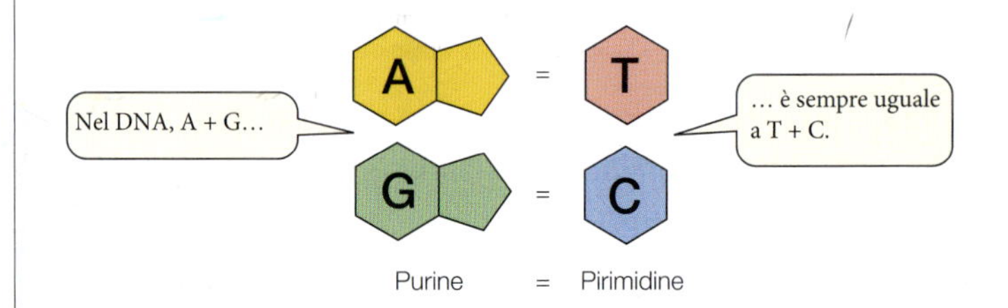

Figura 6 La regola di Chargaff Nel DNA la quantità totale delle purine è pari a quella delle pirimidine.

Figura 5 La cristallografia ai raggi X ha contribuito a rivelare la struttura del DNA La cristallografia effettuata da Rosalind Franklin (A) ha permesso ai ricercatori di comprendere la struttura elicoidale della molecola di DNA. (B) La posizione degli atomi in una sostanza chimica cristallizzata può essere determinata in base al quadro di diffrazione dei raggi X che l'hanno attraversata. Il quadro del DNA è estremamente regolare e ripetitivo.

(A)

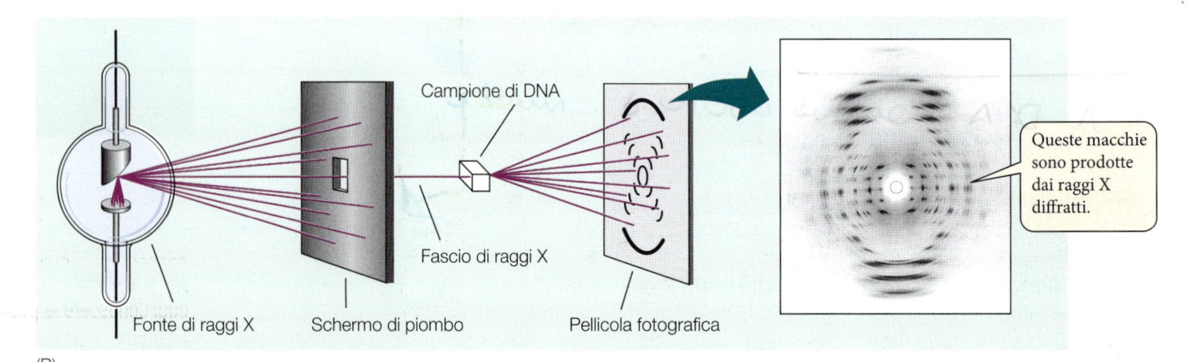

(B)

Avremo modo di tornare su quest'ultima osservazione che è particolarmente significativa: la struttura del DNA non sarebbe mai stata ricavata senza di essa, anche se per almeno tre anni nessuno ne riconobbe l'importanza.

7 Il modello a doppia elica di Watson e Crick

A rendere più rapida la soluzione del rompicapo della struttura del DNA è stata l'idea di costruire modelli tridimensionali a partire dalle informazioni relative alle dimensioni molecolari e agli angoli di legame.

Questa tecnica, originariamente applicata a studi sulla struttura delle proteine dal biochimico americano Linus Pauling, fu impiegata dal fisico inglese Francis Crick e dal genetista statunitense James D. Watson (▸figura 7A), entrambi attivi a Cambridge in Gran Bretagna.

Watson e Crick si sforzarono di mettere insieme in un unico modello coerente tutto ciò che fino a quel momento era stato appurato circa la struttura del DNA. Possiamo riassumere così le informazioni di cui disponevano i due ricercatori:

- i risultati della cristallografia (*vedi* ▸figura 5) mostravano che la molecola di DNA era a forma di elica (una spirale a sviluppo cilindrico);
- i precedenti tentativi di costruire un modello in accordo con i dati fisici e chimici suggerivano che nella molecola ci fossero due catene polinucleotidiche affiancate che correvano in direzioni opposte, cioè erano antiparallele (▸figura 7B);
- i risultati di Chargaff suggerivano che le basi azotate fossero legate tra loro in modo ben preciso.

Alla fine del mese di febbraio del 1953, Crick e Watson pubblicarono la loro proposta per la struttura del DNA. Tale struttura spiegava tutte le proprietà note della sostanza e apriva la strada alla comprensione delle sue funzioni biologiche. La struttura pubblicata originariamente ha subito alcuni ritocchi marginali, ma è rimasta invariata nelle sue caratteristiche principali.

8 La struttura del DNA

La molecola del DNA è costituita da due catene polinucleotidiche appaiate e avvolte intorno allo stesso asse, in modo da formare una doppia elica. La molecola presenta tre caratteristiche importanti:

1. le due catene sono complementari e antiparallele;
2. i legami tra i nucleotidi all'interno di ciascuna catena sono legami covalenti, mentre quelli che uniscono i due filamenti appaiati sono legami a idrogeno;
3. l'elica ha diametro costante e avvolgimento destrogiro.

Esaminiamo ora in dettaglio le diverse caratteristiche della molecola di DNA.

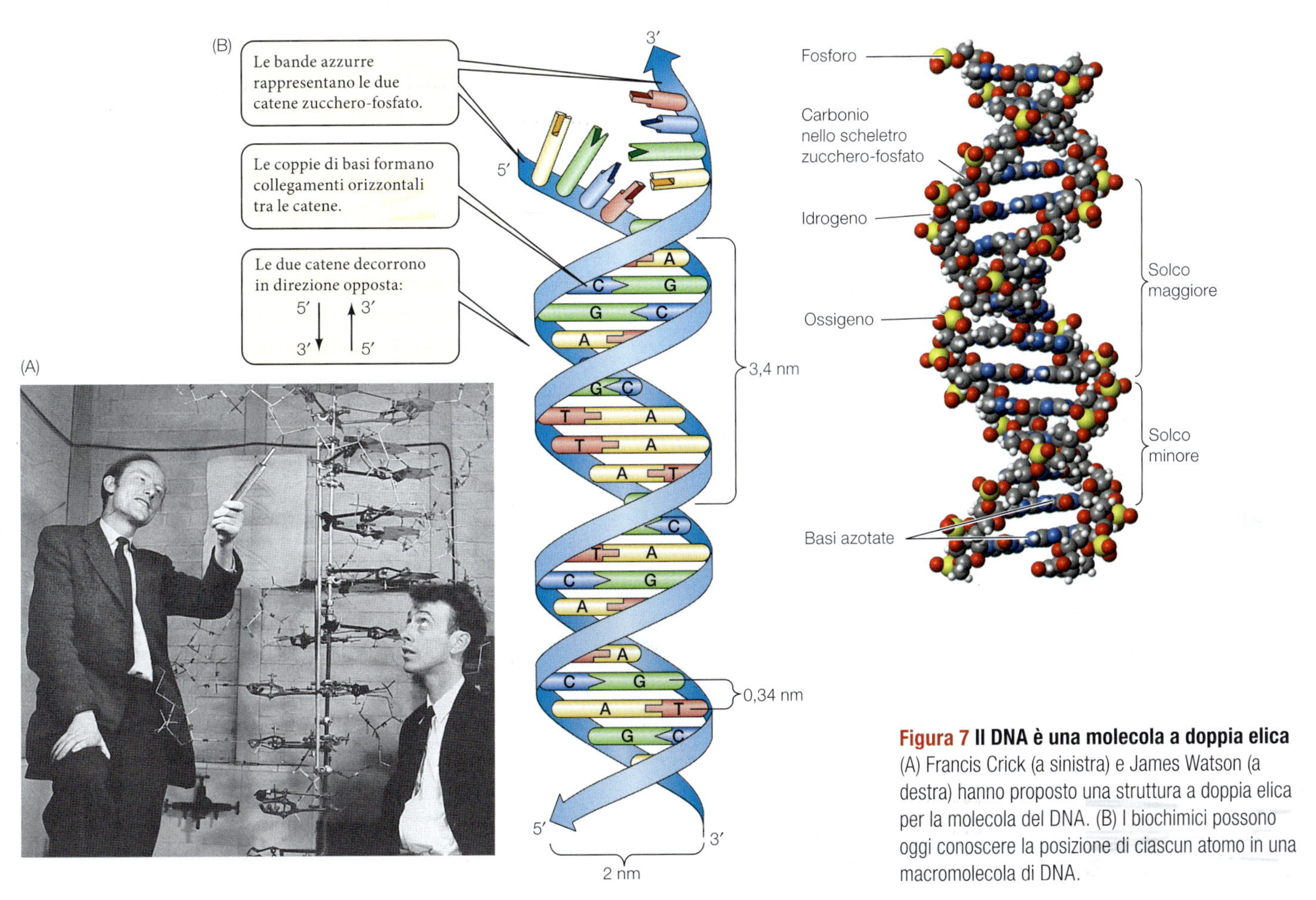

Figura 7 Il DNA è una molecola a doppia elica
(A) Francis Crick (a sinistra) e James Watson (a destra) hanno proposto una struttura a doppia elica per la molecola del DNA. (B) I biochimici possono oggi conoscere la posizione di ciascun atomo in una macromolecola di DNA.

■ La struttura delle catene.

Ogni catena o filamento del DNA è formata da una sequenza di nucleotidi uniti mediante legami covalenti tra il gruppo fosfato di un nucleotide e il carbonio in posizione 3' del nucleotide precedente. I legami covalenti si formano per condensazione tra un gruppo ossidrile del desossiribosio e uno del gruppo fosforico. Pertanto, ogni nucleotide della catena forma legami con altri due nucleotidi.

■ Le due catene sono complementari.

Nella molecola di DNA le due catene sono tenute insieme da legami a idrogeno tra le basi, che sono rivolte verso il centro e si appaiano in modo specifico (▶figura 8); zuccheri e gruppi fosfato invece sono disposti verso l'esterno e formano l'ossatura verticale della molecola, che è sempre costante.

L'appaiamento delle basi azotate dei due filamenti avviene in accordo con la regola di Chargaff: l'adenina (A) si appaia con la timina (T) formando due legami a idrogeno; la guanina (G) si appaia con la citosina (C) formando tre legami a idrogeno. Ciascuna coppia di basi contiene pertanto una purina (A o G) e una pirimidina (T o C); questo schema di appaiamento prende il nome di *complementarietà delle basi*.

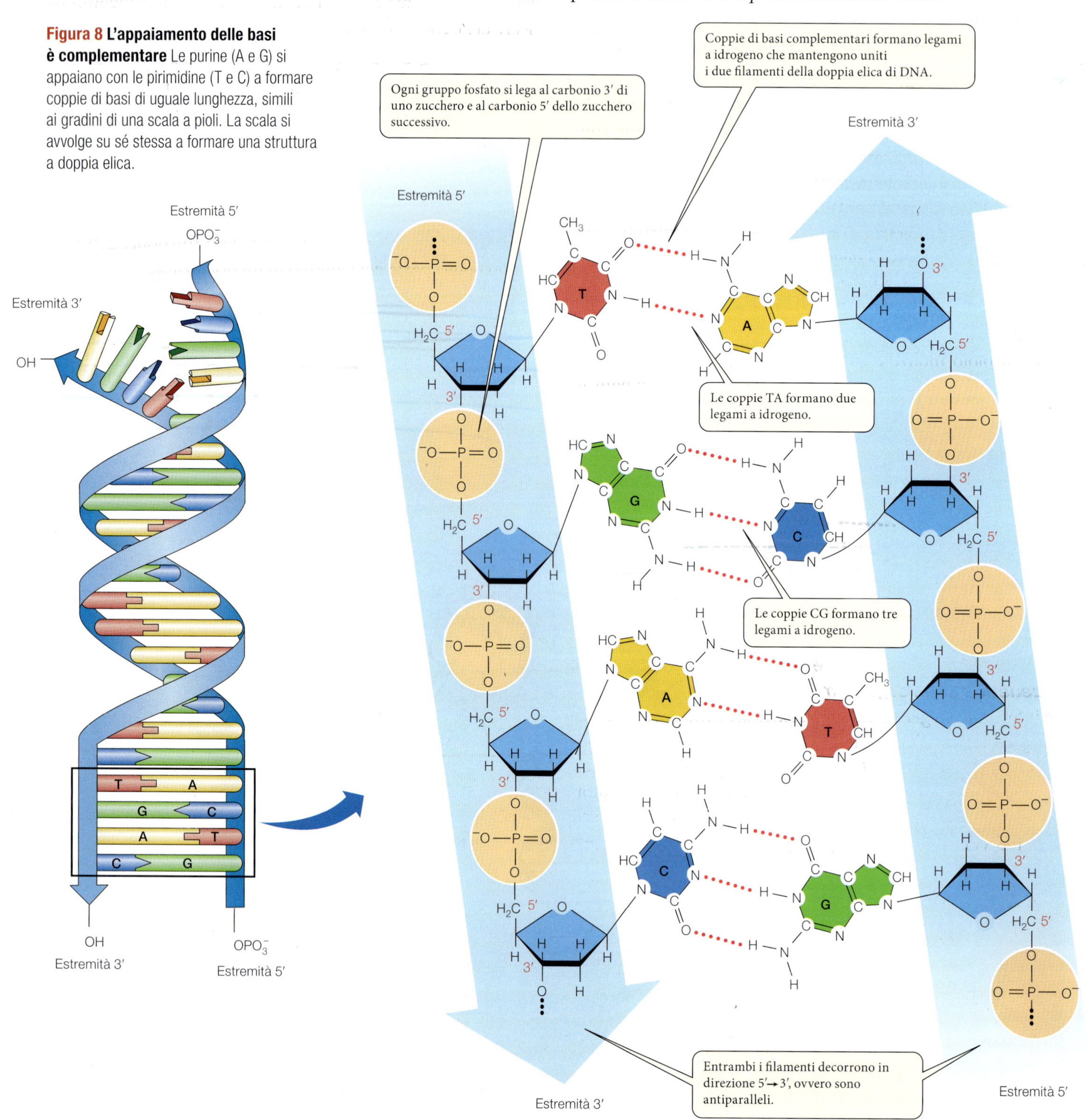

Figura 8 L'appaiamento delle basi è complementare Le purine (A e G) si appaiano con le pirimidine (T e C) a formare coppie di basi di uguale lunghezza, simili ai gradini di una scala a pioli. La scala si avvolge su sé stessa a formare una struttura a doppia elica.

Le due catene sono antiparallele.
Oltre a essere complementari, i due filamenti sono anche *antiparalleli*, cioè sono orientati in direzioni opposte. Possiamo evidenziare il diverso orientamento delle due catene considerando la disposizione dei gruppi terminali liberi (cioè non legati a un altro nucleotide) all'estremità di ciascuna di esse.

Ogni catena presenta a un'estremità, detta estremità 5', un gruppo 5' fosfato ($-OPO_3^-$) e all'altra estremità, detta estremità 3', un gruppo ossidrile ($-OH$). In una doppia elica di DNA, l'estremità 5' di un filamento corrisponde all'estremità 3' dell'altro filamento; in altre parole, se per ciascun filamento si traccia una freccia che va da 5' a 3', le due frecce puntano in direzione opposta.

La doppia elica.
La molecola del DNA ha la forma di una doppia elica; possiamo immaginarla come una scala a pioli in cui i montanti sono formati da gruppi fosfato e zuccheri alternati e ogni scalino corrisponde a una coppia di basi. Le coppie di basi sono planari (distese orizzontalmente) e al centro della molecola sono stabilizzate da interazioni idrofobiche, che contribuiscono alla stabilità complessiva della doppia elica.

Poiché le coppie AT e GC hanno la stessa lunghezza, e quindi si inseriscono agevolmente fra i due montanti come i pioli di una scala (▸figura 9), l'elica ha un diametro costante. Ogni piolo inoltre è ruotato rispetto a quello precedente di circa 36°. L'elica pertanto compie un giro completo ogni 10 coppie di basi. L'elica è destrogira: osservandola dall'alto essa appare avvolgersi in senso orario.

9

La struttura a doppia elica del DNA è fondamentale per la sua funzione

Il materiale genetico svolge quattro importanti funzioni: la struttura del DNA proposta da Watson e Crick spiegava elegantemente le prime tre.

Nel materiale genetico è depositata l'informazione genetica di un organismo.
Le informazioni genetiche sono contenute nella sequenza verticale delle basi azotate che rappresenta la sola parte variabile della molecola di DNA. Con i suoi milioni di nucleotidi, tale sequenza può immagazzinare un'enorme quantità di informazione, ed essere così responsabile delle differenze fra specie e fra individui. Il DNA dunque è perfettamente adatto a questa funzione.

Il materiale genetico va incontro a una duplicazione durante il ciclo cellulare.
La duplicazione del DNA, come vedremo tra poco, può realizzarsi facilmente grazie alla complementarietà delle basi appaiate: ogni filamento, separato da quello complementare, può essere utilizzato come stampo per produrre un nuovo filamento complementare.

Il materiale genetico è soggetto a mutazioni.
Per «mutazione» si intende un cambiamento permanente dell'informazione genetica; nel caso del DNA, una mutazione può semplicemente essere un cambiamento nella sequenza lineare delle coppie di basi.

Il materiale genetico trova espressione nel fenotipo.
Questa funzione non deriva direttamente dalla struttura del DNA; tuttavia, come vedremo più avanti nel corso di questo capitolo, la sequenza nucleotidica del DNA viene copiata in una sequenza di RNA che, a sua volta, viene utilizzata per costruire una sequenza lineare di amminoacidi (cioè la struttura primaria di una proteina). Le proteine poi assumono la propria conformazione e svolgono la loro funzione, determinando buona parte del fenotipo di un organismo.

Figura 9 Il DNA assomiglia a una scala Spesso, per semplicità, la molecola di DNA viene paragonata ad una scala a chiocciola.

FACCIAMO IL PUNTO

Termini e concetti chiave

a. Come sono fatti i nucleotidi presenti nel DNA?
b. Quali sono le caratteristiche della struttura del DNA?
c. Qual è la relazione fra la struttura a doppia elica del DNA e le sue funzioni?
d. Quali informazioni ricavarono Watson e Crick dal lavoro dei ricercatori che li avevano preceduti?

La duplicazione del DNA è semiconservativa

«Non è sfuggito alla nostra attenzione il fatto che l'appaiamento specifico delle basi che noi abbiamo postulato suggerisce immediatamente un possibile meccanismo di copia del materiale genetico.» Così scrivevano Watson e Crick nel 1953. Negli anni successivi, la ricerca si incentrò proprio su questo aspetto, cercando di scoprire il meccanismo con cui il materiale genetico effettivamente si duplicava.

10

Il modello di Watson e Crick suggeriva che la molecola di DNA fosse in grado di duplicare sé stessa

La pubblicazione originaria di Watson e Crick suggeriva una modalità di duplicazione del DNA di tipo semiconservativo. Ricerche successive dimostrarono che il suggerimento era corretto: ogni filamento parentale funziona da stampo per un nuovo filamento, cosicché le due molecole di DNA neoformate contengono un filamento vecchio e uno nuovo (▸figura 10).

Il primo esperimento, svolto da Arthur Kornberg, dimostrò che era possibile sintetizzare un nuovo DNA con la stessa composizione di basi di un DNA di partenza in una provetta che conteneva tre tipi di sostanze:

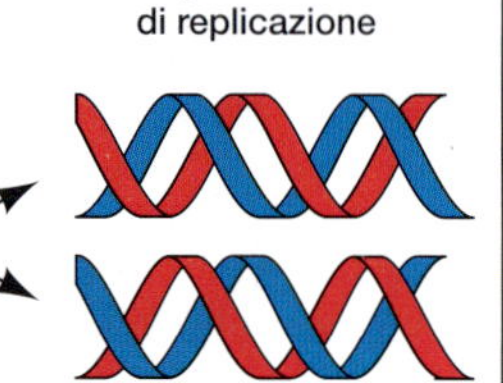

In base al modello della **duplicazione semiconservativa** le molecole di DNA sono formate sia da DNA nuovo che da DNA vecchio, ma ciascuna molecola contiene un intero filamento vecchio e un intero filamento nuovo.

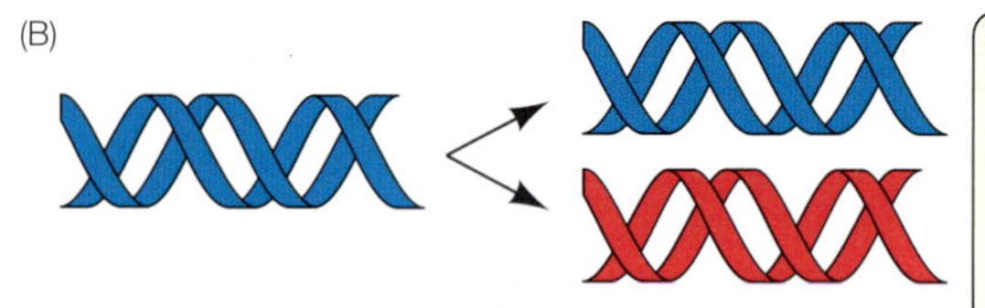

In base al modello della **duplicazione conservativa** la molecola originaria viene mantenuta e si assiste alla sintesi di un'intera molecola nuova.

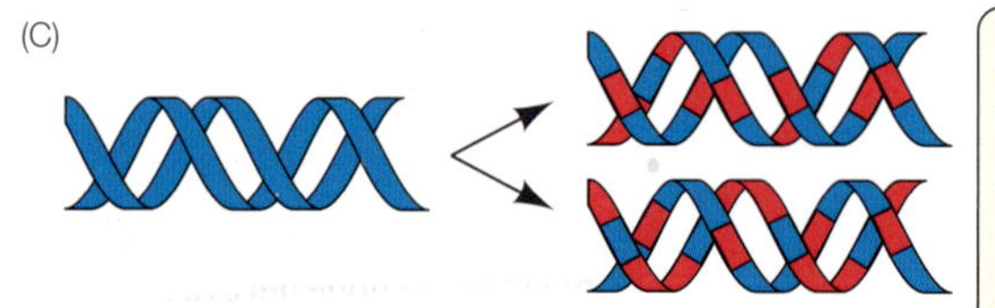

In base al modello della **duplicazione dispersiva** la sintesi del DNA dà origine a due molecole i cui filamenti sono costituiti da frammenti di DNA vecchio e neosintetizzato dispersi lungo ogni filamento.

Figura 10 Tre modelli per la duplicazione del DNA
In ciascun modello, il DNA originario è rappresentato in blu, mentre i filamenti neosintetizzati sono in rosso.

1. i quattro desossiribonucleosidi trifosfati dATP, dCTP, dGTP e dTTP (molecole contenenti ciascuna una base azotata legata al desossiribosio, a sua volta legata a tre gruppi fosfato);
2. l'enzima DNA polimerasi;
3. un DNA che serviva da **stampo** per guidare l'ingresso dei nucleosidi.

L'esperimento di Kornberg, tuttavia, non permetteva di elaborare un modello su *come* avvenisse la duplicazione: ogni nuova molecola conteneva un filamento «vecchio» e uno neosintetizzato? Oppure, la molecola di partenza serviva solo da «stampo»? La dimostrazione che la duplicazione del DNA è semiconservativa si deve al lavoro di Meselson e Stahl.

LE PAROLE
Il processo con cui una molecola di DNA ne origina due viene chiamato sia **replicazione** sia **duplicazione**. Anche in inglese vengono usati ambedue i termini (*replication* e *duplication*). Sebbene il primo sia molto più diffuso, il secondo è più corretto, almeno in italiano, dato che «replicare» non ha alcun significato che possa descrivere il meccanismo di copia del DNA.

11

La duplicazione del DNA comprende due fasi

La **duplicazione semiconservativa** del DNA richiede precise condizioni: oltre ai nucleosidi trifosfati necessari per costruire la nuova molecola, è indispensabile la presenza di un DNA preesistente, di un complesso di replicazione, di un innesco (o primer) e di numerose proteine. La duplicazione avviene in due tappe successive.

1. La doppia elica del DNA, con l'aiuto di specifici enzimi, si despiralizza e si rompono i legami a idrogeno tra basi appaiate, per permettere l'allontanamento dei due filamenti stampo e renderli disponibili all'appaiamento con nuove basi.
2. I nuovi nucleotidi si uniscono mediante legami fosfodiesterici a ciascun nuovo filamento in crescita secondo una sequenza determinata dall'appaiamento per complementarietà con le basi del filamento stampo. La formazione dei legami fosfodiesterici è catalizzata da enzimi chiamati *DNA polimerasi*.

LE PAROLE
Un **estere** è una sostanza derivante dall'unione per condensazione tra un acido e un alcol. Un **fosfodiestere** è, di conseguenza, un composto in cui una molecola di acido fosforico si lega a due gruppi alcolici (di due molecole di desossiribosio).

Un punto importante da ricordare è che i nucleotidi si vanno ad aggiungere al nuovo filamento in accrescimento solo all'estremità 3', quella dove il filamento di DNA presenta un gruppo ossidrile (–OH) libero sul carbonio 3' del desossiribosio terminale (▸figura 11). Uno dei tre gruppi fosfato del desossiribonucleoside trifosfato si lega alla posizione 5' dello zucchero, e l'energia necessaria alla reazione è liberata dalla rottura dei legami fra il nucleotide e gli altri due gruppi fosfato.

2.1 ANIMAZIONE
La duplicazione è semiconservativa (8' 40")
ebook.scuola.zanichelli.it/sadavabiologiablu

12

Il meccanismo della duplicazione è complesso

A partire dall'**origine della duplicazione** (detto *ori*), il DNA si duplica in entrambe le direzioni, formando due distinte *forcelle di duplicazione*.

Tutti e due i filamenti della molecola di partenza, una volta separati, agiscono contemporaneamente da stampo per la formazione di nuovi filamenti, guidata dalla complementarietà delle basi.

Il primo evento che si verifica nel punto di origine della duplicazione è l'apertura (o denaturazione) localizzata del DNA, tramite la rottura dei legami a idrogeno tra le basi appaiate così da rendere i due filamenti disponibili per appaiarsi in modo complementare a nuove basi. Il meccanismo di duplicazione è molto rapido, ma negli organismi eucarioti, che possiedono di solito più cromosomi lineari e molto grandi, la duplicazione comincia contemporaneamente da più punti ori, per accelerare il processo.

La DNA polimerasi lavora in una sola direzione: aggiunge nucleotidi solo all'estremità 3' del filamento di conseguenza, l'allungamento procede in modo diverso sui due filamenti antiparalleli di DNA (▸figura 11):

- la sintesi del filamento che ha l'estremità 3' libera in corrispondenza della forcella procede in modo continuo, questo filamento è detto **filamento veloce**;
- la sintesi dell'altro filamento, detto **filamento lento**, procede in modo discontinuo e a ritroso, operando su segmenti isolati e relativamente piccoli.

Ciò accade perché il filamento lento punta nella direzione «sbagliata»: a mano a mano che la forcella si apre, la sua estremità 3' libera si allontana sempre di più dal punto di apertura cosicché si viene a formare uno spazio vuoto, non duplicato, che sarebbe destinato a diventare sempre più ampio. Per risolvere il problema vengono quindi prodotti brevi segmenti discontinui, detti **frammenti di Okazaki** (dal nome del loro

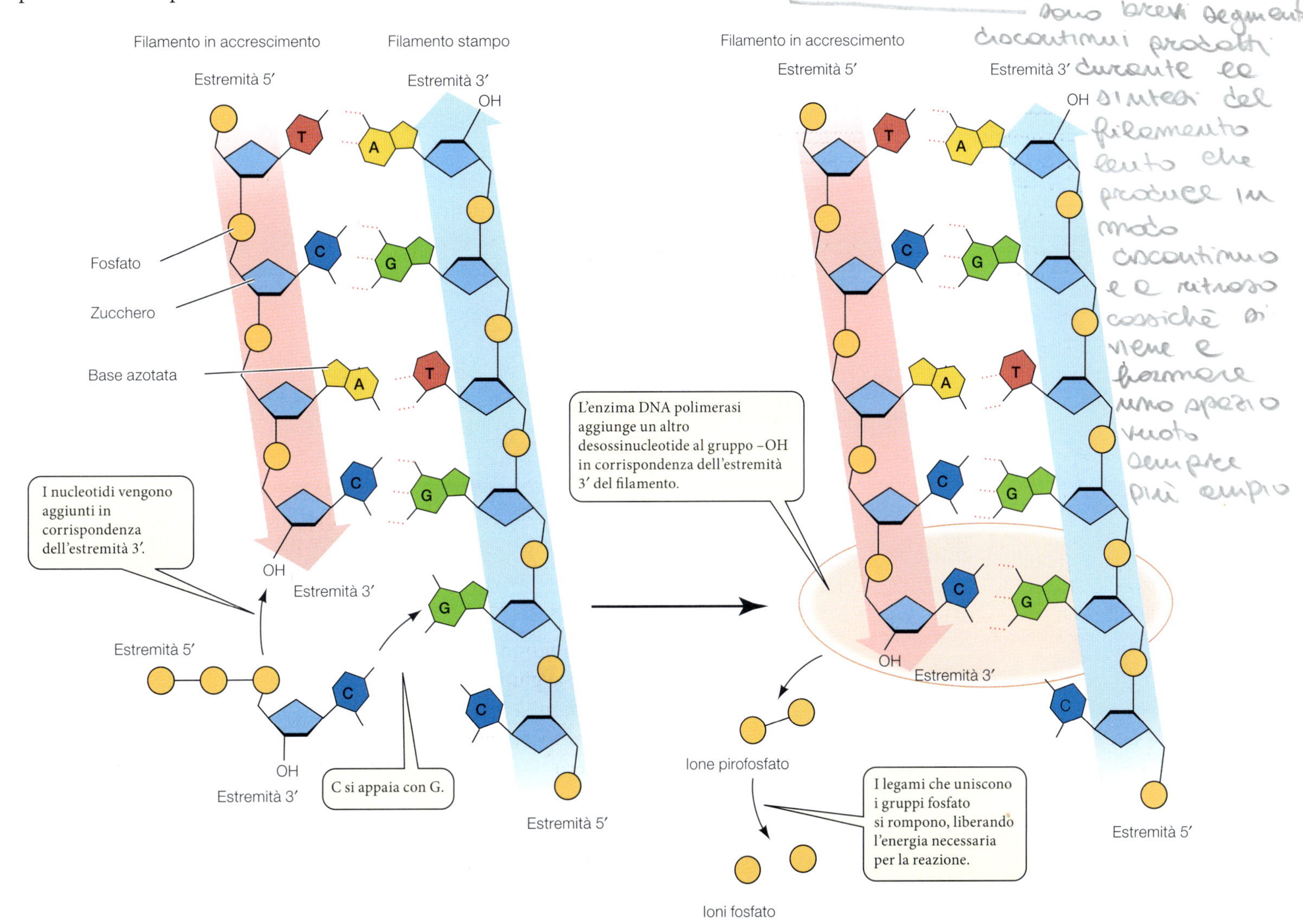

Figura 11 Ogni nuovo filamento di DNA si accresce dall'estremità 5' all'estremità 3' Il filamento di DNA a destra (in azzurro) corrisponde allo stampo per la sintesi del filamento complementare in via di accrescimento posto alla sua sinistra (in rosa).

2.2 ANIMAZIONE
La polimerizzazione del DNA (1' 15")
ebook.scuola.zanichelli.it/sadavabiologiablu

scopritore, il biochimico giapponese Reiji Okazaki), che poi vengono uniti insieme (▸figura 12).

I segmenti di Okazaki sono sintetizzati allo stesso modo del filamento veloce, cioè per aggiunta di un nuovo nucleotide per volta all'estremità 3' del nuovo filamento; la sintesi del filamento lento, però, procede in direzione opposta rispetto all'apertura della forcella di duplicazione.

13 Gli errori di duplicazione del DNA sono corretti da vari meccanismi di riparazione

Il complesso meccanismo della duplicazione del DNA è straordinariamente preciso, ma non è perfetto. Innanzitutto la DNA polimerasi compie una quantità notevole di errori: il tasso osservato in *E. coli* di un errore ogni 10^5 basi duplicate, per quanto basso, produrrebbe 60 000 mutazioni ogni volta che una cellula umana si divide. Inoltre, il DNA delle cellule che non sono in divisione è soggetto a danni provocati da alterazioni chimiche naturali delle basi o da agenti ambientali. Per fortuna le cellule dispongono di almeno tre meccanismi di riparazione:

1. una **correzione di bozze** che corregge gli errori di a mano a mano che la DNA polimerasi li compie;
2. una **riparazione delle anomalie di appaiamento**, che esamina il DNA subito dopo che si è duplicato e corregge gli appaiamenti sbagliati;
3. una **riparazione per escissione** che elimina le basi anomale dovute a un agente chimico e le sostituisce con basi funzionali.

Ogni volta che introduce un nuovo nucleotide in un filamento polinucleotidico in allungamento, la DNA polimerasi (coadiuvata da altre proteine del complesso di duplicazione) svolge una funzione di correzione di bozze (▸figura 13A). Se si accorge di un appaiamento sbagliato, toglie il nucleotide introdotto impropriamente e ci riprova. Questo processo ha un tasso di errore di uno ogni 10 000 coppie di basi e riduce il tasso generale di errore di duplicazione a circa una base ogni 10^9 basi duplicate.

Dopo che il DNA è stato duplicato, una seconda serie di proteine esamina la molecola neoformata in cerca di errori di appaiamento sfuggiti alla correzione di bozze (▸figura 13B). Questo meccanismo di riparazione delle anomalie è in grado di accorgersi che una coppia di basi, per esempio AC, non va bene: ma come fa a «sapere» se la coppia giusta è AT oppure GC?

Il meccanismo di riparazione delle anomalie riesce a riconoscere la base sbagliata perché un filamento di DNA appena duplicato subisce dei cambiamenti chimici. Per esempio, nei procarioti ad alcune adenine si va ad aggiungere un gruppo metile ($-CH_3$). Subito dopo la duplicazione, il filamento neoformato, che contiene l'errore, non è ancora metilato ed è quindi riconoscibile dal meccanismo di riparazione.

Le molecole di DNA si possono danneggiare anche durante la vita della cellula a causa di radiazioni ad alta energia, di agenti chimici mutageni presenti nell'ambiente o di reazioni chimiche spontanee. Porre rimedio a questo tipo di danni è compito del meccanismo di riparazione per escissione.

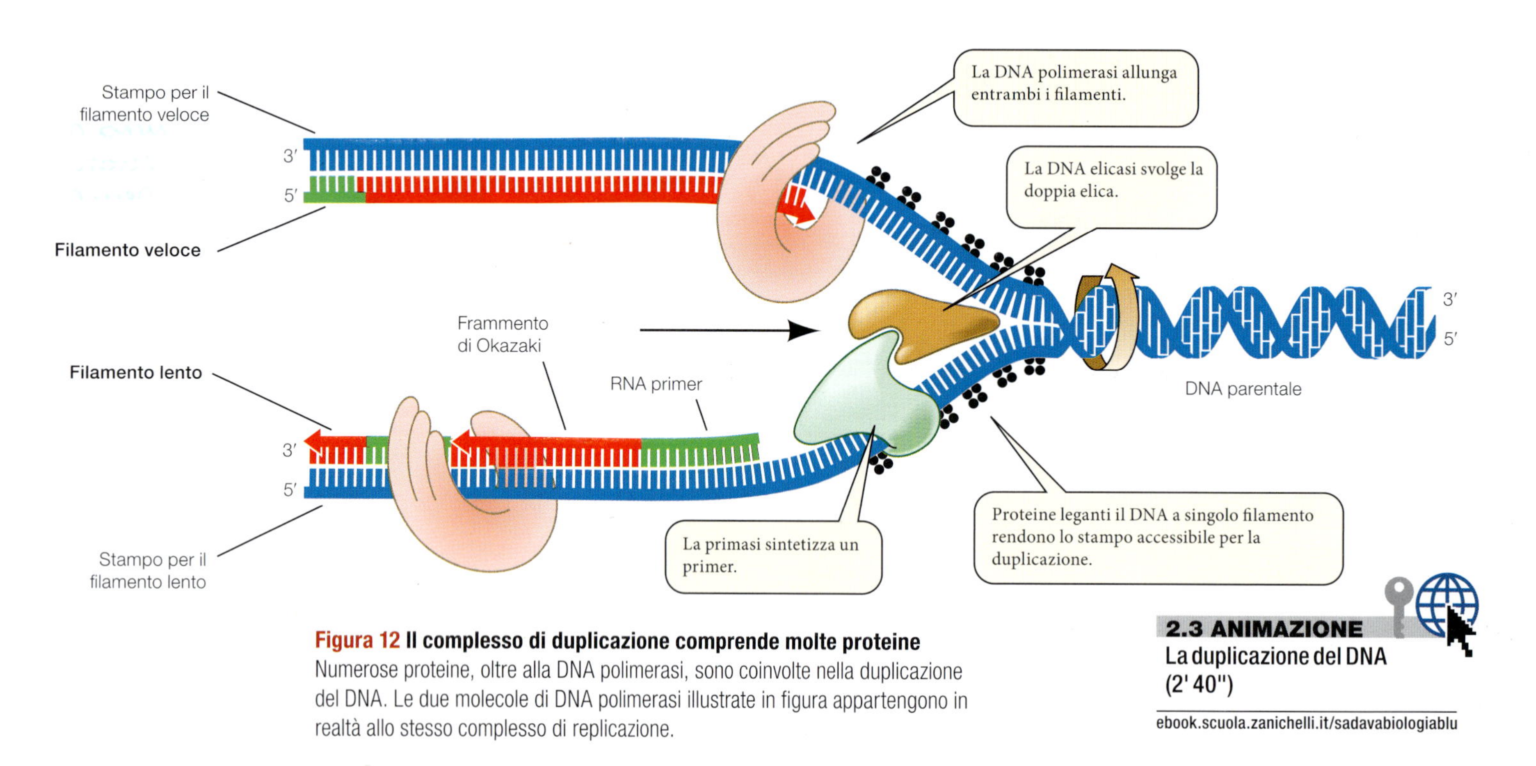

Figura 12 Il complesso di duplicazione comprende molte proteine
Numerose proteine, oltre alla DNA polimerasi, sono coinvolte nella duplicazione del DNA. Le due molecole di DNA polimerasi illustrate in figura appartengono in realtà allo stesso complesso di replicazione.

2.3 ANIMAZIONE
La duplicazione del DNA (2' 40")
ebook.scuola.zanichelli.it/sadavabiologiablu

Appositi enzimi ispezionano costantemente il DNA della cellula (►figura 13C) e, quando trovano basi appaiate in modo improprio, basi alterate o punti nei quali un filamento contiene più basi dell'altro (con conseguente formazione di un'ansa non appaiata), tagliano via il filamento difettoso. Un altro enzima rimuove la base colpevole e quelle adiacenti, mentre la DNA polimerasi e la DNA ligasi sintetizzano e attaccano una nuova sequenza di basi al posto di quella estirpata.

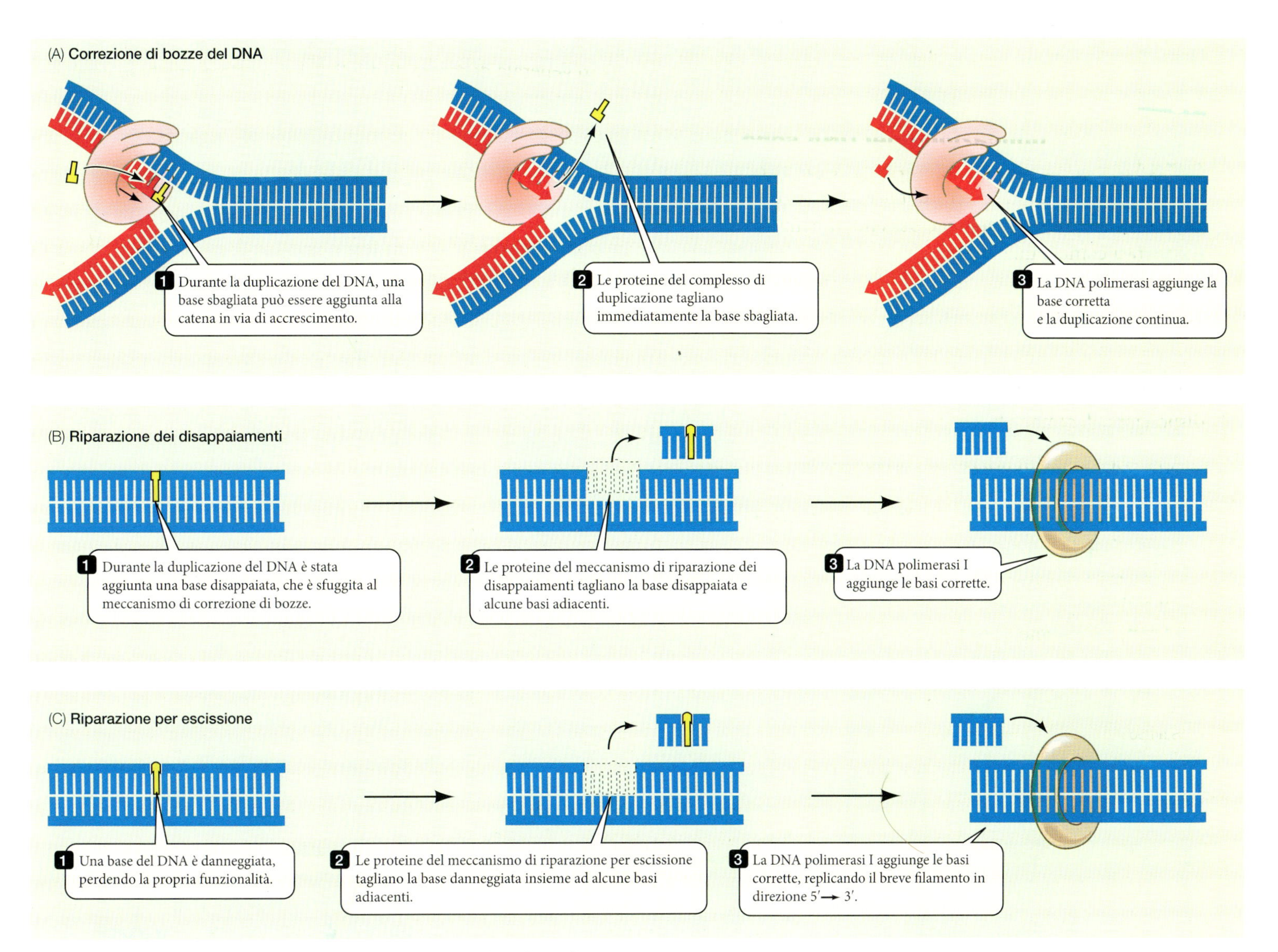

Figura 13 I meccanismi di riparazione del DNA Le proteine del complesso di duplicazione svolgono un ruolo anche nei meccanismi di riparazione del DNA, indispensabili per il mantenimento della vita.

FACCIAMO IL PUNTO

Termini e concetti chiave

a. Che cosa significa l'espressione «duplicazione semiconservativa»?
b. Quali enzimi sono necessari per la duplicazione del DNA? Quale funzione svolge ciascuno di essi?
c. Perché il filamento di DNA veloce si duplica in modo continuo mentre quello lento si deve duplicare in frammenti?
d. Quali sono i meccanismi di riparazione del DNA? Descrivili brevemente.

The language of life

Genetic material

- Genetic material **varies** in quantity from one species to another. It has the ability to **replicate**, and it also **regulates** the development of the cell.

Experiments

- Griffith discovered that the **transformation factor**, extracted from dead virulent bacteria, can turn a harmless strain into a virulent one.
- Avery selectively destroyed proteins, nucleic acids, carbohydrates, and lipids and found that the transformation factor is **DNA**.
- Hershey and Chase used bacteriophages labeled with radioactive isotopes of sulfur and phosphorus to demonstrate that the **genetic material** was DNA.

Structure of DNA

- Franklin's **X-ray crystallography** experiments on samples prepared by Wilkins suggested a spiral shape for the DNA molecule.
- When Chargaff studied the **composition** of DNA, he discovered regularities in the ratios among nitrogenous bases: in all species there is as much adenine (A) as thymine (T) and as much guanine (G) as cytosine (C).
- Watson and Crick proposed a **three-dimensional** model of DNA based on existing data.
- The **nucleotides** of each chain are linked by covalent bonds.
- The two chains are **complementary** and are linked by hydrogen bonds between the paired nitrogenous bases in a specific way: one purine with one pyrimidine (A with T and G with C).
- The two chains are oriented in opposite directions (**antiparallel**) and coil around an axis, giving the molecule the shape of a **double helix**. The very structure of the DNA explains some of its important functions:
  - genetic information is stored in the **sequence** of the variable part of the molecule, the nitrogenous bases;
  - replication is simple and effective because of the **complementarity** of the bases;
  - genetic material is subject to **mutations**;
  - genetic information is copied in the RNA molecule and **expressed** in the phenotype.

Replication of DNA

- DNA replication is **semiconservative**; each parent strand acts as a template for a new one.
- **Replication complex** is bound to the **origin of the replication**; some enzymes that are part of the replication complex develop here and open the double helix, forming two **replication forks**.
- DNA polymerase continues the synthesis of the new strands, adding nucleotides to the 3' end of the primer. At the end of replication, the RNA primer is eliminated and replaced by DNA.
- Because DNA polymerase can add nucleotides only to the 3' end of a strand, replication on the two strands proceeds differently, as follows:
  - it is continuous on the leading strand (which has a free 3' end);
  - it is discontinuous and proceeds in a backward direction on the **lagging strand** (which has a free 5' end). Many primers are synthesized, followed by **Okazaki fragments**, which are then joined by the enzyme DNA **ligase**.
- Cells contain **repair mechanisms** to correct errors of DNA polymerase or damage to the DNA.
- **Proofreading**: DNA polymerase and other proteins check the correct pairing of the bases as synthesis proceeds.
- **Repair of errors**: some proteins that can distinguish the new strand from the template strand check the DNA that has just been replicated and correct pairing errors.
- **Repair by excision**: specific enzymes correct the DNA when it is not replicating to search for alterations in the base pairing or structure, and eliminate and replace defective strand segments.

ebook.scuola.zanichelli.it/sadavabiologiablu

Esercizi

Verifica le tue conoscenze

1 L'esperimento di Griffith con *S. pneumoniae* dimostrò che

A il materiale genetico è DNA
B il DNA è a doppia elica
C l'ereditarietà è determinata da una specifica sostanza
D il DNA contiene fosforo, ma non azoto

2 Nel loro esperimento, Hershey e Chase non utilizzarono

A fagi marcati con fosforo radioattivo
B batteri con azoto non marcato radiaoattivamente
C fagi con fosforo non marcato radiaoattivamente
D batteri marcati con azoto radioattivo

3 Quale delle seguenti affermazioni relative ai batteriofagi è corretta?

A sono parassiti unicellulari dei batteri
B quando infettano una cellula ospite penetrano al suo interno
C sono formati da proteine e un acido nucleico
D possono infettare sia procarioti sia eucarioti

4 La scoperta del DNA come materiale genetico è attribuita a

A J.D. Watson e F.H. Crick
B O.T. Avery
C A. Hershey e M. Chase
D E. Chargaff

5 Quale delle seguenti affermazioni riguardanti il DNA è errata?

A la quantità di adenina e guanina è sempre uguale a quella di citosina e timina
B la quantità di adenina è uguale a quella di timina
C la quantità di citosina è uguale a quella di guanina
D la quantità di adenina e timina è sempre uguale a quella di citosina e guanina

6 Watson e Crick hanno scoperto che

A il DNA ha una conformazione a elica
B le due eliche sono antiparallele
C le basi azotate si appaiano secondo regole definite e costanti
D ciascuna catena è mantenuta unita da legami fosfodiesterici

7 Nel DNA si trovano legami

A covalenti tra le basi appaiate e tra i nucleotidi di un'elica
B a idrogeno tra deossiribosio e basi azotate, oltre a legami covalenti tra desossiribosio e fosfato
C covalenti tra i nucleotidi di un'elica e legami a idrogeno tra le basi appaiate
D covalenti tra i nucleotidi di un'elica e legami ionici tra le basi appaiate

8 Quale delle seguenti funzioni non è spiegata dal modello di Watson e Crick?

A il DNA contiene le informazioni genetiche
B il materiale genetico si esprime nel fenotipo
C il materiale genetico è in grado di duplicarsi
D il materiale genetico è soggetto a mutazioni

9 Quali dei seguenti componenti molecolari non è coinvolto nella duplicazione del DNA?

A la DNA polimerasi
B i quattro ribonucleotidi trifosfati
C un DNA che serve da stampo
D l'enzima ligasi

10 La DNA polimerasi

A è in grado di sintetizzare nuove molecole di DNA partendo soltanto dai nucleotidi trifosfato
B può allungare la catena del DNA in direzione 5' → 3'
C può sintetizzare nuove molecole di DNA o RNA
D opera in modo identico sulle due eliche del DNA

11 La DNA polimerasi stessa può operare un meccanismo di correzione tramite

A la correzione di bozze
B la riparazione per escissione
C la riparazione delle anomalie di appaiamento
D la retromutazione

12 I frammenti di Okazaki si formano

A dalla degradazione del DNA
B prima dell'assemblaggio del filamento lento
C quando un fago infetta un batterio
D a causa dell'azione della DNA ligasi

Verifica le tue abilità

Leggi e completa.

13 Leggi e completa, con i termini opportuni, le seguenti frasi riferite alla scoperta della struttura del DNA.

A Rosalind Franklin grazie alla .... stabilì la conformazione del DNA.

B Fu Erwin Chargaff a stabilire le regole di .... delle basi azotate.

C A Linus Pauling si deve l'ideazione di modelli .... delle molecole.

14 Leggi e completa, con i termini opportuni, le seguenti frasi riferite alla struttura del DNA.

A La distanza costante tra le due eliche impedisce che la .... si possa appaiare all'adenina.

B L'appaiamento tra citosina e guanina è consentito dalla formazione di tre legami ....

C L'elica compie un giro completo ogni .... coppie di basi.

D Le due eliche decorrono in direzioni ....

15 Leggi e completa, con i termini opportuni, le seguenti frasi riferite alla duplicazione del DNA.

A La formazione del .... di duplicazione consente l'avvio del processo.

B Il punto .... è il punto di partenza del processo.

C L'apertura della molecola del DNA forma due .... di duplicazione.

D Tale apertura richiede che un enzima provveda a rompere i legami a idrogeno tra le due ....

Spiega e rispondi.

16 Nella prima metà del Novecento si sapeva che l'informazione genetica era portata da una specifica sostanza. Quali delle seguenti affermazioni relative alle conoscenze di quel periodo sono corrette?

A Il materiale genetico doveva essere presente in quantità diverse in specie diverse.

B Il materiale genetico doveva essere in grado di riprodursi.

C Il DNA era il più logico candidato al ruolo di materiale genetico.

D Il materiale genetico doveva avere una doppia elica.

Motiva le tue risposte, sostenendole con quello che sai delle conoscenze di quell'epoca.

17 Il DNA è una molecola formata da due eliche complementari e antiparallele. Quali delle seguenti affermazioni discendono da ciò?

A Nelle due eliche la direzione dei legami tra desossiribosio e fosfato è opposta.

B Le due eliche sono formate dalle stesse basi azotate.

C La doppia elica è ruotata di 180°.

D Ciascuna elica può fare da stampo all'altra.

Disegna la struttura del DNA in modo semplificato, ma tale da evidenziare le ragioni delle tue scelte e motivale opportunamente.

18 La duplicazione nei procarioti differisce per alcuni aspetti da quella degli eucarioti. Quali delle seguenti affermazioni sono corrette a questo riguardo?

A Esiste un solo punto ori per ciascuna molecola.

B Il cromosoma ruota all'interno della polimerasi e si formano due molecole figlie staccate tra loro.

C Durante la duplicazione si forma una struttura simile a una ipsilon.

D Essendo circolare, il cromosoma non necessita di un punto di fine distinto da quello di origine.

E Più molecole di DNA polimerasi possono agire contemporaneamente su uno stesso cromosoma.

Motiva opportunamente le tue risposte, anche con un disegno schematico.

Rispondi in poche righe.

19 Per quali ragioni i primi genetisti ritenevano che il materiale genetico potesse essere costituito da proteine?

20 Nel loro esperimento, Hershey e Chase, utilizzarono un frullatore, il che sembrava una cosa buffa. Chiarisci come sarebbero cambiati i risultati dell'esperimento se essi non avessero utilizzato questo banale elettrodomestico.

21 Un ruolo fondamentale per comprendere la natura del materiale genetico fu svolto da Chargaff. Enuncia le sue «regole» e chiarisci per quali ragioni erano tanto importanti.

22 Watson e Crick furono subito coscienti che il loro modello consentiva di spiegare in modo piuttosto ovvio alcune delle proprietà fondamentali del materiale genetico. Elenca quali siano queste proprietà e chiarisci come il modello della doppia elica permettesse di spiegarle.

23 Descrivi come prende avvio il processo di duplicazione del DNA.

Mettiti alla prova

Rispondi in 20 righe.

24 **Numerosi sono stati i ricercatori che hanno contribuito ad aprire la strada al lavoro di Watson e Crick. Elencali e chiarisci la natura del loro contributo.**

25 **La duplicazione del DNA è un processo molto complesso, che richiede il contributo di molte molecole. Descrivi il meccanismo della duplicazione e precisa la funzione delle molecole coinvolte.**

Rispondi in 10 righe.

CONOSCENZE

26 **Descrivi i meccanismi di correzione degli errori di duplicazione del DNA.**

27 **Elenca le proprietà che i biologi ritenevano fin dagli anni Venti del secolo scorso che il materiale genetico dovesse possedere.**

COMPETENZE

28 **Che cosa significa che le due eliche del DNA sono antiparallele? Chiarisci la tua risposta aiutandoti con un disegno schematico.**

Scegli la risposta corretta.
CONOSCENZE

29 **Le cristallografie ai raggi X eseguite da Rosalind Franklin furono importanti perché consentirono di**

A comprendere la struttura elicoidale della molecola di DNA.
B confermare sperimentalmente la regola di Chargaff.
C stabilire che le eliche del DNA sono anticomplementari.
D determinare che il DNA è il materiale genetico.

COMPETENZE

30 **I legami idrogeno che si formano tra le basi azotate sono legami**

A deboli, per consentire che si verifichino mutazioni genetiche.
B deboli, per facilitare l'apertura e la chiusura delle due eliche.
C forti, per consentire alla molecola di mantenere la doppia elica.
D forti, per contribuire a evitare errori durante la duplicazione.

Verso l'Università.

31 **Quale tra i seguenti elementi NON è coinvolto nella duplicazione del DNA?**

A Primer a RNA
B Ligasi
C Anticodone
D Elicasi
E DNA polimerasi

[*dalla prova di ammissione al corso di laurea in Medicina Veterinaria, anno 2011-2012*]

32 **I frammenti di Okazaki:**

A sono il prodotto del taglio del DNA da parte degli enzimi di restrizione
B sono segmenti di DNA prodotti in modo discontinuo durante la duplicazione del DNA
C sono sequenze nucleotidiche che danno inizio alla duplicazione del DNA
D sono prodotti dall'azione della DNA elicasi
E sono sequenze ripetitive all'estremità dei cromosomi

[*dalla prova di ammissione al corso di laurea in Odontoiatria e Protesi Dentaria, anno 2010-2011*]

Biology in English.

33 **Griffith's studies of *Streptococcus pneumoniae***

A showed that DNA is the genetic material of bacteria.
B showed that DNA is the genetic material of bacteriophages.
C demonstrated the phenomenon of bacterial transformation.
D proved that prokaryotes reproduce sexually.
E proved that protein is not the genetic material.

34 **In the Hershey–Chase experiment,**

A DNA from parent bacteriophages appeared in progeny bacteriophages.
B most of the phage DNA never entered the bacteria.
C more than three-fourths of the phage protein appeared in progeny phages.
D DNA was labeled with radioactive sulfur.
E DNA formed the coat of the bacteriophages.

35 **Which statement about complementary base pairing is not true?**

A It plays a role in DNA replication.
B In DNA, T pairs with A.
C Purines pair with purines, and pyrimidines pair with pyrimidines.
D In DNA, C pairs with G.
E The base pairs are of equal lenght.

A structure for our times

In Michael Crichton's novel Jurassic Park and its film counterpart, fictional scientists were depicted using biotechnology to produce living dinosaurs for display in a theme park. In the story, the scientists isolated the DNA of dinosaurs from fossilized insects that had sucked the reptiles' blood. The insects, which had been preserved intact in amber (fossilized tree resin), yielded DNA that could be used to produce living individuals of long-extinct organisms such as *Tyrannosaurus rex*.

The premise of Crichton's novel was based on an actual scientific paper that claimed to show reptilian DNA sequences in a fossil insect. Unfortunately, the scientific report was not upheld; the «preserved» DNA turned out to be a contaminant from modern organisms.

Despite the fact that the preservation of intact DNA over millions of years is highly improbable, the popular success of Jurassic Park did bring the idea of DNA as the genetic material to the attention of millions of readers and viewers. Indeed, even before the novel and movie, the image of the DNA double helix was a familiar secular icon.

The double helix was first proposed by James Watson and Francis Crick in a short paper in the scientific journal Nature. A drawing of the structure made by Crick's wife, Odile, accompanied the article, and its simplicity and elegance made it an instant hit, not just with scientists, but with the general public. As Watson put it later, «A structure this pretty just had to exist».

Deoxyribonucleic acid—DNA—and its double-helical structure has become one of the great symbols of science of our era. It is not just trumpeted on the covers of newsmagazines as the «secret of life», but has moved from academic obscurity to common speech. One sees advertisements about a company whose customers get «into the DNA of business». A perfume is named «DNA» and is advertised as «The Essence of Life». A digital media software system is called the «DNA Server».

This is not the first time such a powerful symbol has emerged from science. Think of the mushroom cloud of a nuclear explosion and the Bohr model of the atom, with its electrons whizzing around the nucleus. Salvador Dali was the first well-known artist to use the DNA double helix in his whimsical creations. A portrait of Sir John Sulston, a Nobel prizewinning geneticist, is made of tiny bacterial colonies, each containing a piece of Sulston's DNA. The Brazilian artist Eduardo Kac translated a sentence from the Bible into a DNA nucleotide base sequence and incorporated this DNA into bacteria. The viewer can turn on an ultraviolet lamp to change the DNA sequence and the biblical verse it represents. DNA sculptures abound, and jewelry made with the double helix motif is called the «strands of life» collection.

But it is not only DNA's structure that stirs our society. It is what that structure symbolizes, which is nothing less than the promise and perils of our rapidly expanding knowledge of genetics.

Bejeweled with DNA The double helix of DNA has become an iconic symbol of modern science and culture. Artists and designers make use of the widely recognized shape in many ways.

Resurrecting the rex Scientists and artists have been creating inanimate reconstructions of dinosaurs for more than 100 years. Michael Crichton's novel Jurassic Park was based on the fictional premise that DNA retrieved from fossils could produce living dinosaurs such as *Tyrannosaurus rex*.

Answer the questions.

- What happens in Michael Crichton's novel Jurassic Park?
- Why does DNA's structure stir our society?

AUDIO
A structure for our times
ebook.scuola.zanichelli.it/sadavabiologiablu

APPROFONDIMENTO
La prima scoperta del DNA
ebook.scuola.zanichelli.it/sadavabiologiablu

INTERACTIVE E-BOOK
ebook.scuola.zanichelli.it/sadavabiologiablu

capitolo

B3 Il genoma in azione

NON SOLO GENOMA: LE CAVALLETTE E L'AMBIENTE

Esistono due forme di cavallette migratrici (*Schistocerca gregaria*): una è di colore verde, ha ali corte ed è un animale solitario; l'altra invece vive in gruppo, ha lunghe ali ed è variopinta. Anche se così diverse da dare l'impressione di appartenere a due specie differenti, in realtà queste locuste rappresentano solo le due forme che una stessa larva può assumere quando avrà completato il suo sviluppo. L'una esclude l'altra e nessuna delle due si sviluppa solo in base alle informazioni contenute nel genoma: l'ambiente infatti invia segnali che intervengono sui geni determinandone l'azione specifica. Non è raro che l'ambiente influisca sul fenotipo; nel caso delle cavallette il fattore determinante è la densità della popolazione.

I geni guidano la costruzione delle proteine

Nel capitolo precedente abbiamo visto come si duplica il DNA. Ora dobbiamo spiegare come questa molecola agisce nell'organismo, determinando le caratteristiche del suo fenotipo. Agli inizi del secolo scorso gli scienziati avevano scoperto che le differenze fenotipiche, anche di grossa portata, derivavano da differenze in determinate proteine. Tutti gli studi dimostravano dunque una stretta relazione tra geni e proteine. Esamineremo brevemente gli esperimenti che hanno evidenziato queste relazioni.

1

Esperimenti sulla muffa del pane hanno chiarito la relazione fra geni ed enzimi

Gli scienziati che indagano su un fenomeno biologico spesso cercano *organismi modello* che, oltre a mostrare il fenomeno in esame, siano anche facili da coltivare in laboratorio o da osservare in natura. Nei capitoli precedenti abbiamo incontrato vari esempi di organismi modello, fra i quali la pianta di pisello (*Pisum sativum*) ed *Escherichia coli*.

A tale elenco dobbiamo ora aggiungere la comune muffa del pane, *Neurospora crassa*. Questa è una muffa appartenente ai funghi pluricellulari che vanno sotto il nome di ascomiceti; è facile da coltivare e cresce bene in laboratorio (▸figura 1). Inoltre per gran parte del ciclo vitale è aploide, il che rende immediata l'interpretazione genetica dei risultati, non essendoci rapporti di dominanza-recessività.

LE PAROLE

crescere su un **terreno di coltura**, vale a dire in un mezzo (solido o anche liquido) capace di fornire loro quel che serve per crescere.
Un *terreno minimo* contiene solo una fonte di carbonio organico e sali minerali.
Un *terreno completo* è invece arricchito con estratti di proteine, vitamine e altre sostanze organiche.

I genetisti statunitensi George W. Beadle ed Edward L. Tatum ipotizzarono che l'espressione di un gene sotto forma di fenotipo potesse avvenire tramite un enzima, questa idea li portò a vincere il premio Nobel per la medicina nel 1958. Il loro lavoro sperimentale consentì di stabilire che le mutazioni avevano un effetto semplice e che ogni mutazione causasse la perdita di funzionalità di un singolo enzima di quelli presenti nella cellula. Tale conclusione è diventata famosa come l'ipotesi «**un gene, un enzima**». Oggi conosciamo centinaia di esempi di malattie ereditarie nelle quali un gene difettoso determina come effetto un errore nella produzione di uno specifico enzima. Spesso sappiamo anche quale specifico gene ne sia il responsabile.

2

Di solito un gene determina la costruzione di un singolo polipeptide

Alla luce delle attuali conoscenze di biologia molecolare, la relazione gene-enzima ha subito alcune modifiche. Innanzitutto oggi sappiamo che i geni sono sequenze di nucleotidi in una molecola di DNA. In secondo luogo, non tutte le proteine che influiscono sul fenotipo sono enzimi. Oltre a ciò, spesso le proteine, compresi molti enzimi, possiedono una struttura quaternaria: sono composte cioè da varie catene polipeptidiche.

L'emoglobina, per esempio, contiene quattro catene polipeptidiche, due di un tipo e due di un altro. In questo caso ogni catena polipeptidica è specificata da un gene distinto; perciò, anziché dire «un gene, un enzima» è più giusto usare l'espressione «**un gene, un polipeptide**». In altre parole, la funzione di un gene è il controllo della produzione di un singolo polipeptide specifico.

Il gene non costruisce direttamente il polipeptide, ma fornisce le informazioni che la cellula «traduce» producendo la catena polipeptidica corrispondente. Per questo si dice che il gene «si esprime» producendo un singolo polipeptide. Questa affermazione è valida per la maggior parte dei geni, ma non ha valore universale: alcuni geni si esprimono in altro modo, per esempio controllando *altre* sequenze di DNA. I geni che determinano la produzione di un polipeptide rappresentano comunque il livello fondamentale di controllo dello sviluppo della cellula.

Nel prossimo paragrafo vedremo come si esprimono tali geni, partendo dalle osservazioni fatte dallo stesso Crick dopo la scoperta della struttura del DNA.

(A)

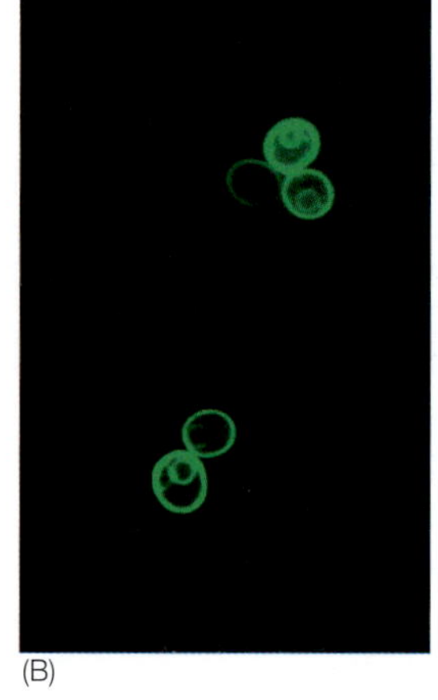
(B)

Figura 1 Un organismo modello La muffa del pane (*Neurospora crassa*) osservata a occhio nudo (A) e al microscopio (B).

FACCIAMO IL PUNTO

Termini e concetti chiave

a. Perché Beadle e Tatum, dopo aver condotto gli esprimenti su *Neurospora*, formularono l'espressione «un gene, un enzima»?
b. Perché è più corretto dire «un gene, un polipeptide» piuttosto che «un gene, una proteina»?
c. Come definiresti un gene in termini funzionali?

2

In che modo l'informazione passa dal DNA alle proteine?

Subito dopo aver proposto insieme a James Watson la struttura tridimensionale del DNA, Francis Crick cominciò a considerare il problema del rapporto funzionale fra DNA e proteine. Questo lo portò a enunciare quello che chiamò il *dogma centrale* della biologia molecolare. In parole semplici, il dogma afferma che il gene è un tratto di DNA contenente le informazioni per la produzione di una catena polipeptidica; la proteina però non contiene l'informazione per la produzione di altre proteine, dell'RNA o del DNA.

3

Il dogma centrale: la trascrizione e la traduzione

Il dogma centrale della biologia molecolare (▸figura 2) solleva i seguenti interrogativi.

1. In che modo l'informazione passa dal nucleo al citoplasma? Come ricorderai, infatti, il DNA della cellula eucariotica è quasi interamente confinato nel nucleo, mentre le proteine sono sintetizzate nel citoplasma.
2. In che rapporto stanno una determinata sequenza nucleotidica del DNA e una determinata sequenza amminoacidica di una proteina?

Per rispondere a queste domande Crick propose due ipotesi.

La trascrizione e l'ipotesi del messaggero.

Per spiegare in che modo l'informazione passa dal nucleo al citoplasma, il gruppo di Crick propose che da un filamento di DNA di un particolare gene si formasse per copia complementare una molecola di RNA. L'**RNA messaggero** o **mRNA** si sposta poi dal nucleo al citoplasma dove, a livello dei ribosomi, serve da stampo per la sintesi delle proteine. Il processo con cui si forma questo RNA si chiama **trascrizione** (▸figura 3).

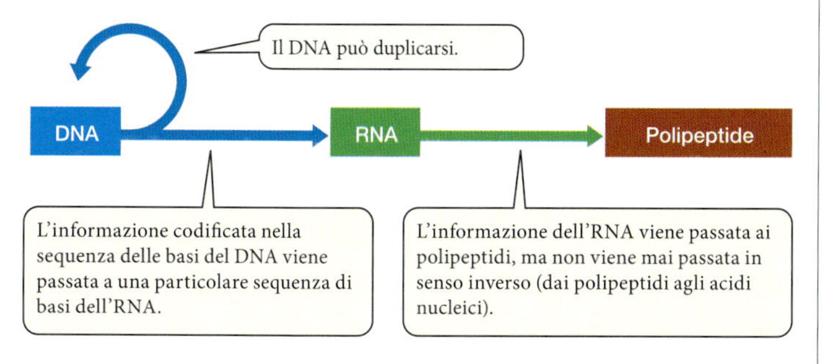

Figura 2 Il dogma centrale L'informazione genetica fluisce dal DNA all'RNA e ai polipeptidi, come indicato dalle frecce.

L'ipotesi di Crick è stata messa più volte alla prova con geni che codificano proteine e il risultato è sempre stato lo stesso: ogni sequenza di DNA di un gene che codifica una proteina si esprime come sequenza di mRNA.

Negli anni Settanta del secolo scorso, tuttavia, è stato scoperto un tipo particolare di virus, chiamato **retrovirus**, che possiede come materiale genetico una molecola di RNA ed è in grado, nel corso di un'infezione, di ricopiarla in DNA grazie all'enzima **trascrittasi inversa**.

La traduzione e l'ipotesi dell'adattatore.

Per spiegare in che modo una sequenza di DNA si trasforma nella sequenza di amminoacidi specifica di un polipeptide, Crick suggerì l'ipotesi dell'adattatore: deve esistere una *molecola adattatrice* capace di legarsi in modo specifico a un amminoacido e di riconoscere una sequenza di nucleotidi. La immaginò provvista di due regioni, una che svolge la funzione di legame e l'altra che svolge la funzione di riconoscimento. Ben presto tali molecole adattatrici sono state trovate; si tratta di un RNA noto come **RNA transfer**, o **tRNA**.

Dato che riconosce il messaggio genetico dell'mRNA e allo stesso tempo trasporta specifici amminoacidi, il tRNA è in grado di *tradurre* il linguaggio del DNA in linguaggio delle proteine. Gli adattatori di tRNA, che portano gli amminoacidi, si allineano lungo la sequenza dell'mRNA in modo tale che gli amminoacidi si vengono a trovare nella sequenza giusta per la crescita di una catena polipeptidica: un processo chiamato **traduzione** (*vedi* ▸figura 3).

Anche in questo caso, l'osservazione della reale espressione di migliaia di geni ha confermato l'ipotesi che il tRNA agisca da intermediario fra l'informazione di una sequenza nucleotidica dell'mRNA e la sequenza amminoacidica di una proteina.

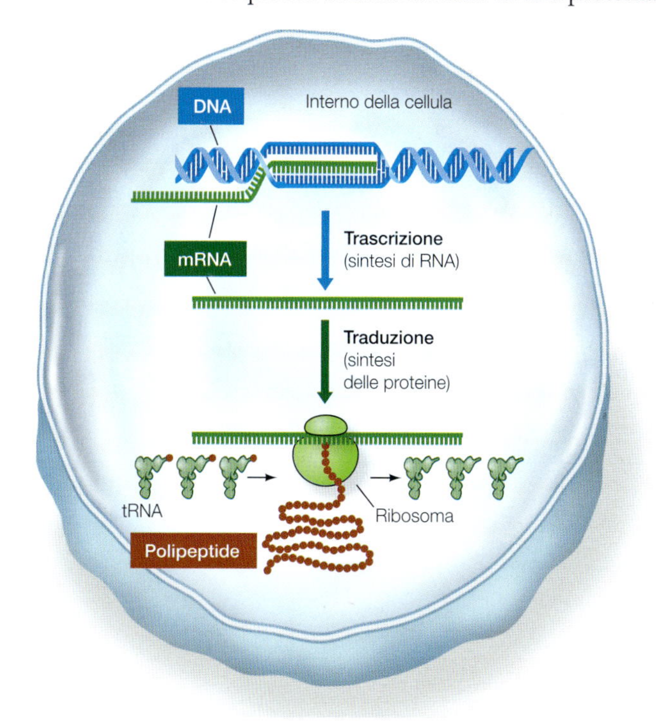

Figura 3 Dal gene alla proteina Questo disegno riassume i processi della trascrizione e della traduzione nei procarioti. Negli eucarioti i processi sono più complessi.

4

L'RNA è leggermente diverso dal DNA

Un intermediario fondamentale fra il tratto di una molecola di DNA corrispondente a un gene e il polipeptide che a esso corrisponde è quindi l'**RNA** (**acido ribonucleico**), un polinucleotide simile al DNA, ma diverso per tre aspetti:

1. generalmente l'RNA è formato da un unico filamento;
2. la molecola di zucchero che si trova nell'RNA è il ribosio, anziché il desossiribosio presente nel DNA;
3. tre basi azotate (adenina, guanina e citosina) dell'RNA sono le stesse che nel DNA, ma la quarta base dell'RNA è l'**uracile** (**U**), con una struttura simile alla timina, che sostituisce.

Le basi dell'RNA si possono appaiare a quelle di un filamento singolo di DNA. Questo appaiamento obbedisce alle stesse regole di complementarietà delle basi che valgono per il DNA, salvo che *l'adenina si appaia con l'uracile* anziché con la timina. Inoltre, come vedremo fra poco, l'RNA, pur essendo a filamento singolo, può ripiegarsi su se stesso e assumere forme complesse in seguito a un appaiamento di basi intramolecolare.

Esistono tre distinte classi di RNA con funzioni diverse, come elencato qui sotto.

1. RNA messaggero (o mRNA): è «l'intermediario» che porta una copia delle informazioni di un tratto di DNA ai ribosomi. La sua caratteristica più importante è la *sequenza lineare*.
2. RNA transfer (o tRNA): è «l'adattatore» che porta gli amminoacidi ai ribosomi e li colloca nella posizione corretta; il suo compito richiede una precisa e complessa *struttura tridimensionale*.
3. RNA ribosomiale (o rRNA): entra a far parte dei ribosomi e permettere di realizzare la sintesi proteica. Ha quindi un ruolo *strutturale* e *funzionale*.

PER SAPERNE DI PIÙ

ALCUNI VIRUS COSTITUISCONO UN'ECCEZIONE AL DOGMA CENTRALE

Come abbiamo visto nel capitolo precedente, i virus sono particelle infettive acellulari che si riproducono all'interno di cellule. Molti virus, come il virus del mosaico del tabacco, il virus dell'influenza e quello della polio, hanno come materiale genetico l'RNA anziché il DNA. Con la sua sequenza polinucleotidica, l'RNA è potenzialmente in grado di funzionare da trasportatore dell'informazione e di esprimersi nelle proteine. Ma, se l'RNA di solito è a filamento singolo, come fa a duplicarsi? Generalmente i virus risolvono il problema con una trascrizione da RNA a RNA, da cui ottengono un RNA complementare al loro genoma. Questo filamento «opposto» viene poi usato per sintetizzare copie multiple del genoma virale mediante trascrizione.

Il genoma del virus dell'immunodeficienza umana (HIV) e di certe forme tumorali rare è anch'esso a RNA, ma non si duplica da RNA a RNA. Dopo aver infettato la cellula ospite, questi virus eseguono una copia in DNA del proprio genoma e la usano per produrre altro RNA. Questo RNA serve poi sia come stampo per fare altre copie del genoma virale, sia come mRNA per produrre le proteine virali.

La sintesi del DNA a partire dall'RNA prende il nome di **trascrizione inversa**; i virus che la mettono in atto, come per esempio il virus responsabile dell'AIDS, sono detti **retrovirus** (▸figura). È importante notare che la parte fondamentale del dogma di Crick, vale a dire il fatto che l'informazione genetica non può ritornare dalle proteine agli acidi nucleici, non è toccata da questa parziale eccezione. In altri termini, Crick ha affermato che il fenotipo non può passare informazioni al genotipo e ciò resta a tutt'oggi perfettamente confermato dai fatti.

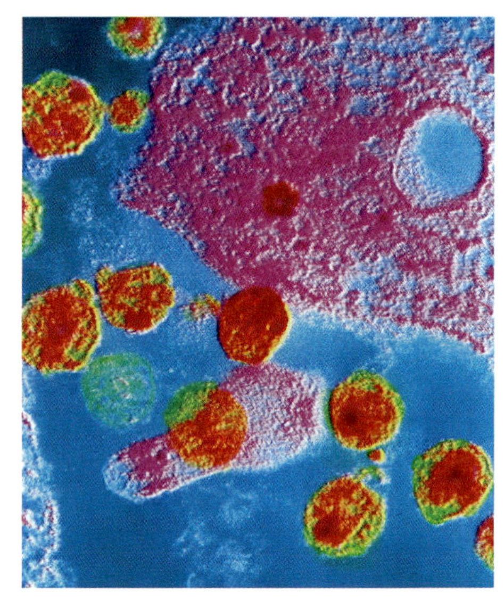

I retrovirus Il virus HIV (virus dell'immunodeficienza umana) provoca una malattia nota come AIDS (sindrome da immunodeficienza acquisita). L'immagine al microscopio elettronico a trasmissione mostra alcune particelle virali all'interno di un globulo bianco (la microfotografia è stata colorata artificialmente). L'informazione genetica di questo retrovirus è codificata sotto forma di RNA (in rosso nell'immagine).

FACCIAMO IL PUNTO

Termini e concetti chiave

a. Che cosa afferma il dogma centrale? Qual è la sua importanza per la biologia?
b. Quante classi di RNA sono presenti nelle cellule? E quali ruoli svolgono nell'espressione dei geni?
c. Dal punto di vista chimico quali sono le differenze tra le molecole di DNA e quelle di RNA?

La trascrizione: dal DNA all'RNA

La trascrizione, cioè la formazione di uno specifico RNA a partire dal DNA, richiede uno stampo di DNA, ATP, GTP, CTP e UTP che facciano da substrato, e l'enzima RNA polimerasi. Lo stesso processo è responsabile della sintesi del tRNA e dell'RNA ribosomiale (rRNA). Come i peptidi, anche tutti questi RNA sono codificati da geni specifici.

La trascrizione avviene in tre tappe

All'interno di ciascun gene viene trascritto uno solo dei due filamenti del DNA, il **filamento stampo**. Il filamento complementare resta non trascritto. Questa differenza funzionale non vale per tutta la molecola di DNA: il filamento che in un gene è stampo, in un altro gene può non esserlo. La trascrizione può essere suddivisa in tre stadi: inizio, allungamento e terminazione.

Il primo stadio, che dà **inizio** alla trascrizione, richiede un **promotore**, una speciale sequenza di DNA alla quale si lega molto saldamente la RNA polimerasi (▸figura 4A). Per ogni gene (o, nei procarioti, per ogni serie di geni) c'è almeno un promotore. I promotori sono importanti sequenze di controllo che «dicono» all'RNA polimerasi tre cose: da dove far partire la trascrizione, quale filamento del DNA trascrivere e in quale direzione procedere.

I promotori funzionano un po' come i segni di punteggiatura che stabiliscono come debba essere letta la sequenza di parole di una frase. Una parte di ogni promotore è il *sito di inizio*, dove incomincia la trascrizione. Ogni gene ha un promotore, ma non tutti i promotori sono uguali; alcuni sono più efficaci di altri nel dare inizio alla trascrizione.

La regolazione del funzionamento dei promotori differisce per molti aspetti tra i procarioti e gli eucarioti, anche perché in questi ultimi essa è uno dei meccanismi direttamente coinvolti nel **differenziamento cellulare**, che avviene durante lo sviluppo e che non esiste nei procarioti.

Dopo che l'RNA polimerasi si è legata al promotore, incomincia il processo dell'**allungamento** (*vedi* ▸figura 4B). La RNA polimerasi apre il DNA a circa 10 basi per volta e legge il filamento di stampo in direzione 3'-5'. Come la DNA poli-

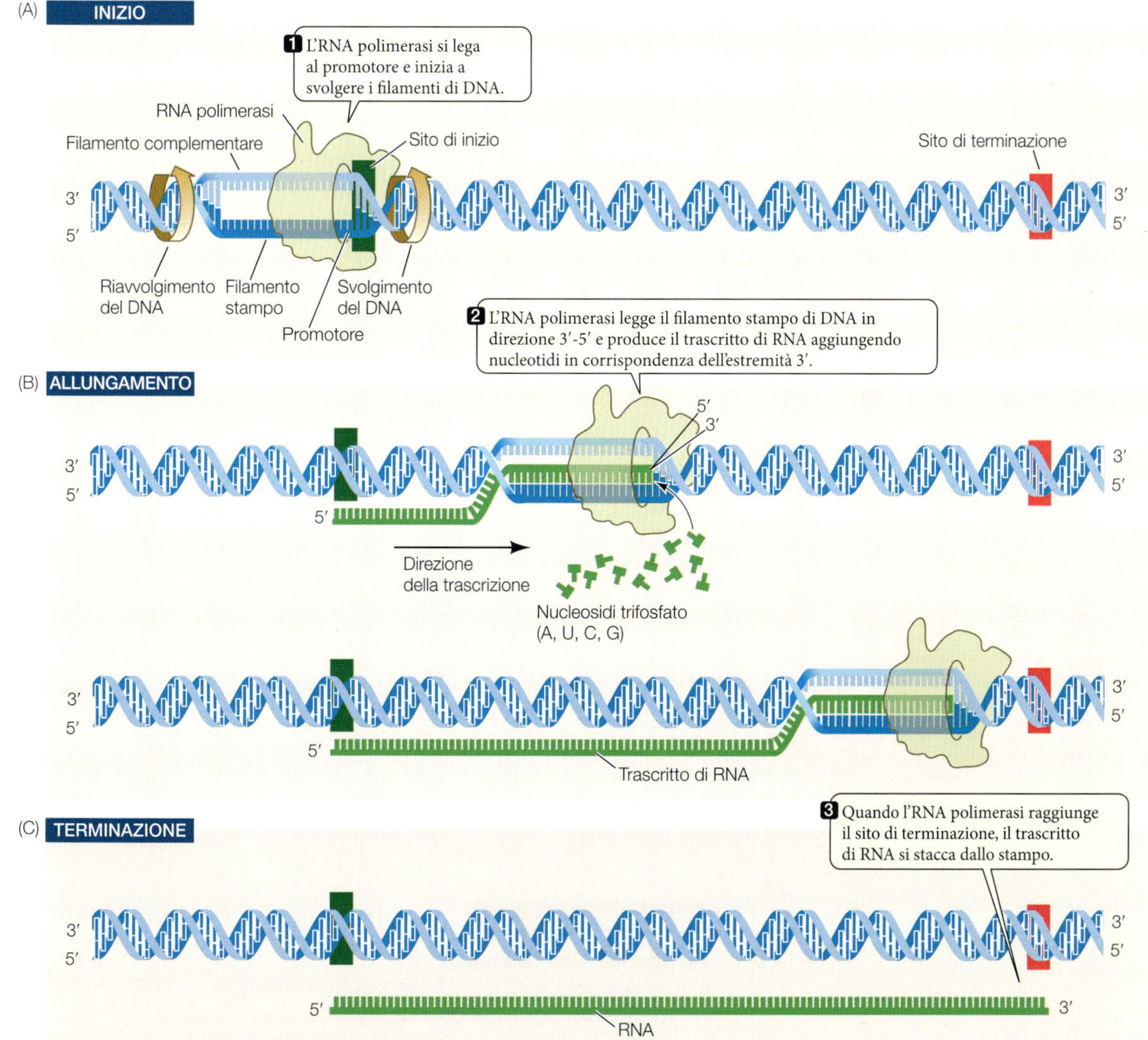

Figura 4 La trascrizione del DNA porta alla formazione di RNA Il DNA viene parzialmente srotolato a opera dell'RNA polimerasi e funge da stampo per la sintesi di RNA. Al termine del processo, il trascritto di RNA si allontana dal DNA, permettendo ai due filamenti del DNA di riavvolgersi a formare la doppia elica. La trascrizione del DNA si svolge in tre tappe: inizio, allungamento e terminazione. L'RNA polimerasi in realtà è molto più grande di come è mostrata nella figura, e copre un tratto di DNA pari a circa 50 paia di basi.

3.1 ANIMAZIONE
La trascrizione
(3' 15")
ebook.scuola.zanichelli.it/sadavabiologiablu

merasi, anche la RNA polimerasi aggiunge i nuovi nucleotidi all'estremità 3' del filamento in crescita, ma non ha bisogno di un primer per dare inizio al processo. Il nuovo RNA si allunga verso l'estremità 3' partendo dalla prima base che costituisce l'estremità 5'. Di conseguenza l'RNA trascritto è antiparallelo al filamento di stampo del DNA.

Come fa l'RNA polimerasi a sapere quando smettere di aggiungere nucleotidi al trascritto di RNA in crescita? Analogamente al sito di inizio che precisa il punto di partenza della trascrizione, sul filamento stampo del DNA ci sono particolari sequenze di basi che ne stabiliscono la **terminazione** (*vedi* ▸figura 4C). Negli eucarioti il primo prodotto della trascrizione, o *trascritto primario*, è più lungo dell'mRNA maturo e deve essere modificato prima di venire tradotto.

6

La traduzione richiede un codice genetico

Per mettere in relazione la sequenza dell'mRNA (e quindi del gene) con gli amminoacidi che compongono le proteine, occorre un **codice genetico**. Il codice genetico specifica l'amminoacido da utilizzare di volta in volta per costruire una proteina. L'informazione contenuta nella molecola di mRNA può essere vista come una serie lineare di parole di tre lettere. Ogni sequenza di tre basi (le tre «lettere») lungo la catena polinucleotidica dell'RNA è un'unità di codice, o **codone**, e specifica un particolare amminoacido. Ciascun codone è complementare alla corrispondente tripletta di basi nella molecola di DNA su cui è stato trascritto; così il codice genetico crea una corrispondenza tra i codoni e i loro specifici amminoacidi.

Il codice genetico completo si vede nella ▸figura 5. Noterai che ci sono molti più codoni di quanti siano i diversi amminoacidi delle proteine. Con quattro possibili «lettere» (le basi) si possono scrivere 64 (4^3) parole di tre lettere (i codoni), ma gli amminoacidi specificati da questi codoni sono soltanto 20. AUG, che codifica la metionina, è anche il **codone di inizio**, il segnale che avvia la traduzione. Tre codoni (UAA, UAG, UGA) funzionano da segnali di terminazione della traduzione, o **codoni di stop**; quando il dispositivo per la traduzione raggiunge uno di questi codoni, la traduzione si interrompe e il polipeptide si distacca dal complesso di traduzione. Il codice genetico presenta due caratteristiche principali.

■ **Il codice è degenerato ma non è ambiguo.** Tolti i codoni di inizio e di stop, restano 60 codoni, molti di più di quelli necessari per codificare gli altri 19 amminoacidi: infatti a quasi tutti gli amminoacidi corrispondono più codoni. Perciò si dice che il codice è *degenerato* (con questo si intende che è *ridondante*, ovvero esistono più «parole» che «oggetti»). Per esempio, la leucina è rappresentata da sei codoni diversi (*vedi* ▸figura 5). Solo metionina e triptofano corrispondono a un unico codone ciascuno.

L'aggettivo **degenerato** non va confuso con **ambiguo**. Il codice si definirebbe ambiguo se un singolo codone specificasse due o più amminoacidi diversi, lasciando incerto quale amminoacido inserire nella catena polipeptidica in accrescimento. La degenerazione del codice significa semplicemente che esistono più modi per dire «inserisci la leucina», ma ciascuno di essi è inequivocabile. Il codice genetico *non* è ambiguo: un amminoacido può essere specificato da più codoni, ma un codone può specificare un solo amminoacido.

■ **Il codice genetico è (quasi) universale.** Oltre 40 anni di esperimenti su migliaia di organismi di ogni tipo dimostrano che il codice è quasi **universale**, cioè valido per ogni creatura del nostro pianeta. In tutte le specie, o quasi, un codone specifica sempre lo stesso amminoacido. Quindi il codice deve essersi affermato in tempi remoti e da allora deve essersi conservato immutato durante tutta l'evoluzione degli organismi viventi. Si conoscono tuttavia alcune eccezioni: il codice dei mitocondri e dei cloroplasti è un po' diverso da quello dei procarioti e del nucleo delle cellule eucariotiche; in un gruppo di protisti, UAA e UAG codificano la glutammina anziché funzionare da codoni di stop. Il significato di queste differenze non è chiaro, ma si tratta di differenze modeste e rare.

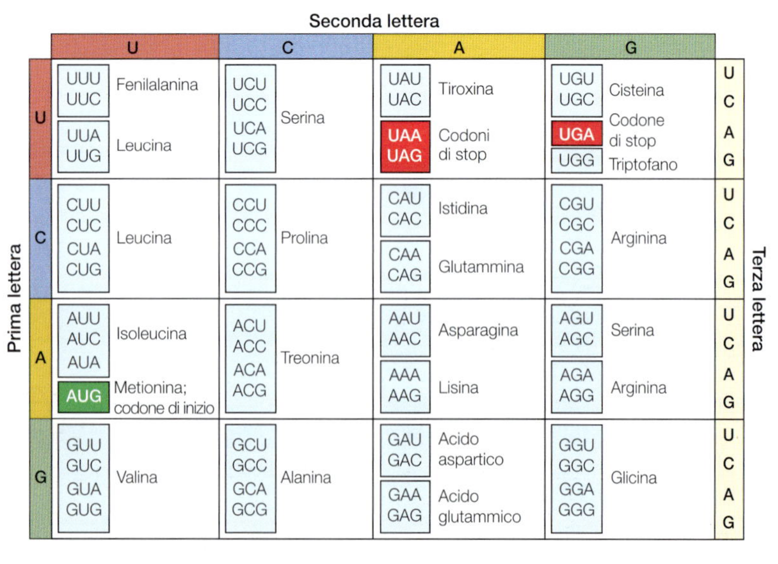

Seconda lettera

Prima lettera	U	C	A	G	Terza lettera
U	UUU, UUC Fenilalanina; UUA, UUG Leucina	UCU, UCC, UCA, UCG Serina	UAU, UAC Tiroxina; UAA, UAG Codoni di stop	UGU, UGC Cisteina; UGA Codone di stop; UGG Triptofano	U C A G
C	CUU, CUC, CUA, CUG Leucina	CCU, CCC, CCA, CCG Prolina	CAU, CAC Istidina; CAA, CAG Glutammina	CGU, CGC, CGA, CGG Arginina	U C A G
A	AUU, AUC, AUA Isoleucina; AUG Metionina; codone di inizio	ACU, ACC, ACA, ACG Treonina	AAU, AAC Asparagina; AAA, AAG Lisina	AGU, AGC Serina; AGA, AGG Arginina	U C A G
G	GUU, GUC, GUA, GUG Valina	GCU, GCC, GCA, GCG Alanina	GAU, GAC Acido aspartico; GAA, GAG Acido glutammico	GGU, GGC, GGA, GGG Glicina	U C A G

Figura 5 Il codice genetico L'informazione genetica è codificata nell'mRNA sotto forma di unità di tre lettere (codoni), formate dalle basi uracile (U), citosina (C), adenina (A) e guanina (G). Per decifrare un codone, si ricerca la prima lettera nella colonna a sinistra, quindi si scorre orizzontalmente cercando la seconda lettera nella fila in alto e infine si legge l'amminoacido corrispondente alla terza lettera della colonna di destra nella casella così selezionata.

FACCIAMO IL PUNTO

Termini e concetti chiave

a. Come viene costruita la molecola dell'mRNA?
b. Qual è la funzione del promotore nella fase di trascrizione?
c. Che cos'è il codice genetico? E quali sono le sue caratteristiche?

4

La traduzione: dall'RNA alle proteine

La traduzione delle informazioni portate dall'mRNA avviene nei ribosomi e richiede la presenza di tRNA, enzimi, fattori di vario genere, ATP e naturalmente amminoacidi. In questo paragrafo esamineremo il ruolo svolto da ciascuna sostanza e le diverse tappe del processo di sintesi proteica che ha come risultato la produzione di una catena polipeptidica; in seguito, essa verrà ripiegata opportunamente e trasformata in una proteina funzionante.

7

Il ruolo del tRNA

Come già aveva proposto Crick con la sua ipotesi dell'adattatore, la traduzione dell'mRNA in proteine richiede una molecola che metta in relazione l'informazione contenuta nei codoni dell'mRNA con specifici amminoacidi delle proteine. Questa funzione è svolta dal **tRNA**.

Per garantire che la proteina fabbricata sia quella specificata dall'mRNA, il tRNA deve leggere correttamente i codoni dell'mRNA e fornire gli amminoacidi corrispondenti ai codoni letti.

La molecola di tRNA svolge tre funzioni:

1. «si carica» di un amminoacido;
2. si associa alle molecole di mRNA;
3. interagisce con i ribosomi.

La struttura molecolare del tRNA è chiaramente in rapporto con queste tre funzioni. Per ognuno dei 20 amminoacidi c'è almeno un tipo specifico di molecola di tRNA. Ogni molecola contiene circa 75-80 nucleotidi e presenta una *configurazione* che è mantenuta da legami a idrogeno intramolecolari fra tratti della sequenza contenenti basi complementari (▸figura 6).

La configurazione di una molecola di tRNA è perfettamente adattata alle sue interazioni con speciali siti di legame sui ribosomi. All'estremità 3' di ogni molecola di tRNA si trova il suo *sito di attacco* per l'amminoacido: il punto in cui l'amminoacido specifico si lega in modo covalente. Verso la metà della sequenza del tRNA c'è un gruppo di tre basi, chiamato **anticodone**, che costituisce il sito di appaiamento fra basi complementari (attraverso legami a idrogeno) con l'mRNA. Ciascun tipo di tRNA contiene un particolare anticodone, complementare al codone di mRNA corrispondente al proprio amminoacido.

8

Per legare gli amminoacidi ai tRNA corrispondenti servono enzimi attivanti

Il caricamento di ciascun tRNA con il proprio amminoacido è realizzato da una famiglia di enzimi attivanti noti come *amminoacil-tRNA-sintetasi*. Ogni enzima attivante è specifico per un solo amminoacido e per il suo tRNA corrispondente.

Grazie alla sua struttura tridimensionale, il tRNA viene riconosciuto dall'enzima attivante in modo assolutamente specifico, con un tasso di errore molto basso; anche il tasso di errore nel riconoscimento dell'amminoacido è molto basso, dell'ordine di 1 su 1000.

L'amminoacido si attacca all'estremità 3' del tRNA con un legame ricco di energia, formando un tRNA carico. Questo legame fornirà l'energia necessaria alla formazione del legame peptidico che manterrà uniti gli amminoacidi adiacenti.

9

Per la traduzione servono i ribosomi

Un ruolo determinante nella sintesi proteica è svolto dai **ribosomi**. Il ribosoma non è semplicemente il luogo fisico del citoplasma in cui si realizza la traduzione: esso presenta una struttura complessa, grazie alla quale è in grado di assemblare correttamente una catena polipeptidica trattenendo nella giu-

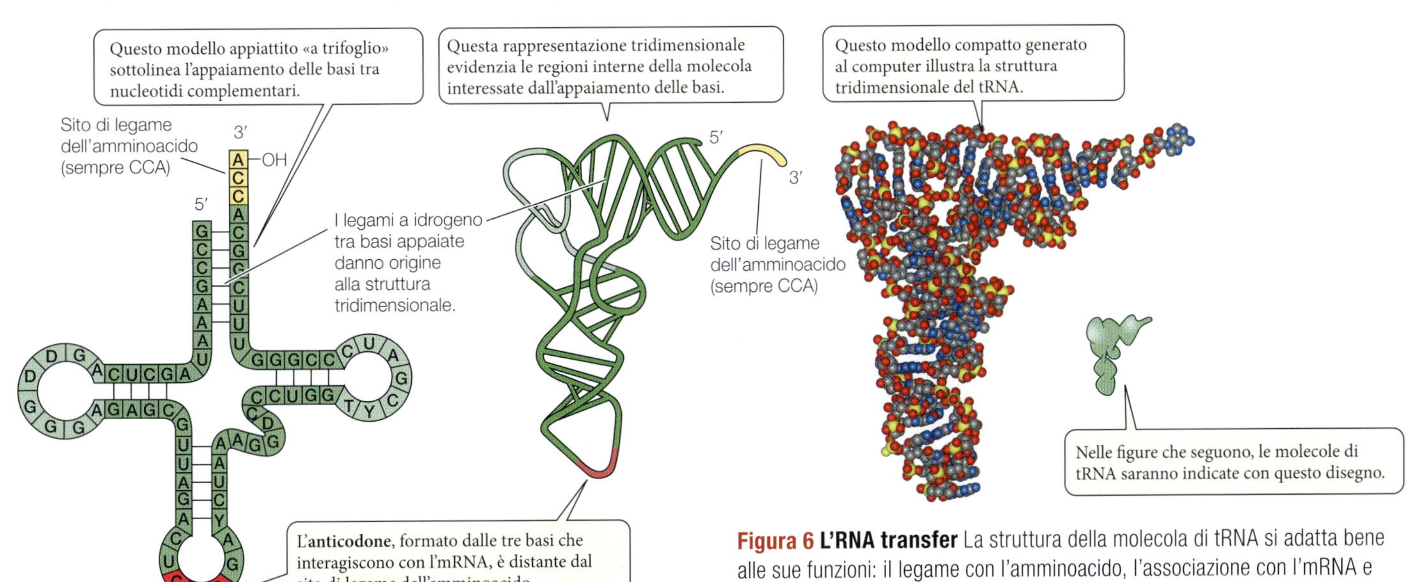

Figura 6 L'RNA transfer La struttura della molecola di tRNA si adatta bene alle sue funzioni: il legame con l'amminoacido, l'associazione con l'mRNA e l'interazione con il ribosoma.

sta posizione l'mRNA e i tRNA carichi. I ribosomi *non* sono specifici per la sintesi di un solo polipeptide; ogni ribosoma può usare qualsiasi mRNA e tutti i tipi di tRNA carichi, quindi può essere utilizzato nella fabbricazione di molti prodotti polipeptidici diversi. La sequenza polipeptidica da produrre è specificata *solo* dalla sequenza lineare dei codoni dell'mRNA.

Sebbene siano più piccoli rispetto agli organuli cellulari, i ribosomi hanno una massa di svariati milioni di dalton e ciò li rende assai più voluminosi dei tRNA carichi. Ogni ribosoma è costituito da due subunità, una maggiore e una minore (▸figura 7). Negli eucarioti, la subunità maggiore è composta da tre molecole diverse di RNA ribosomiale (**rRNA**) e da circa 45 molecole proteiche differenti, disposte secondo uno schema preciso; la subunità minore contiene una sola molecola di tRNA e 33 molecole proteiche diverse. Le varie proteine e gli rRNA delle subunità ribosomiali sono tenuti insieme da forze ioniche o idrofobiche; quando i ribosomi non sono impegnati nella traduzione di mRNA, le due subunità sono separate.

I ribosomi dei procarioti sono un po' più piccoli e contengono proteine ed RNA diversi, ma sono anch'essi formati da due subunità. Anche i mitocondri e i cloroplasti contengono ribosomi, talvolta simili a quelli dei procarioti.

Sulla subunità maggiore del ribosoma si trovano tre siti di legame per i tRNA (*vedi* ▸figura 7). Un tRNA carico passa dall'uno all'altro di essi seguendo un ordine preciso.

- Il *sito A* (attacco) è dove l'anticodone del tRNA carico si lega al codone dell'mRNA, allineando l'amminoacido che va aggiunto alla catena polipeptidica in crescita.
- Il *sito C* (condensazione) è dove il tRNA cede il proprio amminoacido alla catena polipeptidica in crescita.
- Il *sito D* (distacco) è dove viene a trovarsi il tRNA che ha ormai consegnato il proprio amminoacido, prima di staccarsi dal ribosoma e tornare nel citosol a raccogliere un'altra molecola di amminoacido e ricominciare il processo.

10

Le tappe della traduzione: l'inizio

Come la trascrizione, anche la traduzione avviene in tre tappe: inizio, allungamento e terminazione.

La traduzione dell'mRNA incomincia con la formazione di un **complesso di inizio**, costituito da un tRNA caricato con l'amminoacido destinato a essere il primo della catena polipeptidica e da una subunità ribosomiale minore, entrambi legati all'mRNA (▸figura 8). Per prima cosa l'rRNA della subunità ribosomiale minore si lega a un sito di legame complementare lungo l'mRNA, situato «a monte» (verso l'estremità 5') del codone che dà effettivamente inizio alla traduzione.

Ricordati che il codone di inizio nell'mRNA, nel linguaggio del codice genetico, è AUG (*vedi* ▸figura 5). Per complementarietà delle basi, l'anticodone di un tRNA caricato con metionina si lega a questo codone di inizio e con ciò si completa il complesso di inizio. Perciò il primo amminoacido di una catena polipeptidica è sempre la metionina, anche se non tutte le proteine mature portano questo amminoacido come N-terminale; in molti casi, dopo la traduzione la metionina iniziale viene rimossa da un enzima.

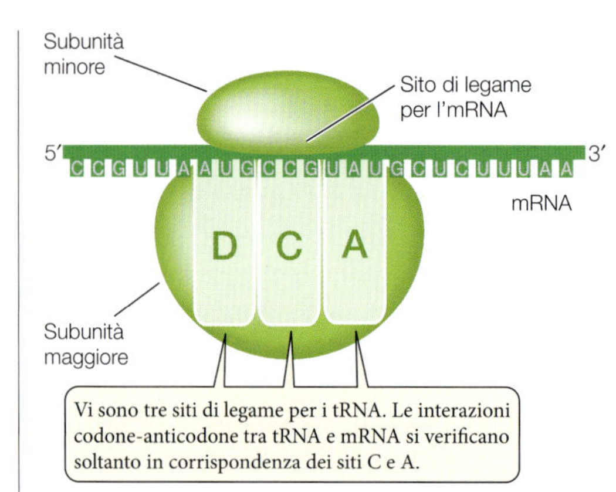

Figura 7 La struttura del ribosoma Ogni ribosoma è formato da una subunità maggiore e da una subunità minore. Quando il ribosoma non è impegnato nella sintesi proteica, le due subunità sono separate.

Dopo che il tRNA caricato con metionina si è legato all'mRNA, la subunità maggiore del ribosoma si unisce al complesso. A questo punto il tRNA caricato con metionina scorre nel sito C del ribosoma, mentre il sito A si allinea al secondo codone dell'mRNA.

Queste componenti (mRNA, due subunità ribosomiali e tRNA caricato con la metionina) sono tenute insieme correttamente da un gruppo di proteine dette *fattori di inizio*. Il ribosoma procariotco è più piccolo e possiede una serie di proteine diverse rispetto al ribosoma degli eucarioti. Alcuni antibiotici ad azione antibatterica si legano e inibiscono specifiche proteine ribosomiali essenziali per il batterio ma non presenti nei ribosomi eucariotici.

11

Le tappe della traduzione: l'allungamento

L'**allungamento** procede così: nel sito A della subunità ribosomiale maggiore rimasto libero entra adesso il tRNA carico, il cui codone è complementare al secondo codone dell'mRNA (▸figura 9). Quindi la subunità maggiore catalizza due reazioni:

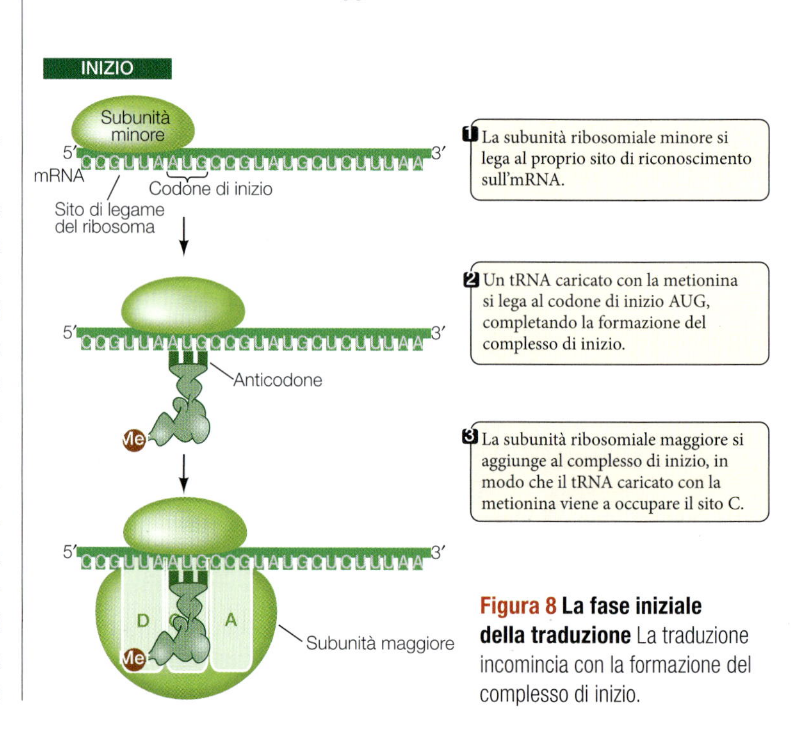

Figura 8 La fase iniziale della traduzione La traduzione incomincia con la formazione del complesso di inizio.

1. rompe il legame fra il tRNA nel sito C e il suo amminoacido;
2. catalizza la formazione di un legame peptidico fra questo amminoacido e quello attaccato al tRNA situato nel sito A. Ora il secondo amminoacido è legato alla metionina, ma è ancora attaccato al proprio tRNA posto nel sito A.

Dopo aver consegnato la propria metionina, il primo tRNA si sposta nel sito D, quindi si stacca dal ribosoma e torna nei citosol per caricarsi con un'altra metionina. Il secondo tRNA, che ora porta un dipeptide (una catena di due amminoacidi) slitta nel sito C, intanto che il ribosoma si sposta di un codone lungo l'mRNA in direzione 5'→3'.

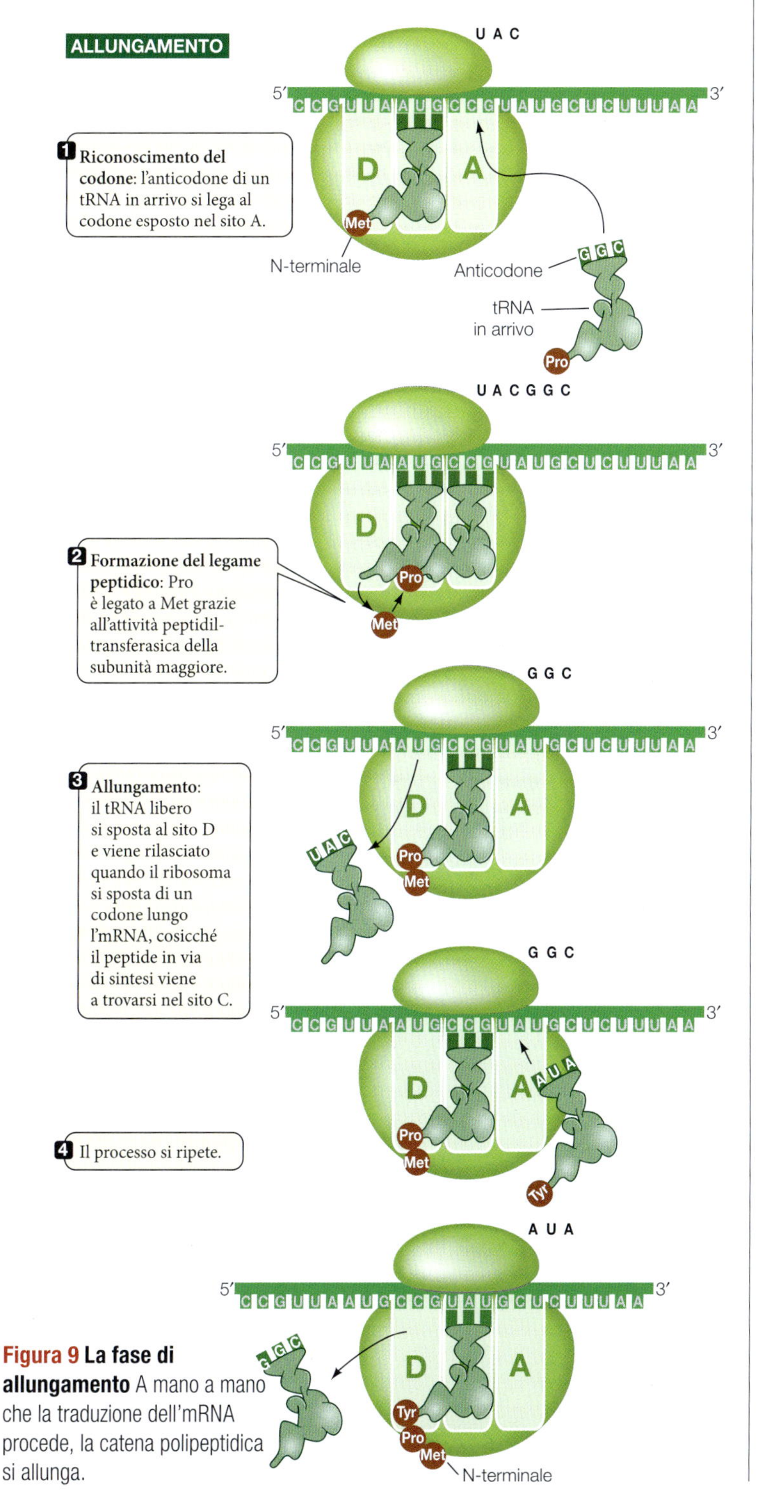

Figura 9 La fase di allungamento A mano a mano che la traduzione dell'mRNA procede, la catena polipeptidica si allunga.

Il processo di allungamento della catena polipeptidica continua a mano a mano che si ripetono le seguenti tappe:

- il successivo tRNA carico entra nel sito A rimasto libero e qui il suo anticodone si lega al codone dell'mRNA;
- l'amminoacido appena portato dal tRNA forma un legame peptidico con la catena amminoacidica presente nel sito C, prelevandola così dal tRNA del sito C;
- il tRNA del sito C si sposta nel sito D, da cui poi si distacca. Il ribosoma avanza di un codone, cosicché l'intero complesso tRNA-polipeptide viene a trovarsi nel sito C, resosi appena vacante.

Tutte queste tappe si svolgono con la partecipazione di proteine dette *fattori di allungamento*.

12

Le tappe della traduzione: la terminazione

La **terminazione** avviene quando nel sito A entra uno dei tre codoni di stop: il ciclo di allungamento si arresta e la traduzione ha termine (▸figura 10). Questi codoni, UAA, UAG e UGA, non codificano nessun amminoacido e non si legano a un tRNA. Si legano invece a un fattore di rilascio che consente l'idrolisi del legame fra la catena polipeptidica e il tRNA presente nel sito C.

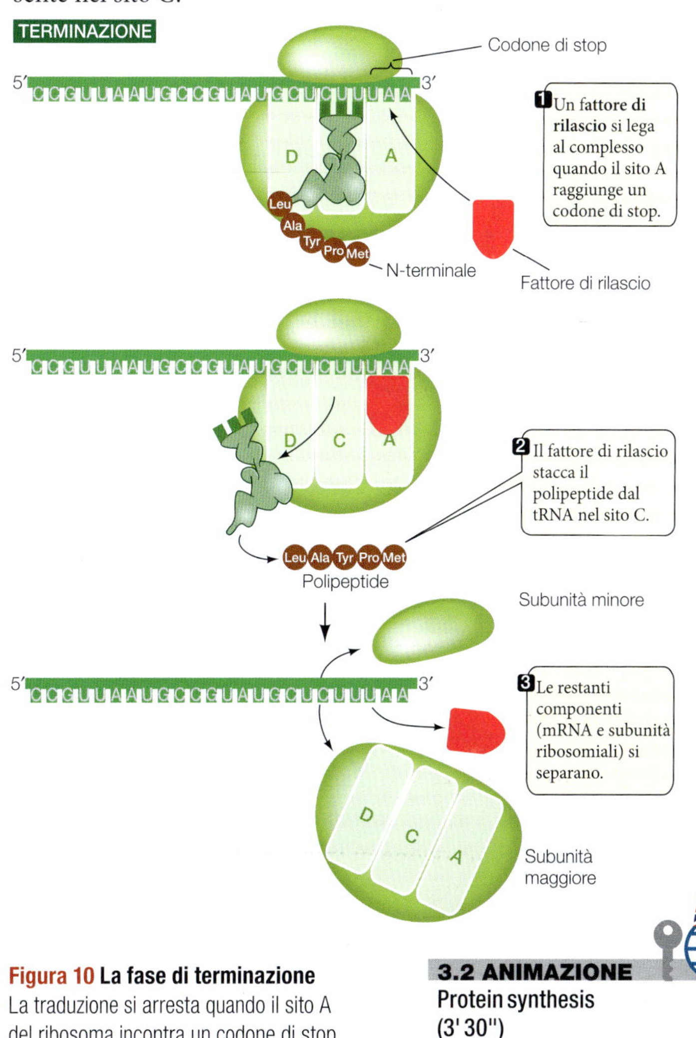

Figura 10 La fase di terminazione La traduzione si arresta quando il sito A del ribosoma incontra un codone di stop dell'mRNA.

3.2 ANIMAZIONE
Protein synthesis
(3' 30")
ebook.scuola.zanichelli.it/sadavabiologiablu

A questo punto il polipeptide appena terminato si separa dal ribosoma; come terminale C ha l'ultimo amminoacido che si è unito alla catena, mentre come terminale N, almeno inizialmente, ha una metionina, dato che il codone di inizio è AUG. L'informazione che stabilisce quale configurazione debba poi assumere e quale sia la sua destinazione cellulare definitiva è già contenuta nella sua sequenza amminoacidica.

13

Il lavoro non finisce con la traduzione

La catena polipeptidica liberata dal ribosoma *non* è una proteina funzionante; vediamo ora alcuni dei cambiamenti che influenzano la funzionalità e la destinazione di un polipeptide.

A mano a mano che emerge dal ribosoma, la catena polipeptidica si ripiega fino ad assumere la sua forma tridimensionale. La configurazione di una proteina dipende dalla sequenza degli amminoacidi che la compongono e da fattori quali la polarità e la carica dei loro gruppi R. In definitiva, è grazie alla sua configurazione che una proteina può interagire con altre molecole della cellula, come un substrato o un altro polipeptide. Oltre a questa informazione strutturale, la sequenza amminoacidica di un polipeptide può contenere una **sequenza segnale**, una specie di «etichetta con l'indirizzo» che indica il punto della cellula dove dirigersi (▸figura 11). La sintesi proteica comincia sempre su ribosomi liberi nel citoplasma. Quando una catena polipeptidica si è formata, l'informazione contenuta nei suoi amminoacidi le fornisce due serie di istruzioni supplementari.

1. «La traduzione è finita, sganciati e spostati in un organulo.» Tali proteine sono spedite nel nucleo, nei mitocondri, nei plastidi o nei perossisomi a seconda dell'indirizzo indicato nelle loro etichette, oppure rimangono nel citosol.
2. «Interrompi la traduzione e spostati nel reticolo endoplasmatico.» Una volta completata la propria sintesi all'interno del RER, queste proteine possono rimanere nel reticolo endoplasmatico oppure raggiungere l'apparato di Golgi. Da lì potranno poi essere spedite ai lisosomi, alla membrana plasmatica o, in assenza di istruzioni specifiche, essere secrete dalla cellula mediante vescicole.

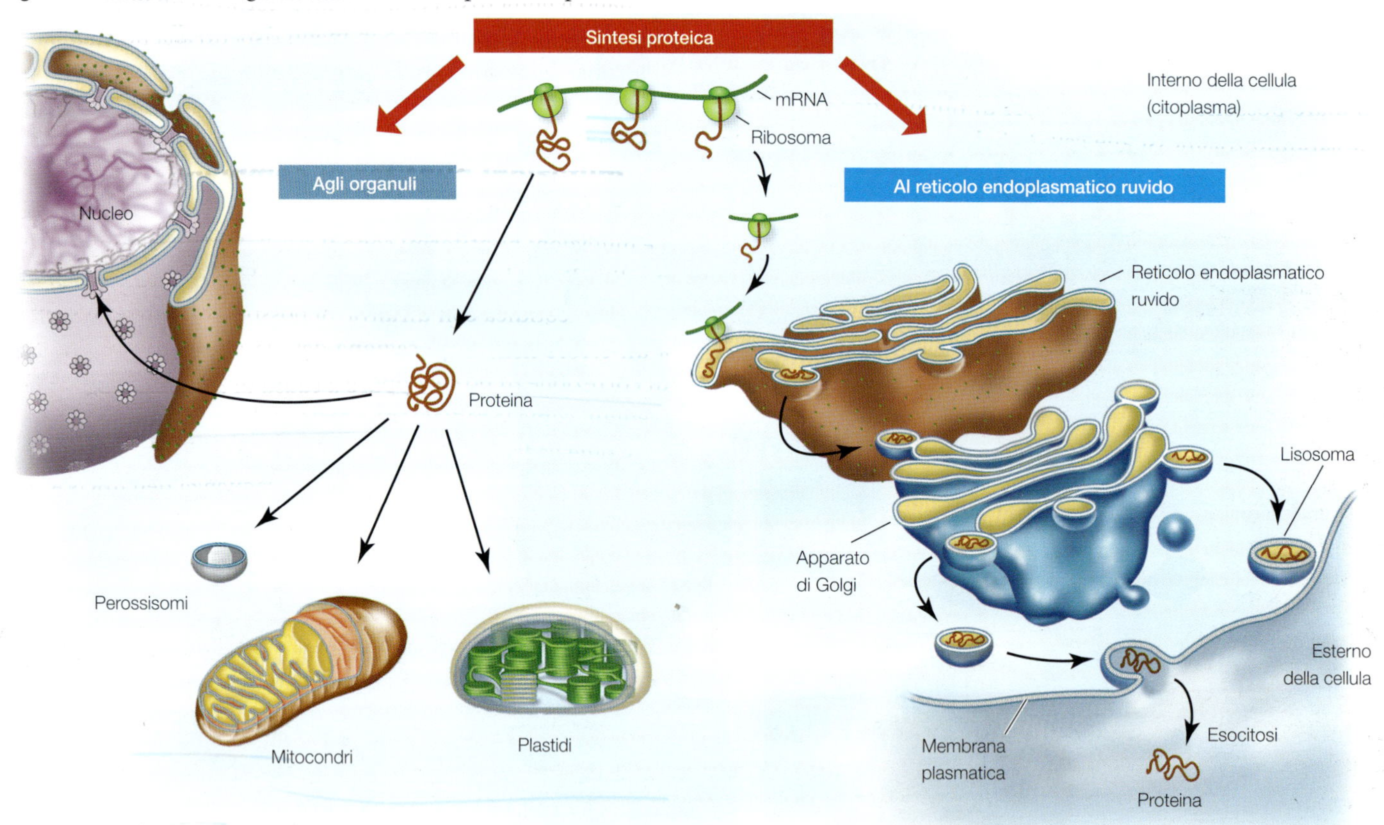

Figura 11 Le destinazioni dei polipeptidi neosintetizzati in una cellula eucariotica Particolari sequenze segnale dei polipeptidi neosintetizzati si legano a specifiche proteine recettoriali sulla membrana esterna degli organuli a cui sono «indirizzati». Una volta che la proteina si è legata, il recettore forma un canale di membrana, permettendo alla proteina di penetrare nell'organulo.

FACCIAMO IL PUNTO

Termini e concetti chiave

a. Come sono fatti i ribosomi?
b. Spiega che cosa significano i termini «codone» e «anticodone».
c. Quali sono le tappe della traduzione?
d. Che cos'è una sequenza segnale? E a che cosa serve?

5

Che cosa sono le mutazioni?

Tutti i processi che abbiamo descritto producono proteine capaci di svolgere la loro funzione soltanto se la loro sequenza amminoacidica è quella corretta; in caso contrario si possono generare disfunzioni cellulari. Le principali fonti di errore nella sequenza degli amminoacidi sono i cambiamenti del DNA, cioè le mutazioni.

14

Le mutazioni non sono sempre ereditarie

Nei capitoli precedenti abbiamo descritto le mutazioni come cambiamenti ereditari del patrimonio genetico inoltre abbiamo visto che i nuovi alleli da esse prodotti possono dare origine a fenotipi alterati (per esempio, moscerini della frutta a occhi bianchi anziché rossi). Ora che conosciamo la natura chimica dei geni e il modo in cui si esprimono nel fenotipo, torneremo sul concetto di mutazione per una definizione più specifica.In qualsiasi cellula che va incontro al proprio ciclo cellulare possono verificarsi errori di duplicazione del DNA, che saranno trasmessi alle cellule figlie. Negli organismi pluricellulari si riconoscono due tipi di mutazioni.

1. Le **mutazioni somatiche** sono quelle che si verificano nelle cellule del *soma* (organismo). In seguito alla mitosi tali mutazioni si trasmettono alle cellule figlie e da queste alla loro discendenza, ma *non vengono ereditate* dalla prole generata per riproduzione sessuata. Per esempio, una mutazione in una singola cellula epiteliale umana può produrre una chiazza cutanea, che però non verrà trasmessa ai figli.
2. Le **mutazioni nella linea germinale** sono quelle che si verificano nelle *cellule germinali*, ovvero le cellule specializzate nella produzione dei gameti. In seguito alla fecondazione, un gamete contenente una mutazione la trasmette al nuovo organismo.

Alcune mutazioni producono il fenotipo ad esse corrispondente soltanto in certe condizioni *restrittive*, mentre in condizioni *permissive* non sono riconoscibili. Questi fenotipi prendono il nome di **mutanti condizionali**. Molti mutanti condizionali sono sensibili alla temperatura, cioè manifestano il fenotipo modificato soltanto a certe temperature (▶figura 12). È possibile che in un organismo di questo tipo l'allele mutante codifichi per un enzima con una struttura terziaria instabile, soggetta ad alterazioni a una temperatura restrittiva.

15

A livello molecolare, le mutazioni si distinguono in tre grandi gruppi

Le mutazioni sono sempre cambiamenti nella sequenza nucleotidica del DNA; a livello molecolare, tuttavia, le possiamo suddividere in tre categorie: puntiformi, cromosomiche e genomiche.

1. Le **mutazioni puntiformi** sono mutazioni di una singola coppia di basi e quindi riguardano un solo gene: un allele (di solito dominante) si trasforma in un altro allele (di solito recessivo) a causa di un'alterazione (perdita, aggiunta o sostituzione) di un solo nucleotide, che dopo la duplicazione del DNA diventerà una coppia di basi mutante.
2. Le **mutazioni cromosomiche** sono alterazioni più estese e riguardano un segmento di DNA, che può subire un cambiamento di posizione o di orientamento, senza una perdita effettiva di informazione genetica, oppure può essere irreversibilmente eliminato o duplicato.
3. Le **mutazioni genomiche** (o mutazioni del cariotipo) riguardano il numero dei cromosomi presenti in un individuo, che possono essere in più o in meno rispetto alla norma.

16

Le mutazioni puntiformi cambiano un singolo nucleotide

Le mutazioni puntiformi sono il risultato dell'aggiunta o della perdita di una base del DNA, oppure della sostituzione di una base nucleotidica con un'altra. Si possono produrre in seguito a un errore nella duplicazione del DNA sfuggito al processo di correzione di bozze oppure a causa di agenti mutageni ambientali, come le radiazioni e certe sostanze chimiche.

Come vedremo, le mutazioni puntiformi del DNA producono sempre un cambiamento nella sequenza dell'mRNA, ma non sempre hanno effetti sul fenotipo.

Figura 12 L'ambiente influenza l'espressione genica Il genotipo di questo coniglio codifica per la colorazione scura del pelo, ma il relativo enzima risulta inattivo in condizioni di normale temperatura corporea: di conseguenza, soltanto le estremità (ovvero le regioni più fredde del corpo) esprimono tale fenotipo.

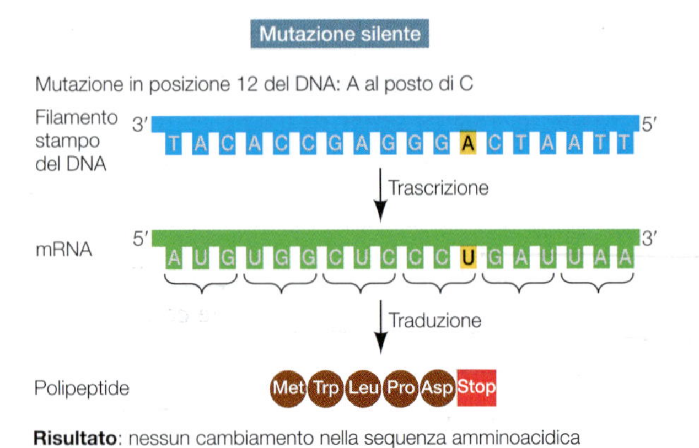

Figura 13 Un esempio di mutazione silente Il risultato è che la sequenza amminoacidica non subisce alcun cambiamento.

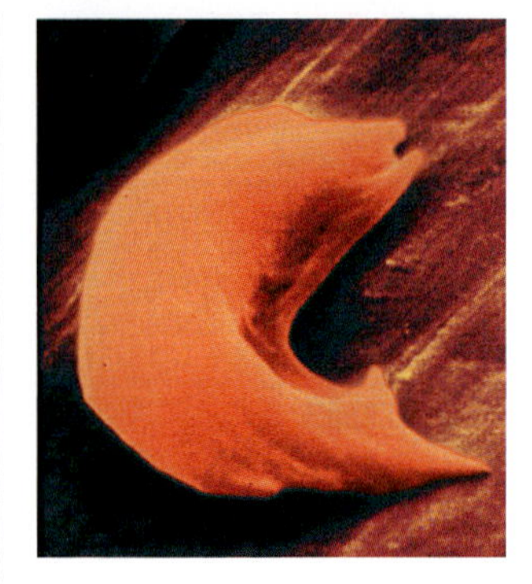

Fenotipo falcemico

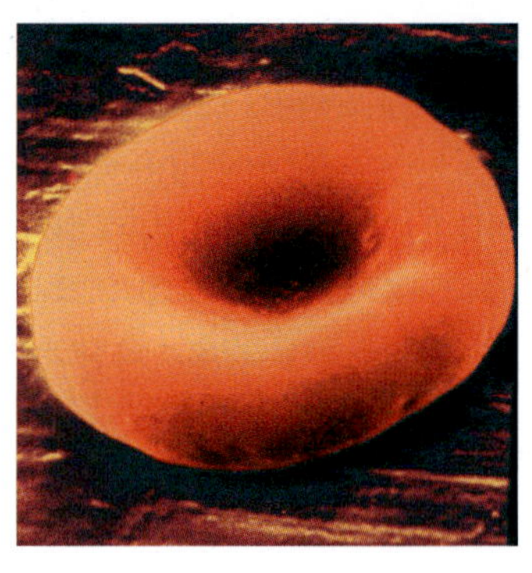

Fenotipo normale

Figura 15 Globuli rossi patologici e normali La malformazione del globulo rosso a sinistra è dovuta a una mutazione di senso che porta all'incorporazione di un amminoacido sbagliato nella catena dell'emoglobina.

Le mutazioni silenti.

Per effetto della degenerazione del codice genetico, alcune sostituzioni di base non producono alcun cambiamento della sequenza amminoacidica prodotta per traduzione dell'mRNA alterato. Per esempio, la prolina è codificata da quattro codoni: CCA, CCC, CCU, CCG (*vedi* ▸figura 5). Se nel filamento stampo del DNA avviene una mutazione nell'ultima base della tripletta GGC, il codone di mRNA corrispondente non sarà più CCG ma a livello di ribosoma, a questo codone si legherà comunque un tRNA caricato con prolina.

Le mutazioni silenti (▸figura 13) sono piuttosto frequenti e stanno alla base della variabilità genetica che non trova espressione in differenze fenotipiche.

Le mutazioni di senso.

Diversamente dalle mutazioni silenti, alcune sostituzioni di base modificano il messaggio genetico in modo tale che nella proteina troviamo un amminoacido al posto di un altro (▸figura 14).

Un esempio particolare di mutazione di senso riguarda l'allele responsabile di un tipo di anemia, l'anemia falciforme, dovuto a un difetto nell'emoglobina, la proteina dei globuli rossi che serve a trasportare l'ossigeno. L'allele falciforme del gene che codifica una subunità dell'emoglobina differisce dall'allele normale per una sola base, perciò codifica un polipeptide che ha un solo amminoacido diverso dalla proteina normale. Gli individui omozigoti per questo allele recessivo presentano globuli rossi alterati, che assumono una caratteristica forma a falce (▸figura 15) e producono un'anomalia nella circolazione sanguigna, con conseguenze gravi per la salute.

Una mutazione di senso può anche comportare la perdita di funzionalità di una proteina, ma più spesso si limita a ridurne l'efficienza. Pertanto le mutazioni di senso possono essere compatibili con la sopravvivenza degli individui portatori, anche nel caso che la proteina colpita sia di importanza vitale. Nel corso dell'evoluzione, alcune mutazioni di senso possono perfino accrescere l'efficienza di una funzione.

Le mutazioni non senso.

Queste mutazioni costituiscono un altro tipo di sostituzione di base e spesso hanno un effetto più distruttivo delle mutazioni di senso. In una mutazione non senso (▸figura 16), la sostituzione della base fa sì che nell'mRNA risultante si formi un codone di stop, come per esempio UAG.

Una mutazione non senso, interrompendo la traduzione nel punto in cui si è verificata, porta alla sintesi di una proteina più breve del normale, che normalmente non è attiva.

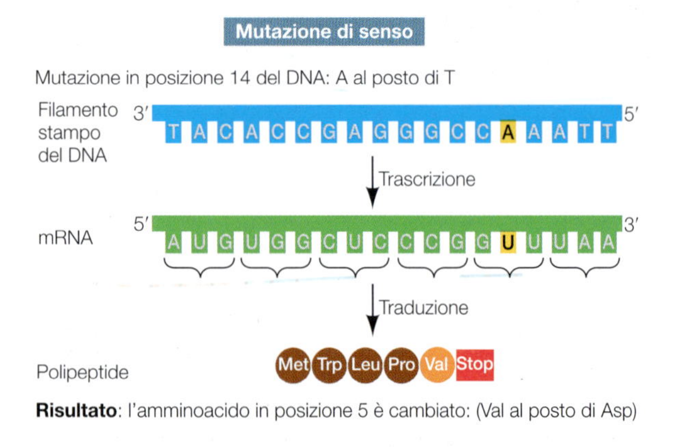

Figura 14 Un esempio di mutazione di senso Il risultato è che l'amminoacido in posizione 5 non è più lo stesso: l'asparagina è stata sostituita dalla valina.

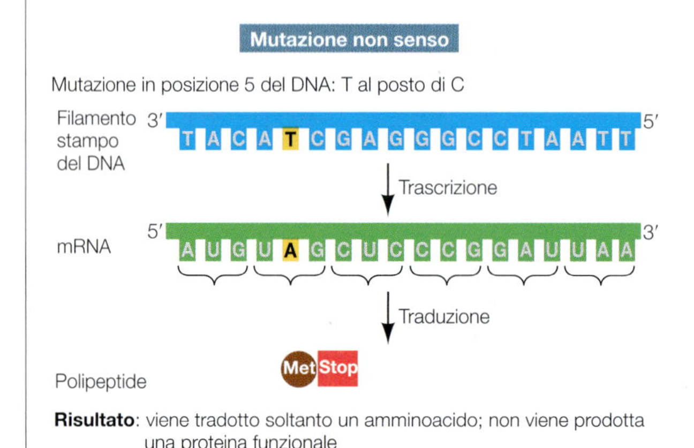

Figura 16 Un esempio di mutazione non senso Il risultato è che la traduzione si arresta dopo il primo amminoacido e la proteina non viene sintetizzata.

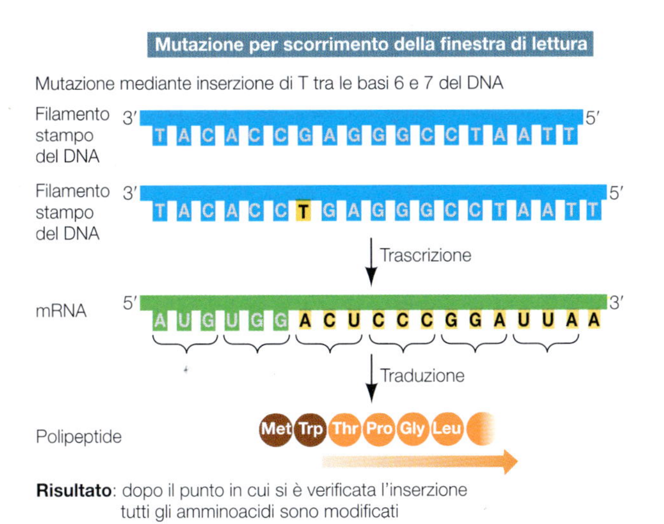

Figura 17 Un esempio di mutazione per scorrimento della finestra di lettura Il risultato è che tutti gli amminoacidi a valle del punto di inserimento risultano cambiati.

Le mutazioni per scorrimento della finestra di lettura (*frame-shift mutation*).

Non tutte le mutazioni puntiformi sono riconducibili alla sostituzione di una base con un'altra. Talvolta esse riguardano singole coppie di basi che si inseriscono nel DNA o ne vengono rimosse. Queste mutazioni prendono il nome di mutazioni per scorrimento della finestra di lettura (▸figura 17) e mandano fuori registro il messaggio genetico, alterandone la decodificazione.

Rifletti un po': la traduzione procede codone per codone e i codoni sono parole di tre lettere, ciascuna corrispondente a un preciso amminoacido. Se all'mRNA si aggiunge o si toglie una base, la traduzione va avanti senza problemi fino al punto di inserimento o sottrazione della base; da quel punto in poi, le parole di tre lettere del messaggio genetico risultano tutte scalate di una lettera. In altri termini, le mutazioni di questo tipo fanno scorrere di un posto la «finestra di lettura» del messaggio. Quasi sempre questo tipo di mutazioni porta alla produzione di proteine non attive.

17 Le mutazioni cromosomiche sono grossi riarrangiamenti del materiale genetico

L'intera molecola del DNA si può spezzare e ricongiungere, alterando totalmente la sequenza dell'informazione genetica. Tali mutazioni cromosomiche, in genere prodotte da agenti mutageni o da grossolani errori nella duplicazione dei cromosomi, possono essere di quattro tipi.

1. Una **delezione** rimuove parte del materiale genetico (▸figura 18A). Le sue conseguenze possono essere gravi come quelle delle mutazioni per scorrimento della finestra di lettura, a meno che non riguardi geni non indispensabili o sia mascherata dalla presenza, nella stessa cellula, di alleli normali dei geni andati persi. È facile immaginare un meccanismo capace di produrre una delezione: una molecola di DNA si spezza in due punti e le due porzioni estreme si ricongiungono lasciando fuori il segmento di DNA intermedio.
2. Una **duplicazione** si può verificare in contemporanea con una delezione (▸figura 18B). Se i cromosomi omologhi si rompono in due punti diversi e poi ciascuno si va ad attaccare al pezzo dell'altro, si ha insieme una delezione e una duplicazione: uno dei due cromosomi sarà privo di un segmento di DNA (delezione), mentre l'altro ne conterrà due copie (duplicazione).
3. Anche un'**inversione** può essere il risultato della rottura di un cromosoma, seguita da un ricongiungimento errato. Un segmento di DNA può staccarsi e reinserirsi nello stesso punto del cromosoma, ma «girato al contrario» (▸figura 18C). Se il punto di rottura contiene parte di un segmento di DNA che codifica una proteina, la proteina risultante sarà profondamente alterata e quasi certamente non funzionante.
4. Si ha una **traslocazione** quando un segmento di DNA si distacca dal proprio cromosoma e va a inserirsi in un cromosoma diverso. Al pari delle mutazioni concernenti una duplicazione e una delezione, le traslocazioni possono essere reciproche, come nella ▸figura 18D, o non reciproche. Spesso le traslocazioni portano a una duplicazione o a una delezione e, qualora alla meiosi ostacolino il normale appaiamento dei cromosomi, possono provocare sterilità.

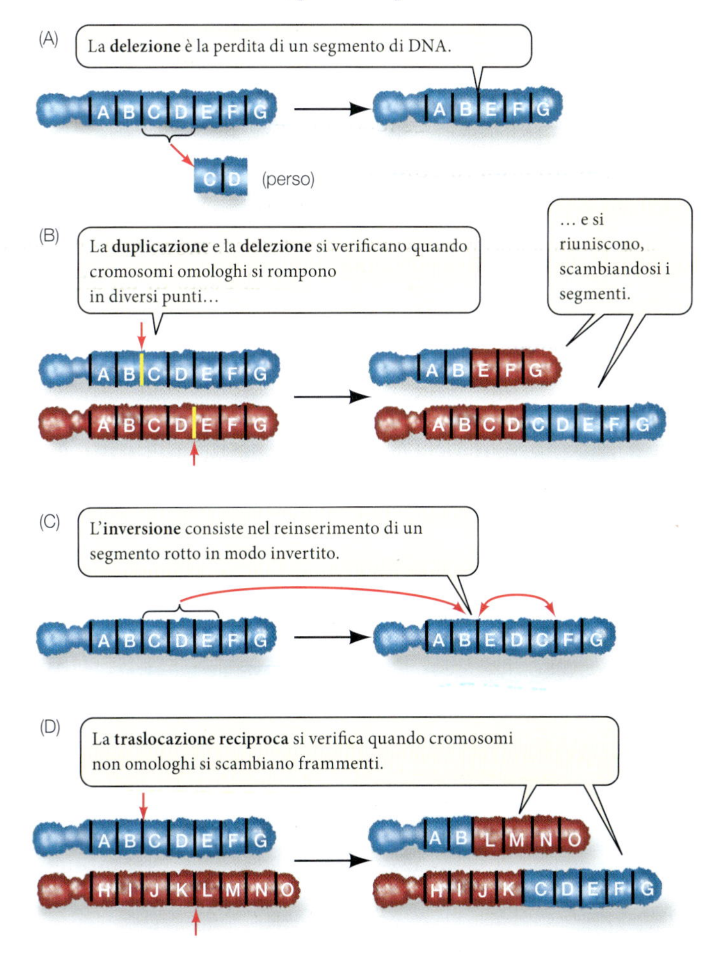

Figura 18 Le mutazioni cromosomiche I cromosomi possono rompersi durante la duplicazione; le porzioni dei cromosomi possono poi riunirsi in modo scorretto.

18

Le mutazioni genomiche causano alcune malattie umane

Le mutazione genomiche o cariotipiche si verificano quando un organismo presenta dei cromosomi in più o in meno rispetto al normale. Se sono presenti interi corredi cromosomici in più o in meno si parla di *euploidia aberrante*; se invece è solo una parte del corredo cromosomico a essere in eccesso o in difetto, l'anomalia è chiamata *aneuploidia*.

Negli organismi diploidi, compresi gli esseri umani, le forme di aneuploidia più frequenti sono la mancanza di un cromosoma da una coppia di omologhi (*monosomia*) oppure la presenza di un cromosoma in più in una coppia (*trisomia*). Più raro è il caso di perdita di una coppia intera.

Il caso più frequente è la **trisomia 21**, chiamata *sindrome di Down*. Questa alterazione cromosomica comporta effetti variabili comprendenti un ritardo dello sviluppo più o meno accentuato, bassa statura, problemi cardiaci e respiratori. La trisomia 21 può derivare da due cause distinte: una non-disgiunzione meiotica, oppure una traslocazione di gran parte del cromosoma 21, di solito sul cromosoma 14. Sono note altre due trisomie, la **sindrome di Patau** (trisomia 13) e la **sindrome di Edwards** (trisomia 18). In ambedue i casi, quasi nessuno dei pochi bambini che nascono supera i primi mesi di vita.

Più frequenti sono le alterazioni legate ai cromosomi sessuali, tra cui la delezione di un intero cromosoma X causa della **sindrome di Turner**, con nascita di femmine X0 che di norma non maturano sessualmente e che spesso mostrano malformazioni allo scheletro o agli organi interni. La corrispondente **sindrome di Klinefelter** deriva invece da una non-disgiunzione e porta alla nascita di maschi XXY. Il quadro di questa alterazione è meno grave, anche se a volte comporta un ritardo mentale variabile, e colpisce lo sviluppo sessuale durante l'adolescenza.

19

Le mutazioni possono essere spontanee o indotte

Le mutazioni possono essere classificate anche in base alla causa che le ha provocate:

1. le **mutazioni spontanee** sono cambiamenti permanenti del materiale genetico che si verificano senza l'intervento di una causa esterna. In altre parole, sono una conseguenza dell'imperfezione dei dispositivi cellulari;
2. le **mutazioni indotte** si verificano in seguito a un cambiamento permanente del DNA provocato da un fattore esterno alla cellula, detto **agente mutageno**.

Una mutazione spontanea può avvenire per vari motivi, qui di seguito descriveremo i più comuni.

- **Le quattro basi nucleotidiche del DNA sono parzialmente instabili.** Per ogni base possono esistere due forme diverse, una frequente e una rara. Una base che abbia temporaneamente assunto la sua forma rara può appaiarsi alla base sbagliata. Per esempio, normalmente C si appaia con G ma, se al momento della duplicazione del DNA si trova nella forma rara, si accoppia con A (e la DNA polimerasi inserirà la base A). Il risultato è una mutazione puntiforme da G ad A (▸figura 19).
- **Le basi possono cambiare in seguito a una reazione chimica.** Per esempio, la perdita di un gruppo amminico (una reazione chiamata *deamminazione*) trasforma la citosina in uracile. Alla duplicazione del DNA, di fronte a quella che era una C, la DNA polimerasi inserirà una A (per complementarietà con U), anziché una G.
- **La DNA polimerasi può compiere errori di duplicazione.** Per esempio, può inserire una T di fronte a una G; generalmente questi errori vengono riparati dal complesso di duplicazione in fase di correzione di bozze, ma alcuni sfuggono a questa funzione e diventano permanenti.
- **Il meccanismo della meiosi non è perfetto.** Si può verificare una non-disgiunzione, ovvero la mancata separazione degli omologhi durante la meiosi, che porta all'aneuploidia (uno o più cromosomi in meno o in più). Eventi casuali di rottura e successiva ricongiunzione dei cromosomi producono delezioni, duplicazioni e inversioni o traslocazioni.

Anche le mutazioni indotte da agenti mutageni presentano vari meccanismi di alterazione del DNA; per esempio, alcune sostanze chimiche possono convertire una base in un'altra. Altre sostanze, come quelle contenute nel fumo di sigaretta, danneggiano le basi, che vengono così eliminate e sostituite dalla DNA polimerasi con una base a caso. Le radiazioni (come i raggi X o i raggi UV) possono danneggiare il DNA, alterando la struttura delle basi o addirittura causando la rottura della molecola.

Le mutazioni comportano costi e benefici. I costi sono evidenti, dato che spesso producono organismi meno idonei all'ambiente; inoltre, le mutazioni somatiche possono portare al cancro. È anche vero che le mutazioni della linea germinale sono fondamentali per la vita, in quanto forniscono la variabilità genetica su cui agiscono le forze dell'evoluzione.

20

Le mutazioni sono la materia prima dell'evoluzione

Senza mutazioni non ci sarebbe evoluzione. Come vedremo più avanti, le mutazioni non sono la forza trainante dell'evoluzione, però ne costituiscono il presupposto, perché forniscono la variabilità genetica su cui agiscono la selezione naturale e gli altri agenti dell'evoluzione.

Tutte le mutazioni sono eventi rari; la loro frequenza tuttavia varia da organismo a organismo e da gene a gene di uno stesso organismo. Di solito la frequenza di mutazione è di molto inferiore a una mutazione ogni 10^4 coppie di basi del DNA per duplicazione, e può scendere fino a una mutazione ogni 10^9 coppie di basi per duplicazione. Nella maggioranza dei casi si tratta di mutazioni puntiformi che comportano la sostituzione di un singolo nucleotide durante la sintesi di un nuovo filamento di DNA.

Le mutazioni possono nuocere all'organismo, oppure essere neutre (cioè non influire sulla sua capacità di sopravvivere e riprodursi). Di tanto in tanto possono anche migliorare la capacità di adattamento all'ambiente, o diventare vantaggiose al mutare delle condizioni ambientali.

In generale, fra le creature viventi che popolano la Terra, quelle complesse hanno più geni di quelle semplici. Gli esseri umani, per esempio, possiedono 20 volte più geni dei procarioti. Da dove provengono i nuovi geni? Attraverso il meccanismo della duplicazione è possibile che un intero gene si duplichi e che il portatore di questa mutazione si venga a trovare in possesso di un'eccedenza di informazione genetica che potrebbe tornargli utile in seguito. Infatti, eventuali mutazioni in una delle due copie del gene non avrebbero effetti sfavorevoli per la sopravvivenza, dato che l'altra copia continuerebbe a produrre una proteina funzionante. Il gene soprannumerario potrebbe continuare ad accumulare mutazioni senza effetti negativi, perché la sua funzione originaria verrebbe svolta dall'altra copia del gene.

Se questo accumulo casuale di mutazioni sul gene in più portasse alla produzione di una proteina utile, la selezione naturale manterrebbe in vita questo nuovo gene. Un altro meccanismo di insorgenza di nuove copie di un gene sono gli *elementi trasponibili*, che tratteremo nel prossimo capitolo.

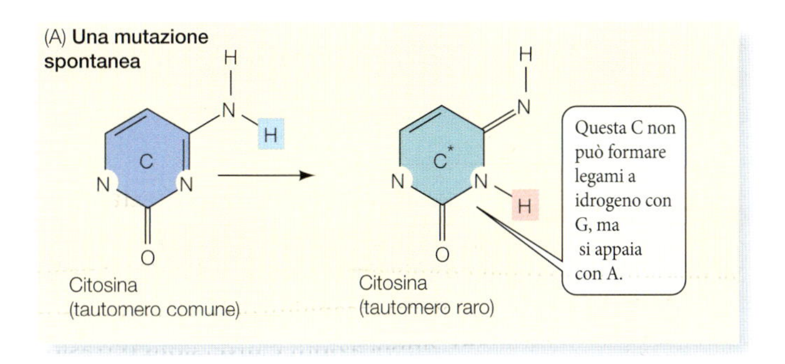

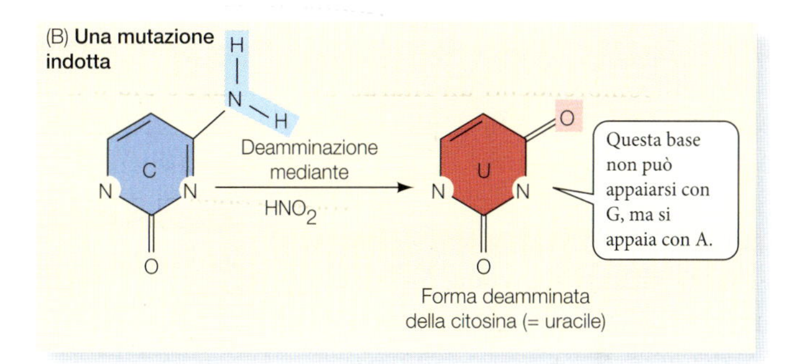

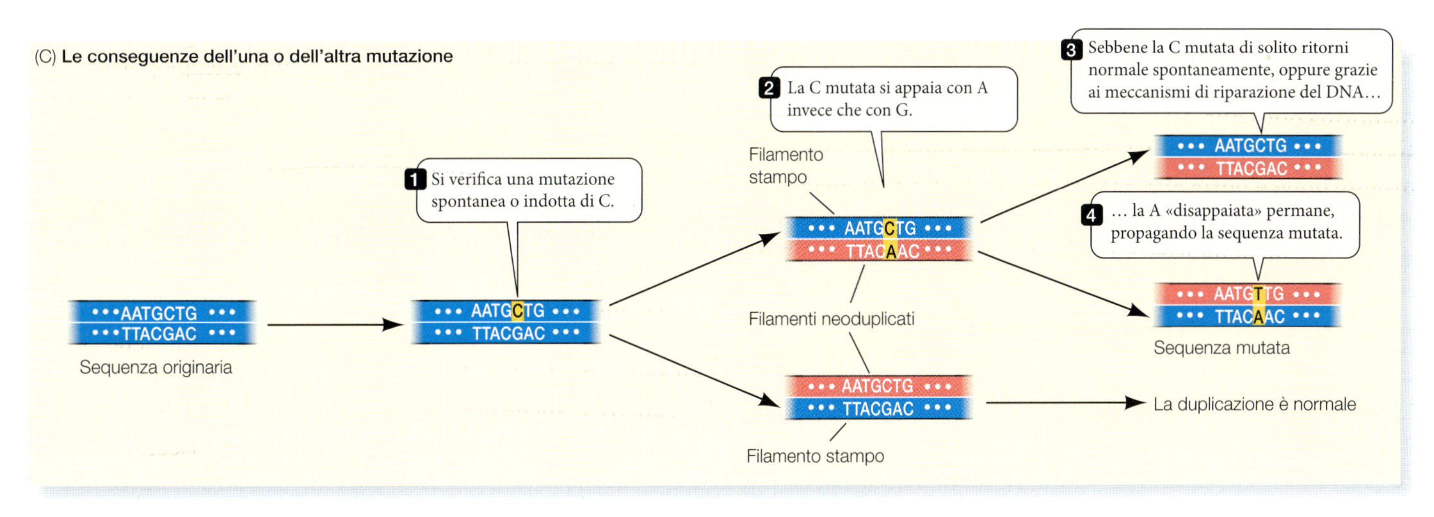

Figura 19 Mutazioni spontanee e indotte (A) Tutte le basi azotate del DNA esistono sia in una forma frequente che in una rara. Quando una base passa spontaneamente alla forma rara, essa può appaiarsi con una base diversa. (B) Le sostanze chimiche mutagene, come l'acido nitroso, possono indurre cambiamenti nelle basi. (C) Sia nelle mutazioni spontanee sia in quelle indotte, il risultato è un cambiamento permanente della sequenza di DNA in seguito alla duplicazione.

FACCIAMO IL PUNTO

Termini e concetti chiave

a. Tutte le mutazioni sono ereditarie? E per quale ragione?
b. Cosa sono le mutazioni puntiformi? Perché possono essere silenti?
c. Quanti tipi di mutazioni cromosomiche conosci? E come si chiamano?

The genome in action

From genes to proteins

- The **gene** is a piece of DNA that contains the information to produce a polypeptide chain; however, the protein does not contain the information to produce other proteins, RNA or DNA.
- Messenger RNA (**mRNA**) is a copy of the information from a piece of DNA.
- Transfer RNA (**tRNA**) functions as an adapter during translation.
- Ribosomal RNA (**rRNA**) permits protein synthesis.

Transcription

- **Initiation: RNA polymerase** binds the promoter sequence and begins developing DNA strands.
- **Elongation**: the polymerase binds the **template strand** and initiates the synthesis of mRNA, adding nucleotides in 5'-3' direction.
- **Termination**: the polymerase reaches the termination site and the mRNA detaches from the template.
- In eukaryotes, the **primary transcript** is transformed before passing from the nucleus to the cytoplasm.

Genetic code

- **Codons** are 64 sequences of three nucleotide bases each specified by a particular amino acid or message.
- A **start codon** (AUG) initiates the translation and encodes methionine.
- Three **stop codons** act as translation termination signals.
- The other 60 codons **encode** the other 19 amino acids.
- The genetic code is **degenerate**; this means that the same amino acid can be encoded by multiple codons, but each codon specifies a single amino acid. It is also **universal**: a codon specifies the same amino acid in most organisms.

Mutations

- Mutations are changes in the sequence of nitrogenous bases of the DNA that lead to production of proteins with altered function.
- These mutations are **hereditary** and occur in cells of the germline; other mutations are **somatic**.
- Mutations are **conditional** if the associated phenotype is expressed only under certain conditions.
- **Point** mutations affect a single pair of nitrogenous bases (silent, nonsense, frameshift).
- **Chromosomal** mutations affect an extended region of the chromosome (deletion, duplication, inversion).
- Mutations may be **spontaneous**, if caused by imperfection in cell mechanisms, or may be **induced** by mutagenic agents outside the cell.

Translation

- Pairing by complementarity of the **anticodon** on the tRNA with the codon on the mRNA allows the message to be read.
- There is at least one specific tRNA for each of the 20 amino acids, and at the 3' end each of these binds the amino acid corresponding to the codon it recognizes.
- A **ribosome** is made up of two **subunits** of rRNA and proteins that interact with mRNA and charged tRNA.
- On the large subunit of a ribosome, there are three binding sites for tRNAs:
  - **A site** (amino acid) where the anticodon of the tRNA recognizes the codon of the mRNA;
  - **P site** (polypeptide) where the amino acid is attached to the nascent polypeptide;
  - **E site** (exit) where the uncharged tDNA passes through before returning to the cytoplasm.
- **Initiation**: corresponding to the AUG codon of the mRNA, an **initiation complex** forms (tRNA with methionine and small ribosomal subunit), and then attaches the large ribosomal subunit.
- **Elongation**: the first tRNA flows into site P and the second tRNA enters site A. The rRNA of the large subunit functions as **ribozyme** and catalyzes the cleavage of the bonds between tRNA and amino acid and the formation of the bond between amino acids. The first tRNA flows into site E and detaches, the second into P, and the third enters A; the process is repeated as the mRNA is read.
- **Termination**: when one of the three stop codons enters site A, a release factor binds the mRNA and separates the polypeptide from the ribosome.

AUDIO

ebook.scuola.zanichelli.it/sadavabiologiablu

Esercizi

Verifica le tue conoscenze

1 Beadle e Tatum con il loro esperimento su *Neurospora crassa* hanno dimostrato che

A il materiale genetico è costituito da DNA
B gli enzimi lavorano in sequenza
C anche nelle muffe esistono le mutazioni
D i geni determinano la sintesi degli enzimi

2 Grazie alla trascrizione si ottiene una molecola di

A nuovo DNA
B RNA messaggero
C RNA ribosomiale
D RNA di trasporto

3 La sintesi proteica è chiamata traduzione perché

A avviene nel citoplasma e non nel nucleo
B avviene soltanto dopo la sintesi dell'RNA
C da un polinucleotide si passa a un polipeptide
D la timina è sostituita dall'uracile

4 La molecola che associa a una data sequenza di basi l'amminoacido corrispondente è

A il DNA
B l'RNA messaggero
C l'RNA ribosomiale
D l'RNA di trasporto

5 Quale tra le seguenti affermazioni è errata?

A nessun codone corrisponde a più amminoacidi
B non tutti i codoni corrispondono a un amminoacido
C esistono un codone di inizio e uno di stop
D nessun amminoacido corrisponde a più codoni

6 Nel corso della trascrizione

A la RNA polimerasi si lega a una specifica sequenza di basi
B uno specifico codone segna l'inizio della sequenza da trascrivere
C si forma un RNA con la stessa sequenza dell'elica trascritta
D un sistema di revisione provvede e correggere gli eventuali errori

7 Per codice genetico si intende

A il messaggio contenuto in un dato mRNA
B la corrispondenza tra codoni e amminoacidi
C l'insieme di tutte le informazioni presenti nel DNA
D l'insieme degli RNA di trasporto presenti all'interno della cellula

8 I ribosomi

A sono identici in procarioti ed eucarioti
B contengono tre siti di legame specifici
C sono specifici per la sintesi di un dato mRNA
D sono formati da tre subunità differenti

9 Il complesso di inizio della sintesi proteica è costituito da

A subunità maggiore, tRNA e mRNA
B subunità maggiore, mRNA e ATP
C subunità minore, ATP e mRNA
D subunità minore, tRNA e mRNA

10 La sintesi proteica termina quando

A è stato aggiunto l'amminoacido corrispondente all'ultimo codone dell'mRNA
B nel ribosoma entra un codone stop al quale si lega un tRNA vuoto
C nel ribosoma entra un codone stop al quale non si lega nessuna molecola
D nel ribosoma entra un codone stop al quale si lega un fattore di rilascio

11 Non tutte le mutazioni sono ereditarie perché

A possono avvenire in cellule somatiche
B possono non andare a colpire alcun gene
C possono essere recessive e non manifestarsi
D possono essere riparate da sistemi specifici

12 In una molecola di mRNA, una mutazione trasforma la sequenza: ...-AAA-UGG-ACG-CCU-... in ...-AAA-UGA-ACG-CCU-... Stabilisci se si tratta di una mutazione

A per scorrimento del sistema di lettura
B di senso
C non senso
D silente

Verifica le tue abilità

Leggi e completa.

13 Leggi e completa, con i termini opportuni, le seguenti frasi riferite alla trascrizione.

A La RNA polimerasi si lega al DNA in corrispondenza di un .... specifico.
A Al suo interno si definisce .... di inizio il punto in cui comincia la trascrizione.
A Essa legge il DNA solo in direzione ....
A Negli eucarioti il trascritto .... è più lungo dell'mRNA.

14 Leggi e completa, con i termini opportuni, le seguenti frasi riferite alla sintesi proteica.

A L'enzima .... provvede a caricare il tRNA.
A Ogni tRNA riconosce il suo .... complementare e trova così il punto in cui legarsi all'mRNA.
A La fase di .... costituisce la parte centrale della sintesi proteica.
A L'ingresso nel ribosoma di un codone .... porta alla conclusione del processo.

15 Leggi e completa, con i termini opportuni, le seguenti frasi riferite alle mutazioni.

A Le mutazioni .... riguardano una singola coppia di basi.
A Le mutazioni dette .... riguardano invece inserzioni o delezioni di basi.
A Le mutazioni .... sono rilevabili nel genotipo, ma non nel fenotipo.
A Le mutazioni .... sono quelle più estese.

Spiega e rispondi.

16 Negli eucarioti, il materiale genetico si trova nel nucleo e la sintesi proteica avviene nel citoplasma. Sulla base di questa considerazione, quali ipotesi propose Crick?

A I ribosomi devono contenere RNA.
B Un messaggero deve trasportare l'informazione al citoplasma.
C L'informazione, in alcuni casi, può passare dall'RNA al DNA.
D Deve esistere una molecola in grado di adattare un dato amminoacido al messaggio genetico.

Rappresenta graficamente il dogma centrale e, su questa base, motiva le tue risposte.

17 La sintesi proteica è un processo che si svolge nei ribosomi. Quali delle seguenti affermazioni sono corrette a tale proposito?

A La fase di allungamento richiede reazioni di sintesi che avvengono nella subunità maggiore.
B La fase di inizio richiede l'attivazione da parte di una molecola di ATP.
C Il codone di inizio è di norma AUG.
D La fase di allungamento richiede l'intervento di tRNA carichi del loro amminoacido.
E L'ultimo amminoacido aggiunto costituisce l'estremità N-terminale del polipeptide.

Motiva opportunamente le tue risposte, schematizzando graficamente la sintesi proteica.

18 Le mutazioni possono essere spontanee o indotte. Sulla base delle tue conoscenze indica quali tra le seguenti affermazioni sono corrette.

A Soltanto le mutazioni indotte riguardano trasformazioni chimiche.
B La citosina nella sua conformazione rara può appaiarsi temporaneamente alla guanina.
C La citosina deaminata dall'acido nitrico diventa uracile, pur essendo un nucleotide del DNA.
D In caso di un appaiamento scorretto della citosina, tutte le molecole di DNA derivanti saranno mutate.
E Le mutazioni indotte si chiamano così perché il cambiamento che si verifica è già previsto.

Motiva opportunamente le tue risposte.

Rispondi in poche righe.

19 La RNA polimerasi non può leggere per errore l'elica sbagliata. Spiega come questo errore viene impedito.

20 Si dice di solito che il codice genetico è universale. Cosa significa questa affermazione? È corretta?

21 Descrivi la struttura del tRNA e indica in quali sensi essa sia legata alla sua funzione.

22 Quanti siti si trovano in un ribosoma? Che cosa avviene in ciascuno di essi?

23 Confronta le mutazioni puntiformi e quelle cromosomiche, evidenziando somiglianze e differenze.

24 Spiega per quali ragioni le mutazioni svolgono in biologia anche un ruolo positivo.

Mettiti alla prova

Rispondi in 20 righe.

25 **Enunciato il dogma centrale, chiarisci come si è arrivati alla sua proposta, quali siano i suoi pregi e i suoi limiti.**

26 **Le mutazioni: che cosa sono, come si possono classificare e quali effetti comportano.**

Rispondi in 10 righe.

CONOSCENZE

27 **Chiarisci che cosa proponesse l'ipotesi «un gene, un enzima», in che cosa essa fosse corretta e in che cosa risultò invece necessario correggerla.**

28 **Descrivi il processo della trascrizione, evidenziandone le fasi e le molecole che vi prendono parte.**

COMPETENZE

29 **Nei primi anni di ricerche attorno al codice genetico, alcuni ricercatori proposero che le triplette del DNA potessero essere parzialmente sovrapposte, il che avrebbe consentito di compattare i messaggi, accorciandoli di un terzo. In pratica, l'ultima base di una tripletta avrebbe dovuto essere anche la prima della tripletta successiva. Come si può immaginare di confermare o smentire questa ipotesi? Un indizio: dopo il codone di inizio quali e quanti codoni potrebbero trovarsi?**

30 **Un ricercatore ha analizzato uno specifico mRNA estratto da *E. coli*, stabilendo che esso comincia con il consueto codone AUG e termina con il codone di stop UGA. La sua lunghezza complessiva è di 1403 amminoacidi. Il ricercatore è indotto a sospettare che il gene da cui è stato copiato questo mRNA abbia subito una mutazione. Spiega per quale ragione e quale tipo di mutazione si può sospettare che sia. Discuti infine la possibilità che la proteina tradotta sia funzionante nonostante la mutazione.**

Scegli la risposta corretta.

CONOSCENZE

31 **Crick propose l'ipotesi dell'adattatore per spiegare la traduzione. In seguito, tale adattatore risultò essere**

A l'mRNA, che porta il messaggio genetico dal nucleo ai ribosomi.
B il tRNA che fa corrispondere ogni codone a un amminoacido.
C il ribosoma, che coordina tutte le fasi della sintesi proteica.
D l'amminoacil-tRNA sintetasi che lega ogni amminoacido al suo tRNA.

32 **Talvolta si rileva che nel DNA laddove ci si aspetta una C si trova invece una U. Questo può essere un caso di mutazione**

A indotta da una deamminazione.
B per delezione della C originaria.
C di scorrimento della finestra di lettura.
D cromosomica, perché avviene nel DNA.

COMPETENZE

33 **Nelle femmine della nostra specie si verificano rari casi (1 su 1000) di trisomie X, vale a dire di donne che hanno 47 cromosomi nelle loro cellule, a causa della presenza di un cromosoma X in eccesso. Questa anomalia può essere dovuta alla**

A duplicazione di uno dei due cromosomi X normali.
B delezione dell'Y con cui doveva essere appaiato l'X.
C traslocazione del cromosoma X tra due gameti.
D non disgiunzione dei cromosomi sessuali in meiosi.

34 **In alcuni casi, il codone UGA non funziona da segnale di stop, ma codifica per uno speciale amminoacido, chiamato selenocisteina. Questo fatto può essere dovuto**

A a una mutazione che altera il codice genetico.
B al fatto che il codice genetico non è universale.
C a un'evoluzione recente del codice genetico.
D a un adattamento a particolari condizioni.

Verso l'Università.

35 **Indicare tra i seguenti incroci quello che permette di stabilire se due geni sono tra loro associati.**

A $AaBb \times aabb$
B $Aa \times BbCc$
C $AABB \times AaBb$
D $Aa \times Aa$
E $Aa \times Bb$

[dalla prova di ammissione ai corsi di laurea in Medicina e Chirurgia e in Odontoiatria e Protesi Dentaria, anno 2011-2012]

36 **Una donna con sei dita in ogni mano e in ogni piede ha già generato 5 figli, tutti senza questa anomalia. Sapendo che la donna è eterozigote, che il carattere che determina la formazione di sei dita è dominante e che il padre dei bambini non ha questa anomalia, qual è la probabilità che un sesto figlio di questi genitori abbia sei dita?**

A 50%
B 25%
C meno del 25%
D 10%
E 5%

[dalla prova di ammissione al corso di laurea in Medicina e Chirurgia, anno 2010-2011]

Biology in English.

37 **Which of the following is not a difference between RNA and DNA?**

A RNA has uracil; DNA has thymine.
B RNA has ribose; DNA has deoxyribose.
C RNA has five bases; DNA has four.
D RNA is a single polynucleotide strand; DNA is a double strand.
E RNA is relatively smaller than human chromosomal DNA.

38 **Normally, *Neurospora* can synthesize all 20 amino acids. A certain strain of this mold cannot grow in minimal nutritional medium, but grows only when the amino acid leucine is added to the medium. This strain**

A is dependent on leucine for energy.
B has a mutation affecting the biochemical pathway leading to the synthesis of proteins.
C has a mutation affecting the biochemical pathway leading to the synthesis of all 20 amino acids.
D has a mutation affecting the biochemical pathway leading to the synthesis of leucine.
E has a mutation affecting the biochemical pathways leading to the syntheses of 19 of the 20 amino acids.

39 **An mRNA has the sequence 5′-AUGAAAUCCUAG-3′. What is the template DNA strand for this sequence?**

A 5′-TACTTTAGGATC-3′
B 5′-ATGAAATCCTAG-3′
C 5′-GATCCTAAAGTA-3′
D 5′-TACAAATCCTAG-3′
E 5′-CTAGGATTTCAT-3′

40 **The adapters that allow translation of the four-letter nucleic acid language into the twenty-letter protein language are called**

A aminoacyl-tRNA synthetases.
B transfer RNAs.
C ribosomal RNAs.
D messenger RNAs.
E ribosomes.

41 **At a certain location in a gene, the non-template strand of DNA has the sequence GAA. A mutation alters the triplet to GAG. This type of mutation is called**

A silent.
B missense.
C nonsense.
D frame-shift.
E translocation.

42 **Which statement about RNA is not true?**

A Transfer RNA functions in translation.
B Ribosomal RNA functions in translation.
C RNAs are produced by transcription.
D Messenger RNAs are produced on ribosomes.
E DNA codes for mRNA, tRNA, and rRNA.

43 **The genetic code**

A is different for prokaryotes and eukaryotes.
B has changed during the course of recent evolution.
C has 64 codons that code for amino acids.
D has more than one codon for many amino acids
E is ambiguous.

44 **A mutation that results in the codon UAG where there had been UGG is**

A a nonsense mutation.
B a missense mutation.
C a frame-shift mutation.
D a large-scale mutation.
E unlikely to have a significant effect.

capitolo

B4 La regolazione genica

ZOONOSI, VIRUS INFLUENZALI E PANDEMIE

Alcune malattie possono colpire sia specie animali sia quella umana e anche passare da una specie all'altra. Gli agenti di queste patologie possono essere batteri, protozoi e anche virus, come alcuni virus influenzali. Rinvenuti negli esseri umani, nei suini e negli uccelli, i virus che causano l'influenza hanno una forte tendenza a variare il proprio genoma, acquisendo di continuo nuove proprietà. È questa la ragione per cui da un anno all'altro le influenze possono avere caratteri molto differenti e talvolta si rischia una vera pandemia, ovvero un'epidemia su scala mondiale (come vedrai alla fine del capitolo).

La genetica di virus e batteri

Sappiamo che i geni si «esprimono» attraverso la sintesi delle proteine, ma come viene stabilito quali geni esprimere e quali no? Come agisce il DNA durante lo sviluppo di un organismo pluricellulare? Quali sono le differenze di organizzazione e di espressione del genoma in procarioti ed eucarioti? Proveremo a rispondere a questi interrogativi considerando virus e batteri. Diversamente dai virus, i procarioti (batteri e archei) sono cellule capaci di svolgere tutte le funzioni vitali fondamentali. Di regola questi organismi si riproducono per via asessuata, ma i batteri dispongono di varie modalità di ricombinazione genica che introducono nelle popolazioni batteriche quella variabilità genetica che permette di sopravvivere a eventuali cambiamenti dell'ambiente.

1 La struttura dei virus

Come abbiamo visto i virus non sono cellule: sono formati soltanto da un acido nucleico e da alcune proteine. I virus, inoltre, non eseguono funzioni metaboliche e non sono in grado di riprodursi autonomamente: i virus infatti sono *parassiti intracellulari obbligati*, cioè si sviluppano e si riproducono soltanto all'interno delle cellule di determinati ospiti, che possono essere animali, vegetali, funghi, protisti o procarioti. Per riprodursi, i virus utilizzano gli apparati della cellula ospite, di solito distruggendola. Al termine del processo la cellula libera le particelle virali figlie, che andranno a infettare nuove cellule ospiti.

All'esterno delle cellule ospiti, i virus si presentano sotto forma di particelle singole, definite **virioni** (▶figura 1). Un virione, l'unità fondamentale del virus, è formato da un acido nucleico avvolto da un **capside**, un rivestimento costituito da una o più proteine. L'acido nucleico costituisce il genoma del virione e può essere DNA oppure RNA. L'acido nucleico può essere costituito a seconda dei casi da un filamento lineare o circolare, doppio o singolo. Il virione inoltre può avere forma semplice o complessa e talvolta è avvolto da una membrana. Dal momento che non hanno né la parete cellulare né un proprio metabolismo, i virus non risentono dell'azione degli antibiotici.

I virus sono un utile modello per gli studi di genetica molecolare in quanto, in confronto agli eucarioti, presentano caratteristiche peculiari.

1. *Possiedono genomi piccoli*: una singola cellula batterica contiene circa un millesimo del DNA di una cellula umana, e un comune batteriofago possiede una quantità di DNA pari a circa un centesimo del DNA batterico.
2. Si *riproducono rapidamente*: un solo millilitro di terreno di coltura può contenere oltre 10^9 cellule batteriche di *Escherichia coli*, numero che può raddoppiare ogni 20 minuti circa.
3. *Sono di regola aploidi*, il che facilita l'analisi genetica.

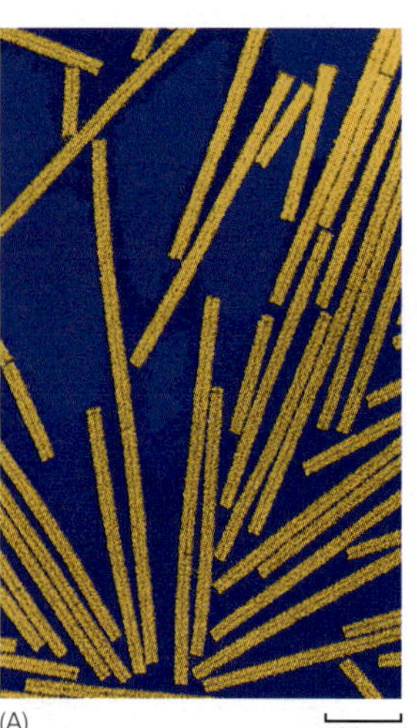

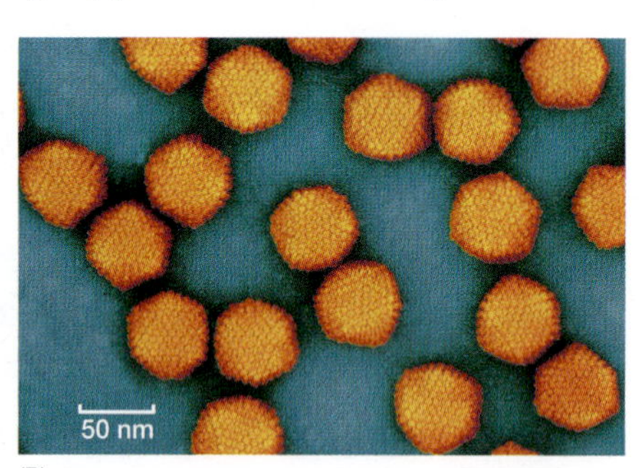

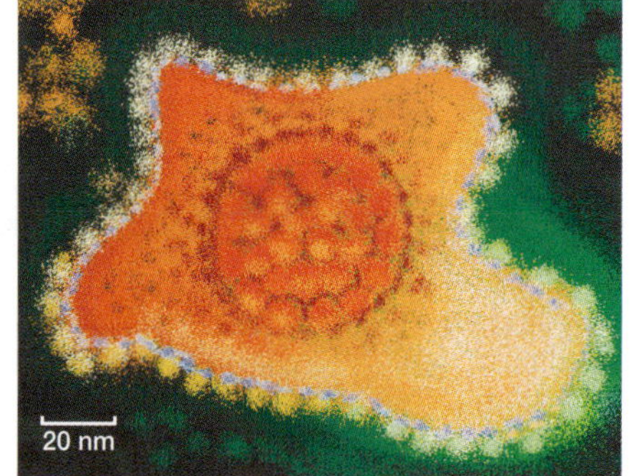

Figura 1 I virioni hanno forme differenti (A) Il virus del mosaico del tabacco (un virus delle piante) è formato da un'elica interna di RNA avvolta da molecole proteiche che assumono una disposizione elicoidale. (B) Molti virus animali, come questo adenovirus, possiedono un rivestimento esterno definito *capside*, al cui interno si trova una massa sferica di proteine e DNA. (C) In alcuni virus, come questo herpesvirus, il capside è avvolto esternamente da una membrana.

2 Le modalità di riproduzione dei fagi: il ciclo litico e il ciclo lisogeno

I virus che infettano i batteri vengono chiamati **batteriofagi**, o fagi. Il riconoscimento dei potenziali ospiti avviene attraverso un legame che si stabilisce fra le proteine del capside e specifici recettori situati sulla parete del batterio ospite. I virioni, i cui acidi nucleici devono superare la parete batterica per poter infettare la cellula ospite, sono spesso muniti, a livello della coda, di un complesso molecolare in grado di iniettare l'acido nucleico del fago attraverso la parete del batterio ospite. Una volta che l'acido nucleico è penetrato nella cellula ospite, possono succedere due cose, a seconda del tipo di fago.

- Il virus compie un **ciclo litico**, cioè si riproduce immediatamente, uccidendo la cellula ospite che va incontro a *lisi* (si rompe), liberando la progenie del fago. Un virus che si riproduce esclusivamente attraverso il ciclo litico viene definito **virulento**. Dopo che un virus virulento si è legato a un

LE PAROLE

Temperato nel linguaggio comune si usa nel senso di «appuntito», riferito a una matita, ma significa anche «moderato». In questo senso si riferisce ai fagi che «sanno controllarsi» e non causano subito la lisi cellulare.

batterio e vi ha iniettato il proprio acido nucleico, quest'ultimo assume il controllo dell'attività metabolica dell'ospite.

- Il virus compie un **ciclo lisogeno**, cioè posticipa la riproduzione inserendo il proprio acido nucleico nel genoma della cellula ospite. In questo caso il batterio infettato non va incontro a lisi e ospita, invece, l'acido nucleico virale nel proprio genoma. I batteri che ospitano particelle virali non litiche sono detti *batteri lisogeni* e i virus vengono definiti **temperati**. Nei batteri lisogeni il DNA fagico si integra nel cromosoma batterico. Il virus così integrato è un'entità non infettiva e viene denominato **profago**. Il profago può rimanere inattivo all'interno del genoma batterico per molti cicli di divisione cellulare. Però, a volte, un batterio lisogeno può essere indotto ad attivare il proprio profago. Tale attivazione dà origine a un ciclo litico, in cui il profago abbandona il cromosoma batterico e produce nuove particelle virali.

Molti virus si riproducono esclusivamente attraverso il ciclo litico, mentre altri vanno incontro a entrambi i tipi di ciclo riproduttivo (▸figura 2).

La capacità di passare dal ciclo lisogeno a quello litico è di grande utilità per il fago, perché gli permette di sfruttare al massimo l'opportunità di produrre particelle virali figlie. Quando la cellula ospite è in fase di rapida crescita e riproduzione, il profago rimane nello stato lisogeno. Quando, invece, la cellula ospite si è logorata o è stata danneggiata da agenti mutageni, il profago interrompe lo stato di incubazione e attiva il ciclo litico.

Figura 2 Il ciclo litico e il ciclo lisogeno di un batteriofago (A) Nel ciclo litico l'infezione di un batterio da parte del DNA virale porta direttamente alla moltiplicazione del virus e alla lisi della cellula ospite. Nel ciclo lisogeno un profago inattivo viene replicato come parte del cromosoma ospite. (B) Il batteriofago T4, un virus molto studiato, ha dimensioni circa 10 volte inferiori rispetto a *Escherichia coli*, il batterio più usato negli studi in laboratorio.

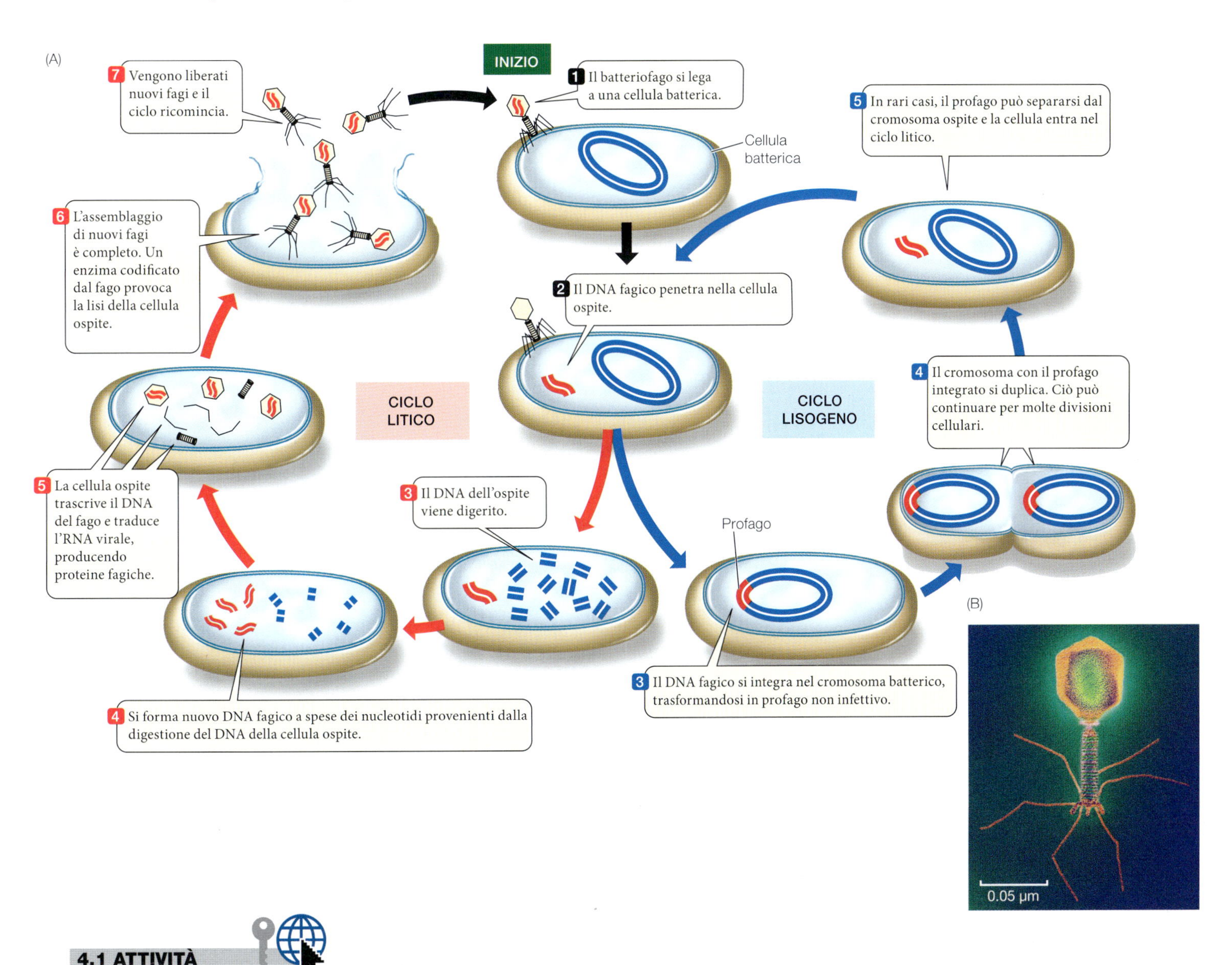

4.1 ATTIVITÀ
Le caratteristiche dei virus

ebook.scuola.zanichelli.it/sadavabiologiablu

3 I virus a RNA si riproducono grazie a particolari enzimi

Come abbiamo detto, un certo numero di virus animali contiene RNA a filamento singolo. Anche in questo caso si osservano comportamenti diversi.

Consideriamo, come esempi, due virus importanti: il virus dell'influenza e il virus dell'immunodeficienza umana (HIV). Entrambi i virus sono a filamento di RNA singolo, ma i rispettivi cicli vitali differiscono profondamente nelle strategie di infezione e di duplicazione del genoma.

Il virus dell'influenza penetra nella cellula ospite per endocitosi, all'interno di una vescicola membranosa (▸figura 3). La fusione della membrana virale con quella della vescicola porta alla liberazione del virione all'interno della cellula. Il virus contiene l'enzima necessario per la duplicazione del proprio genoma a RNA. Questo enzima è un'RNA polimerasi particolare, che utilizza come stampo l'RNA (a differenza delle RNA polimerasi cellulari che come stampo utilizzano il DNA). Il filamento di RNA virale così sintetizzato serve poi sia da mRNA sia da stampo per la sintesi, mediante appaiamento complementare delle basi, di nuove copie del genoma virale.

I **retrovirus** come HIV presentano un ciclo riproduttivo più complesso (▸figura 4).

In questo caso il virus penetra nella cellula per fusione diretta tra il rivestimento virale e la membrana plasmatica dell'ospite. La caratteristica peculiare del ciclo vitale dei retrovirus è la sintesi di DNA guidata dall'RNA.

LE PAROLE

I **retrovirus** possiedono un cromosoma di RNA e, quando infettano la cellula, operano una specie di trascrizione al contrario, cioè *retrotrascrivono* l'RNA in DNA.

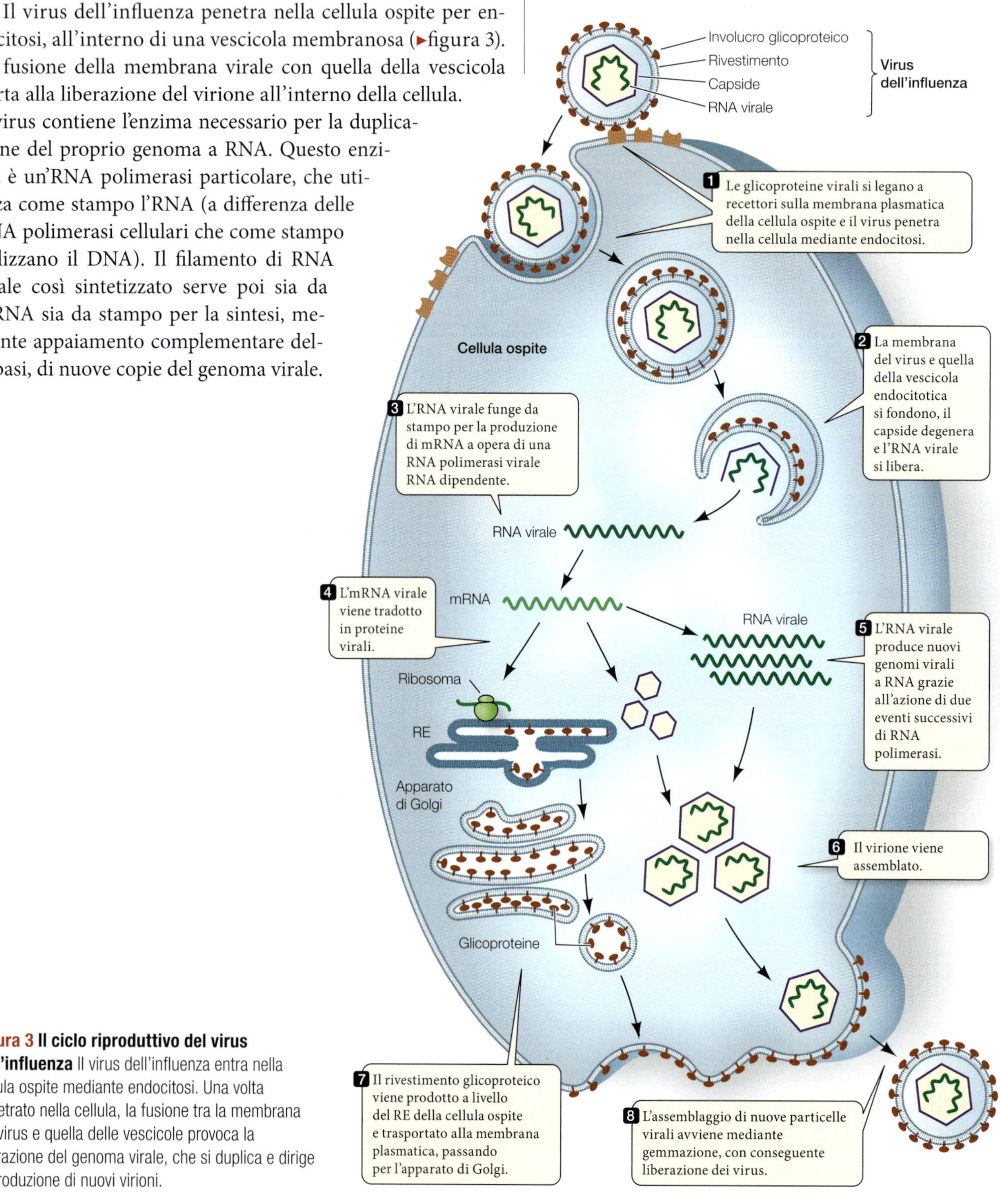

Figura 3 Il ciclo riproduttivo del virus dell'influenza Il virus dell'influenza entra nella cellula ospite mediante endocitosi. Una volta penetrato nella cellula, la fusione tra la membrana del virus e quella delle vescicole provoca la liberazione del genoma virale, che si duplica e dirige la produzione di nuovi virioni.

Questo processo, catalizzato dall'enzima virale **trascrittasi inversa**, produce un provirus a DNA formato da cDNA (DNA complementare, trascritto a partire dal genoma a RNA), che rappresenta la forma sotto cui il genoma virale si integra nel DNA della cellula ospite. Il provirus risiede stabilmente nel genoma della cellula ospite, attivandosi di tanto in tanto per produrre nuovi virioni.

Quando ciò accade, il provirus viene trascritto in mRNA, che poi viene tradotto nelle proteine virali. Le glicoproteine virali si inseriscono nella membrana plasmatica della cellula ospite, che poi diventerà il rivestimento virale. Altre proteine virali formeranno il capside, che racchiude le molecole di RNA virale. La liberazione dei virioni dalla cellula ospite avviene per un processo di gemmazione molto simile all'esocitosi.

In linea di principio, quasi ogni tappa di questo complesso ciclo può essere oggetto di attacco da parte di farmaci. Questo aspetto viene sfruttato dai ricercatori nel loro sforzo di debellare il virus.

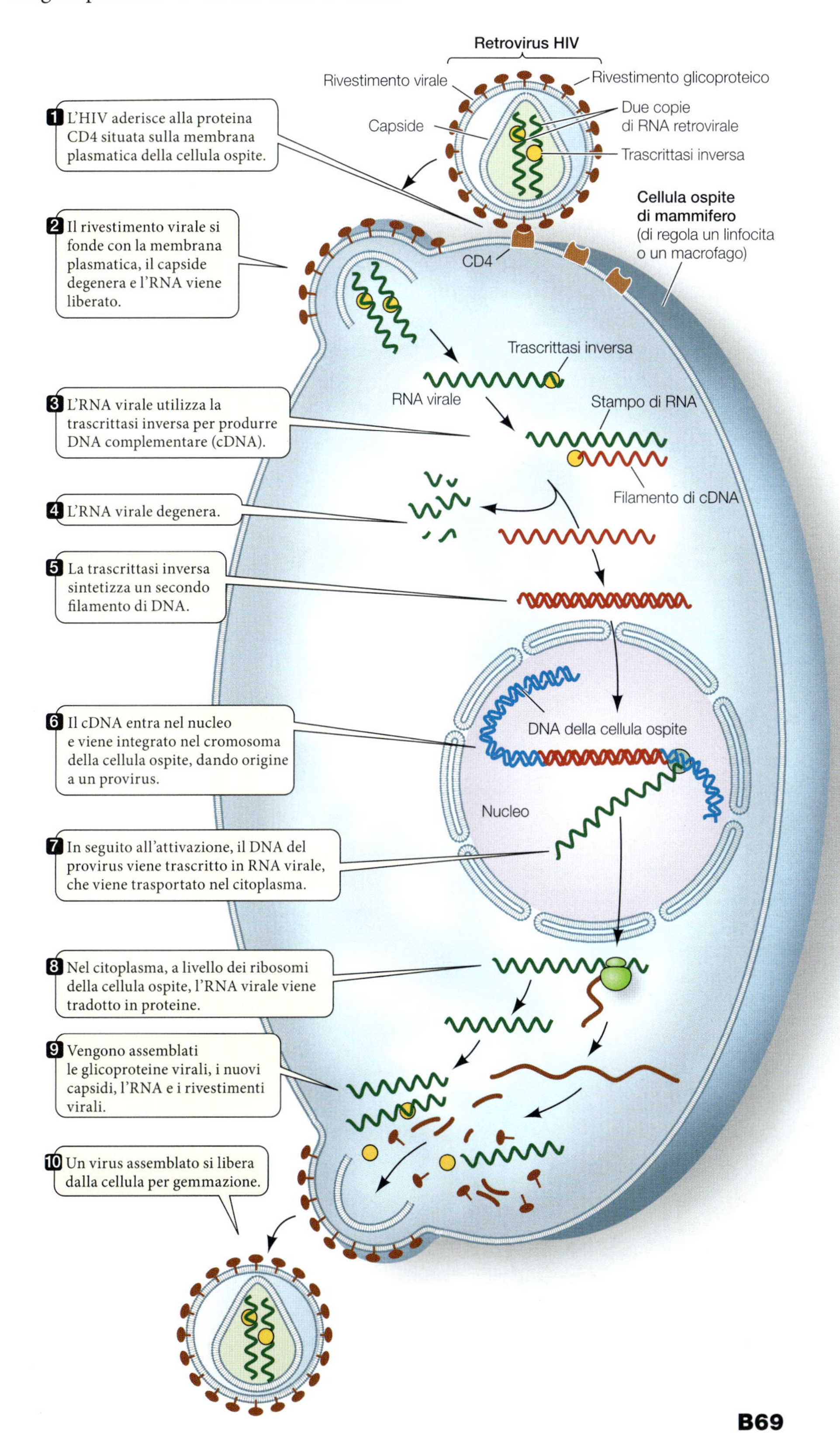

Figura 4 Il ciclo riproduttivo dell'HIV Questo retrovirus penetra nella cellula ospite in seguito alla fusione del proprio rivestimento con la membrana cellulare. La trascrizione inversa dell'RNA retrovirale produce successivamente un provirus a DNA, ovvero una molecola di DNA complementare che si inserisce nel genoma della cellula ospite.

4

La ricombinazione genica per trasduzione e trasformazione

Abbiamo già visto che negli eucarioti la ricombinazione è un processo strettamente associato alla riproduzione e si verifica tra cromosomi omologhi durante la meiosi. Nei procarioti, al contrario, i due processi sono separati e distinti, tanto che a volte la ricombinazione non richiede nemmeno la partecipazione di due cellule intere. Pur riproducendosi per via asessuata, i procarioti dispongono di svariati modi per ricombinare i loro geni.

La **trasformazione** è la ricombinazione che avviene quando un batterio acquisisce DNA libero dall'ambiente. Questo fenomeno si manifesta in natura in alcune specie di batteri, quando le cellule muoiono e il loro DNA fuoriesce (▸figura 5A). Una volta che il DNA trasformante si viene a trovare nella cellula ospite, il cromosoma di quest'ultima può incorporare nuovi geni con un processo molto simile alla ricombinazione eucariotica. Il primo esempio sperimentale di trasformazione risale a più di 70 anni fa, quando Frederick Griffith eseguì gli esperimenti descritti nel ▸capitolo B2. Oggi siamo in grado di spiegare i risultati ottenuti da Griffith: dalle cellule morte degli pneumococchi patogeni era fuoriuscito del DNA, che poi era stato assunto come DNA libero dagli pneumococchi vivi non virulenti e li aveva resi virulenti.

La **trasduzione** è invece un meccanismo di trasferimento di frammenti di DNA da un batterio a un altro per opera di un virus. Come abbiamo appena visto, quando i fagi vanno incontro a un ciclo litico impacchettano il proprio DNA nel capside. In genere i capsidi fagici si formano prima che al loro interno si inserisca il DNA, perciò talvolta in un capside vuoto si può introdurre un frammento di DNA batterico (▸figura 5B); quando il nuovo virione infetta un'altra cellula batterica, il frammento di DNA estraneo sarà iniettato al suo interno e potrà ricombinarsi con il cromosoma dell'ospite, portando alla sostituzione di alcuni geni dell'organismo ospite con geni batterici provenienti dalla cellula che in precedenza aveva ospitato il virus.

LE PAROLE

Trasduzione ha la stessa etimologia di «traduzione» (dal latino *trans-ducere*, «portare al di là»). Questa grafia evita di confondere il processo con la sintesi proteica.

Questo tipo di passaggio viene chiamato **trasduzione generalizzata**, perché può trasferire in modo casuale un frammento qualunque di DNA da un batterio a un altro. Ma esiste anche un meccanismo di **trasduzione specializzata**, che coinvolge i profagi: quando il profago si stacca dal cromosoma che lo ospita, porta con sé un frammento del DNA batterico contiguo al punto in cui era inserito. In questo caso il frammento trasportato non è casuale, perché in genere il profago si inserisce in corrispondenza di un locus specifico.

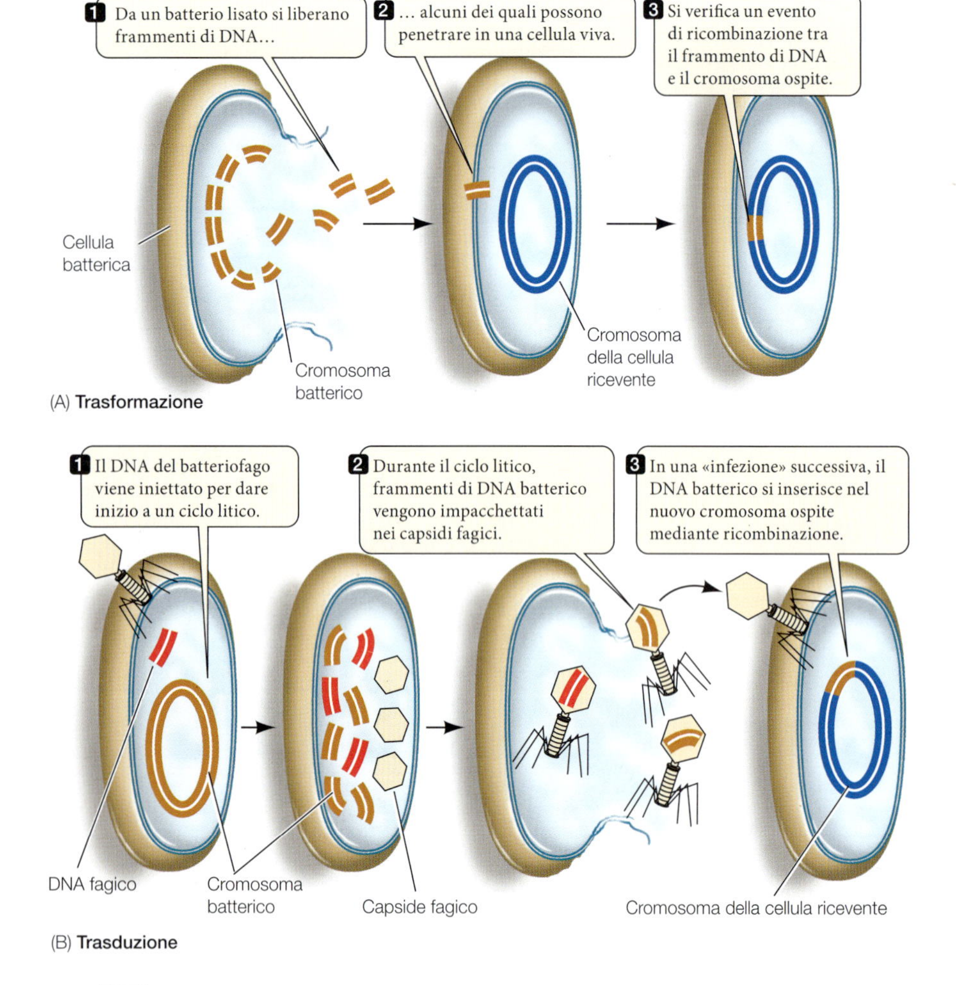

Figura 5 La trasformazione e la trasduzione Quando un nuovo frammento di DNA entra in una cellula batterica, può verificarsi un evento di ricombinazione. (A) Il DNA trasformante può fuoriuscire da cellule morte ed essere assunto da cellule vive, che possono così incorporare i nuovi geni presenti su di esso. (B) Nella trasduzione, alcuni virus trasportano frammenti di DNA batterico da una cellula all'altra.

5

La coniugazione è la modalità di ricombinazione più importante

La **coniugazione** è un processo in cui due batteri entrano a contatto diretto e la copia di una parte del DNA passa da un batterio donatore a un batterio ricevente.

Come puoi osservare nella ▸figura 6, il processo inizia con la comparsa sul batterio donatore di una o più piccole escrescenze, detti **pili sessuali**; una volta che i pili sessuali hanno portato a stretto contatto i due batteri, si produce tra le due cellule un sottile ponte citoplasmatico definito **tubo di coniugazione**. Attraverso questo ponte passa uno solo dei due filamenti di DNA della molecola del donatore, mentre il filamento restante funge da stampo per ricostruire l'intera molecola; in questo modo il donatore non perde il proprio DNA. Poiché i cromosomi batterici normalmente sono circolari, il passaggio richiede che la molecola del DNA si apra e diventi lineare.

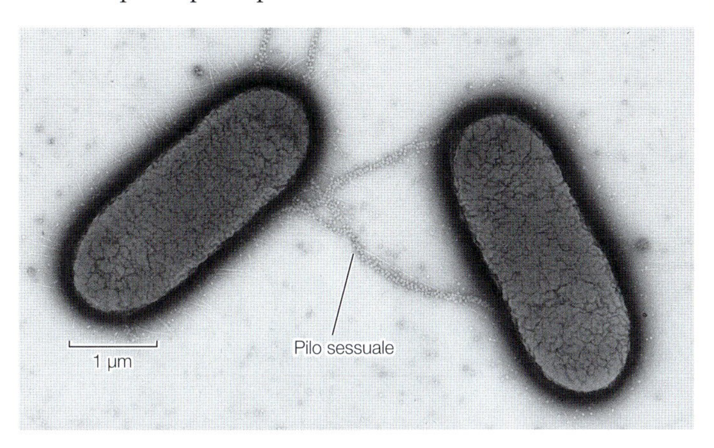

Figura 6 La coniugazione batterica I pili sessuali portano due cellule in stretto contatto reciproco; si forma così un tubo di coniugazione citoplasmatico attraverso cui il DNA viene trasferito da una cellula all'altra.

LE PAROLE

Coniugare deriva dal latino *cum-iugare*, «legare assieme», nel senso di congiungere, ma anche di unire in matrimonio.

Il contatto tra le due cellule è breve, e in genere non dura a sufficienza da permettere il passaggio nella cellula ricevente dell'intero genoma del donatore; per questo, di solito la cellula ricevente ottiene soltanto una porzione di DNA dal donatore.

Una volta all'interno della cellula ricevente, il frammento di DNA proveniente dalla cellula donatrice può ricombinarsi con il genoma della cellule ricevente. Il DNA del donatore si affianca, gene per gene, ai geni omologhi del DNA del ricevente, un po' come fanno i cromosomi durante la profase I della meiosi, e così può verificarsi il crossing-over. Nei batteri sono attivi enzimi capaci di tagliare e riattaccare le molecole di DNA, cosicché il genoma del ricevente può incorporare uno o più geni del donatore, cambiando la costituzione genetica della cellula (▸figura 7), anche se in questo modo soltanto metà circa dei geni trasferiti riesce a integrarsi.

Non tutti i batteri hanno la capacità di costruire i pili sessuali e il tubo di coniugazione. Per poterlo fare infatti devono possedere specifici geni che normalmente non sono presenti nel cromosoma batterico. Tali geni si trovano su una piccola molecola di DNA chiamata plasmide F, presente nei batteri donatori.

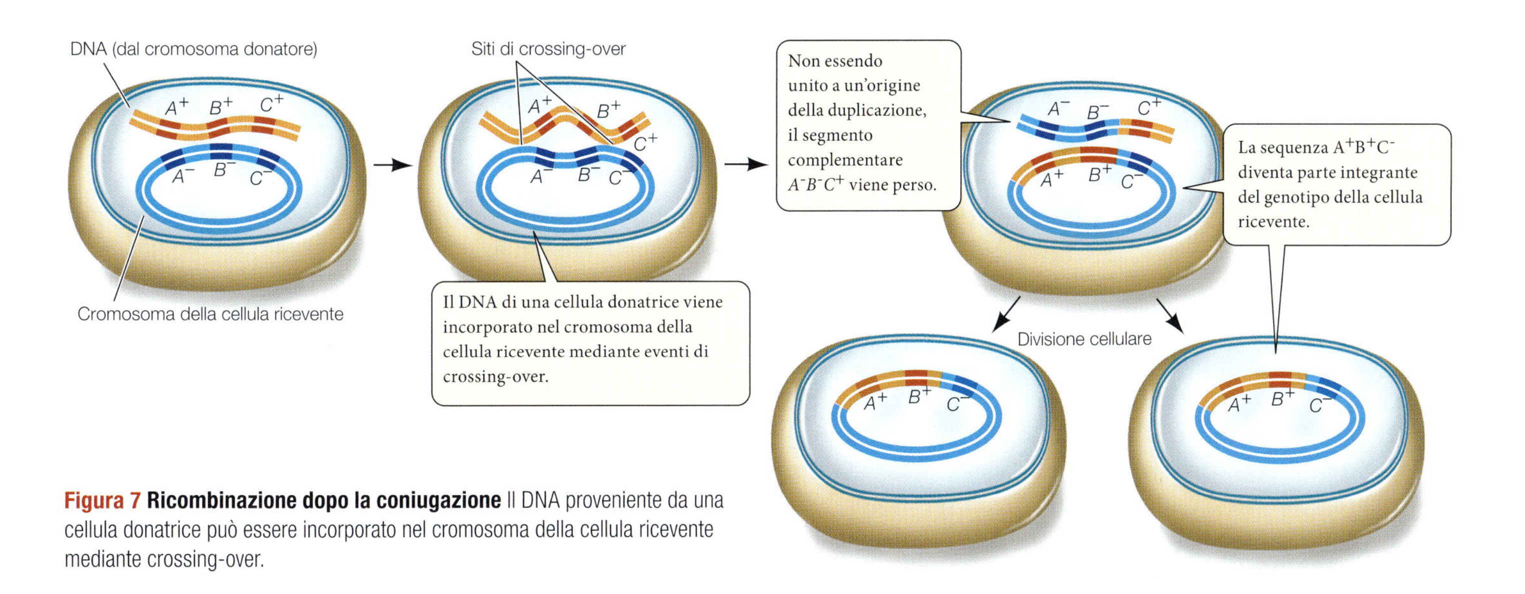

Figura 7 Ricombinazione dopo la coniugazione Il DNA proveniente da una cellula donatrice può essere incorporato nel cromosoma della cellula ricevente mediante crossing-over.

FACCIAMO IL PUNTO

Termini e concetti chiave

a. Come si svolgono i cicli litico e lisogeno di un fago?
b. Che cosa sono i profagi?
c. Che cos'è un retrovirus? E qual è il suo tipico il ciclo vitale?
d. Come avviene il processo di coniugazione? E quali cambiamenti produce nel batterio ricevente?
e. Qual è la differenza fra trasduzione generalizzata e trasduzione specializzata?
f. In quali modi può avvenire la ricombinazione genica nei batteri?

I geni che si spostano: plasmidi e trasposoni

Per certi versi, il genoma potrebbe essere paragonato a un archivio in cui le cellule conservano le loro informazioni genetiche. Le singole informazioni sono collocate in luoghi specifici, da dove vengono opportunamente recuperate quando serve. In realtà, in molti casi, esistono parti di questo archivio genetico che si trovano separate dalla struttura principale; certe sue parti possono spostarsi al suo interno e addirittura copiare se stesse per replicarsi in altri punti.

6 I plasmidi sono piccoli cromosomi mobili

In aggiunta al cromosoma principale, molti batteri ospitano cromosomi circolari più piccoli, definiti **plasmidi**. Normalmente i plasmidi contengono poche dozzine di geni; tuttavia, essi possiedono un'origine della duplicazione (*ori*, la sequenza in corrispondenza della quale ha inizio la duplicazione del DNA) e ciò consente di considerarli cromosomi.

LE PAROLE
Nel 1952 il genetista J. Lederberg coniò il termine **plasmide** (o *plasmidio*), unendo (*cito*) *plasma* e il suffisso *–idio*, una desinenza greca con valore diminutivo.

Di regola i plasmidi si duplicano in contemporanea con il cromosoma principale; possono però trasferirsi da una cellula all'altra durante la coniugazione, portando nuovi geni nel batterio ricevente (▸figura 8). Dal momento che i plasmidi hanno un'esistenza indipendente dal cromosoma principale, non c'è bisogno che si ricombinino con esso perché i loro geni possano aggiungersi al genoma della cellula ricevente.

Esistono diversi tipi di plasmidi, classificabili in base al tipo di geni che contengono. Alcuni codificano enzimi catabolici, altri rendono possibile la coniugazione, altri ancora hanno l'effetto di difendere la cellula dall'azione degli antibiotici.

- I **fattori di fertilità** o *plasmidi F* rendono possibile la coniugazione. Questi plasmidi possiedono circa 25 geni, tra cui quelli che codificano per le proteine dei pili sessuali e del tubo di coniugazione. Una cellula contenente un plasmide F viene indicata come F^+ e può trasferire una copia del plasmide F a una cellula F^-, trasformandola in F^+. Talvolta il plasmide F si può integrare nel cromosoma principale; in tal caso, trasferendosi da una cellula all'altra attraverso il tubo di coniugazione, può portare con sé anche parte del cromosoma principale.
- I **plasmidi metabolici** possono conferire insolite capacità metaboliche alle cellule che li contengono. Per esempio, alcuni batteri possono crescere sugli idrocarburi, utilizzandoli come fonte di carbonio (▸figura 9). I geni che codificano gli enzimi coinvolti nella demolizione degli idrocarburi sono portati dai plasmidi.

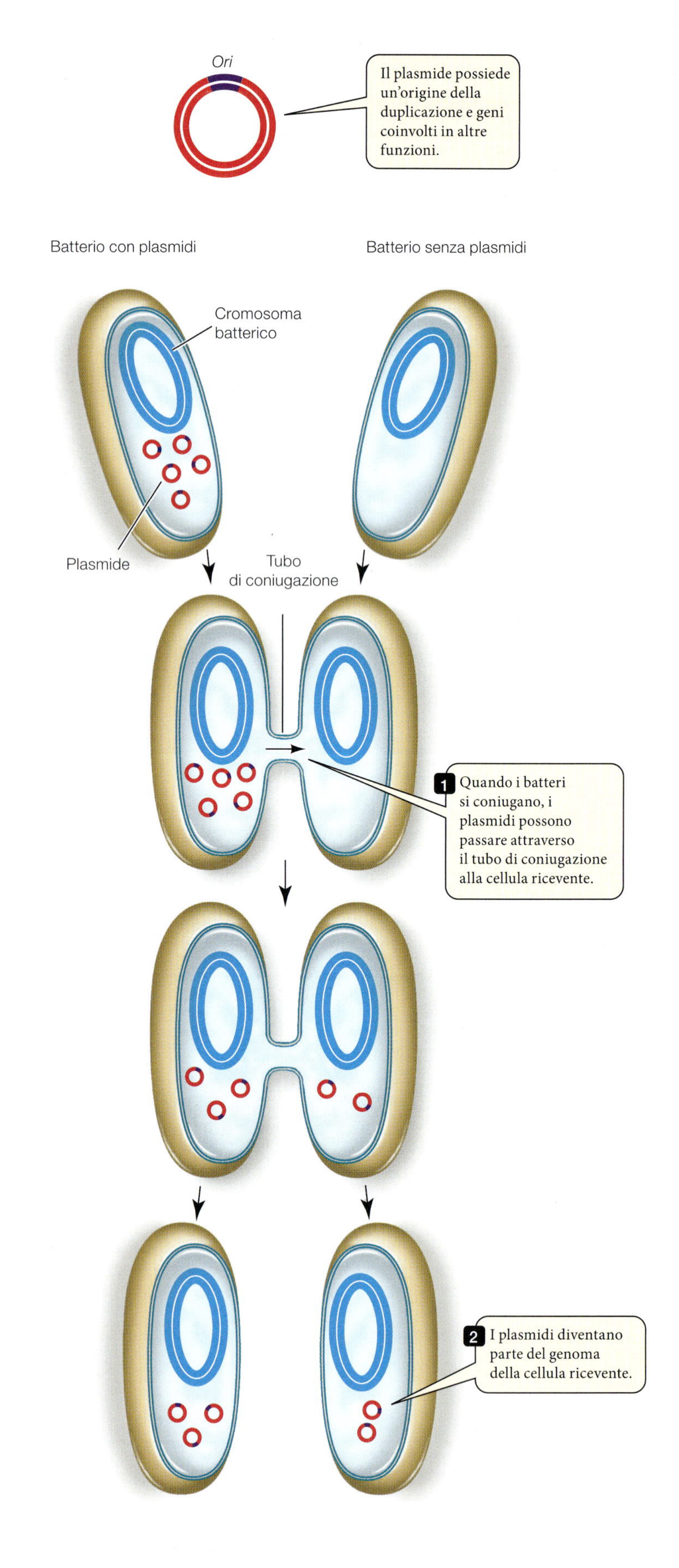

Figura 8 Il trasferimento di geni mediante plasmidi Quando i plasmidi penetrano in una cellula mediante coniugazione, i loro geni possono essere espressi nella cellula ricevente.

- I **fattori di resistenza**, definiti anche *plasmidi R*, portano geni che codificano proteine capaci di demolire o alterare gli antibiotici. Ogni plasmide R porta uno o più geni che conferiscono la resistenza a particolari antibiotici, oltre ai geni che rendono possibile la coniugazione. Per quanto è dato sapere, i plasmidi R che conferiscono antibiotico-resistenza esistevano già molto tempo prima della scoperta e dell'utilizzo degli antibiotici. Tuttavia, pare che in tempi recenti siano diventati molto più frequenti, probabilmente perché l'uso massiccio di antibiotici negli ospedali ha portato alla selezione di ceppi portatori di questi fattori.

7 I trasposoni: geni che «saltano» nel cromosoma

Come abbiamo visto, i plasmidi o i virus possono funzionare da «vettori di trasporto» per spostare brevi porzioni di DNA da una cellula batterica all'altra. Esiste anche un altro meccanismo per il «trasporto genico»: alcuni frammenti di DNA, denominati **trasposoni** (dall'inglese *transposable element*), sono in grado di spostarsi all'interno del genoma andando a inserirsi in un punto diverso dello stesso o di un altro cromosoma.

Questo meccanismo consente di spostare alcuni geni all'interno di una singola cellula. In molti casi il loro inserimento produce effetti fenotipici perché, se avviene all'interno di un gene, ne distrugge l'integrità (▸figura 10A).

Alcuni trasposoni sono sequenze relativamente brevi di 1000-2000 coppie di basi. Sequenze di questo tipo si trovano in numerosi siti del cromosoma principale di *E. coli*. In un tipo di trasposizione, il trasposone si duplica indipendentemente dal resto del cromosoma; la copia va poi a inserirsi in un'altra sede dello stesso cromosoma. Gli enzimi necessari per questo inserimento sono codificati da geni situati sul trasposone stesso. In altri casi, i trasposoni vengono tagliati via dal loro sito originario e inseriti in un'altra sede senza prima essersi duplicati. Trasposoni di grosse dimensioni possono portare con sé uno o due geni batterici (▸figura 10B) aumentando così la variabilità genetica.

Figura 9 I plasmidi possono contenere geni che conferiscono nuove capacità metaboliche I batteri della specie *Pseudomonas putida* sono in grado di acquisire plasmidi che conferiscono loro la capacità di degradare composti aromatici, tra cui gli idrocarburi; il più studiato è il *plasmide TOL*, che ha dimensioni di 115 kb (1 kb o kilobase corrisponde a 10^3 paia di basi). Questi batteri vengono usati per risanare le zone contaminate da fuoriuscite di petrolio.

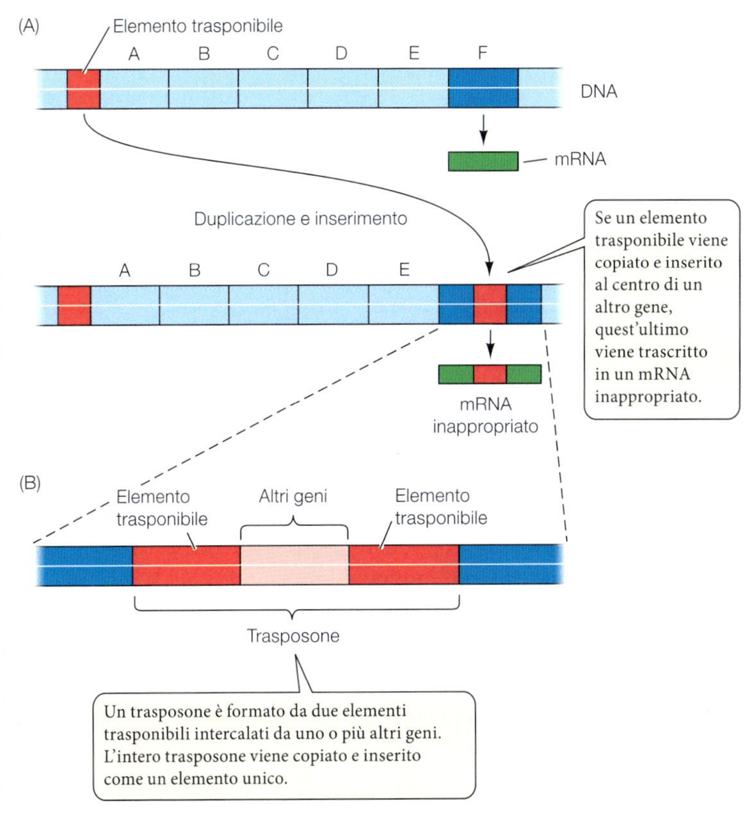

Figura 10 I trasposoni Un trasposone può essere costituito solo da una breve sequenza di DNA, chiamata *elemento trasponibile*, oppure contenere al suo interno uno o più geni.

FACCIAMO IL PUNTO

Termini e concetti chiave

a. Qual è il ruolo dei plasmidi nella diffusione della resistenza agli antibiotici?
b. Cosa sono i trasposoni? E che funzione hanno?

L'operone e la regolazione dell'espressione genica nei procarioti

Oltre alla ricombinazione genica e all'azione di plasmidi e trasposoni, il genoma procariotico permette ai batteri di adattarsi con rapidità ed efficienza alle variazioni ambientali. I procarioti infatti sono in grado di regolare le proteine attive nel proprio citoplasma, per limitare gli sprechi e consentire la massima coordinazione tra le vie metaboliche. Di solito il controllo consiste nell'attivare o disattivare i geni che codificano per la sintesi proteica, così che ciascuna proteina venga prodotta solo quando serve e nella quantità necessaria. In un batterio la sintesi proteica può essere regolata nella fase di trascrizione o durante la traduzione.

8

Un esempio di regolazione batterica

In una cellula batterica alcune proteine vengono prodotte a ritmo costante, perché sono sempre necessarie; altre invece vengono prodotte solo quando il batterio ne ha bisogno. In questo caso la cellula dimostra di riconoscere una variazione chimica dell'ambiente esterno e di saper attivare o bloccare i suoi geni in relazione alla nuova situazione.

Il metabolismo del lattosio in *Escherichia coli* è un buon esempio per descrivere questa capacità di adattamento. Essendo un normale inquilino dell'intestino umano, *E. coli* deve essere capace di adattarsi agli improvvisi cambiamenti del suo ambiente. Il suo ospite può metterlo in contatto con un certo tipo di cibo e, poche ore dopo, con uno totalmente diverso. Queste variazioni costituiscono una sfida metabolica per il batterio.

La fonte di energia preferita da *E. coli* è il glucosio, lo zucchero più facile da metabolizzare, ma non tutto il cibo ingerito dall'ospite contiene un'elevata quantità di glucosio. Per esempio, il batterio può trovarsi improvvisamente sommerso dal latte, che contiene lo zucchero lattosio. Il lattosio è un disaccaride contenente una molecola di galattosio legata a una molecola di glucosio. Per essere assorbito e metabolizzato da *E. coli*, il lattosio deve subire l'azione di tre proteine, di cui una (chiamata **β-galattosidasi**) è un enzima che catalizza la scissione del legame tra i due monosaccaridi.

Quando *E. coli* cresce su un terreno contenente glucosio ma privo di lattosio, i livelli di queste tre proteine sono estremamente bassi: ovvero i geni che le codificano sono «repressi», cioè inattivi. Se però l'ambiente cambia e il lattosio diventa lo zucchero più abbondante, il batterio si affretta a produrre tutte e tre le proteine. Quindi i geni che codificano per queste proteine vengono *attivati*, cioè trascritti e tradotti; di conseguenza la concentrazione delle proteine nella cellula aumenta rapidamente.

In una cellula di *E. coli* che cresce su un terreno privo di lattosio si trovano soltanto due molecole di β-galattosidasi; la presenza di lattosio, invece, può indurre la sintesi di 3000 molecole di β-galattosidasi per ogni cellula!

Se dal terreno di coltura di *E. coli* si toglie il lattosio, la sintesi di β-galattosidasi si arresta quasi subito. Le molecole di enzima già prodotte non scompaiono, semplicemente si diluiscono nel corso delle successive divisioni cellulari finché la loro concentrazione all'interno di ogni cellula batterica ridiscende al livello iniziale.

I geni che codificano i tre enzimi coinvolti nel metabolismo del lattosio di *E. coli* vengono definiti **geni strutturali**, a indicare che specificano la struttura primaria (cioè la sequenza amminoacidica) di una proteina; in altre parole, sono geni trascrivibili in mRNA.

9

Gli operoni sono le unità di trascrizione dei procarioti

Nei batteri i geni che codificano per proteine correlate vengono regolati insieme con un meccanismo abbastanza semplice. Riprendiamo il nostro esempio: i geni strutturali che codificano per gli enzimi che digeriscono il lattosio sono posizionati uno accanto all'altro sul cromosoma di *E. coli*. Questa disposizione non è casuale: il loro DNA infatti viene trascritto in un'unica ininterrotta molecola di mRNA, la cui presenza o meno farà sì che la cellula produca tutti gli enzimi o nessuno.

I tre geni condividono anche uno stesso **promotore** che come abbiamo detto nel capitolo precedente è la sequenza di DNA a cui si lega la RNA polimerasi; fra il promotore e i geni strutturali si trova un breve segmento di DNA, definito **operatore**, capace di legare una proteina regolatrice, detta **repressore**:

- quando il repressore si lega all'operatore, la RNA polimerasi non può effettuare la trascrizione dell'mRNA e i geni non si esprimono;
- quando il repressore non è legato all'operatore, la sintesi di mRNA procede regolarmente: i geni quindi possono esprimersi.

L'intera unità, formata da geni strutturali strettamente collegati e dalle sequenze di DNA che controllano la loro trascrizione, viene detta **operone**. Un operone comprende sempre un promotore, un operatore e due o più geni strutturali (►figura 11). Il promotore e l'operatore sono tratti di DNA che svolgono la funzione di siti di legame e non vengono trascritti. Ogni operone è controllato da uno specifico gene regolatore, che codifica per la proteina che funziona da repressore. Diversamente da promotore e operatore, il gene regolatore può trovarsi anche a notevole distanza dai geni strutturali che controlla. In generale, i meccanismi di azione del repressore sono principalmente di due tipi.

1. In alcuni operoni, tra cui l'operone *lac*, il repressore blocca stabilmente l'operatore e viene rimosso solo quando giunge un segnale esterno, che ne causa il distacco. Questo segnale

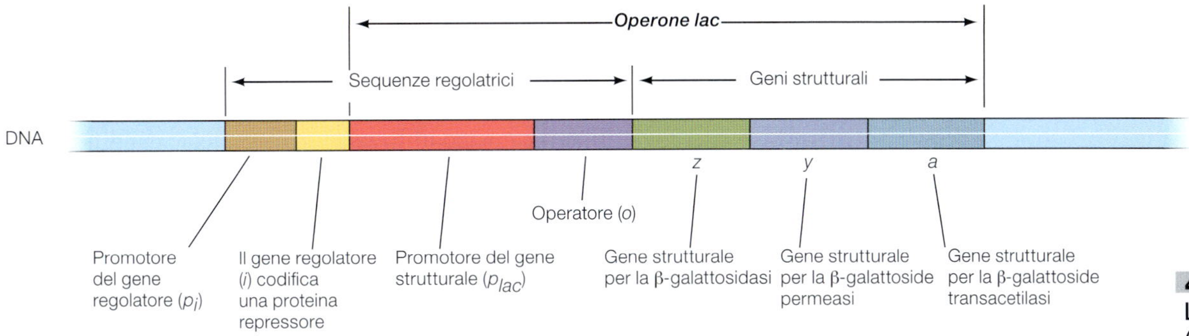

Operone lac
Sequenze regolatrici
Geni strutturali
DNA
Operatore (o)
z y a
Promotore del gene regolatore (p_i)
Il gene regolatore (i) codifica una proteina repressore
Promotore del gene strutturale (p_{lac})
Gene strutturale per la β-galattosidasi
Gene strutturale per la β-galattoside permeasi
Gene strutturale per la β-galattoside transacetilasi

Figura 11 L'operone *lac* di *E. coli* L'operone *lac* (dall'inglese *lactose*) corrisponde a un segmento di DNA che comprende un promotore, un operatore e i tre geni strutturali che codificano gli enzimi coinvolti nel metabolismo del lattosio.

4.2 ANIMAZIONE
L'operone *lac*
(2' 30")
ebook.scuola.zanichelli.it/sadavabiologiablu

è una molecola specifica chiamata *induttore*.

2. In altri casi, il repressore entra in funzione solo in presenza di una molecola esterna, chiamata *corepressore*, che lo rende capace di legarsi all'operatore.

In entrambi i casi la caratteristica più importante del repressore è la sua capacità di cambiare forma in presenza del corepressore o dell'induttore. Sono questi cambiamenti di forma che modificano la sua capacità di legarsi all'operatore.

10 Nell'operone *lac* il controllo operatore-repressore induce la trascrizione

Come abbiamo detto, l'operone *lac* appartiene al tipo di operoni che attivano la trascrizione in risposta alla comparsa di un induttore. In questo sistema la proteina repressore presenta due siti di legame: uno per l'operatore e l'altro per l'induttore. Gli induttori dell'operone *lac* sono le molecole di lattosio. Il legame con l'induttore modifica la struttura tridimensionale della proteina repressore. In seguito a questo cambiamento di forma il repressore non può più legarsi all'operatore (▶figura 12); di conseguenza l'RNA polimerasi può legarsi al promotore e dare inizio alla trascrizione dei geni strutturali. L'mRNA trascritto viene poi tradotto a livello dei ribosomi per sintetizzare le tre proteine necessarie al metabolismo del lattosio.

LE PAROLE
Nel 1960, Jacob e Monod definirono **operone** l'unità operativa da loro descritta fondendo il termine *operatore* con *-one*, suffisso che abbiamo già incontrato e che indica un'unità elementare; per le loro ricerche furono premiati con il Nobel per la medicina nel 1965.

A mano a mano che il lattosio viene metabolizzato, la sua concentrazione si riduce. Che cosa succede a quel punto? Quando la concentrazione di lattosio si abbassa, le molecole di induttore (il lattosio) si separano dal repressore, che riacquista la sua forma originaria e si lega all'operatore, bloccando la trascrizione dell'operone *lac*.

Dato che l'mRNA già presente nella cellula si degrada rapidamente, poco dopo cessa anche la traduzione. È dunque la presenza o meno di lattosio (ovvero dell'induttore) a regolare la formazione del legame fra repressore e operatore, e quindi anche la sintesi delle proteine coinvolte nel metabolismo del lattosio. Per questo l'operone *lac* è un *sistema inducibile*.

Riassumiamo ora le principali caratteristiche dei sistemi inducibili come l'operone *lac*:

- in assenza dell'induttore, l'operone è inattivo;
- il controllo viene esercitato da una proteina regolatrice (il repressore) che disattiva l'operone;
- l'aggiunta dell'induttore trasforma il repressore e attiva l'operone.

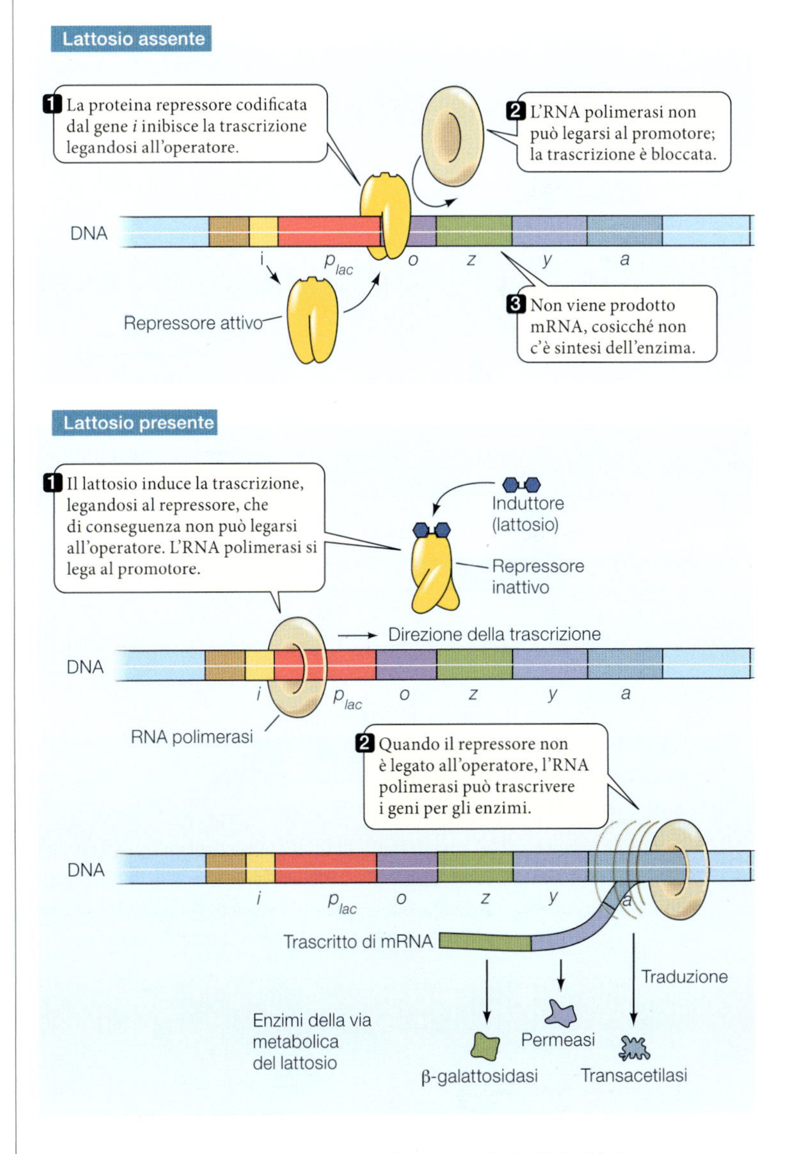

Figura 12 L'operone *lac* è un esempio di sistema inducibile Il lattosio (l'induttore) porta alla sintesi degli enzimi coinvolti nella via metabolica del lattosio grazie all'inibizione del legame della proteina repressore con l'operatore.

11

Nell'operone *trp* il controllo operatore-repressore reprime la trascrizione

Abbiamo visto quanto sia utile a *E. coli* possedere un sistema inducibile per il metabolismo del lattosio, che si attiva soltanto quando è presente questo zucchero. Altrettanto utile per un batterio è la capacità di bloccare la sintesi di un enzima in risposta all'accumulo dei prodotti finali della reazione da esso catalizzato.

Un esempio è costituito dall'amminoacido triptofano, un costituente essenziale delle proteine; quando il triptofano è presente in concentrazioni elevate all'interno del citoplasma, la cellula sospende la produzione degli enzimi coinvolti nella sua sintesi.

L'operone *trp*, che controlla la sintesi del triptofano, è un esempio di *sistema reprimibile*: la proteina repressore può bloccare il proprio operone soltanto se prima si è legata a un **corepressore**, che può essere lo stesso prodotto metabolico finale, in questo caso il triptofano, o un analogo (▸figura 13).

12

La regolazione genica e lo studio del DNA

Il controllo dell'espressione genica da parte di proteine regolatrici non è un meccanismo utilizzato esclusivamente dai procarioti; lo si osserva anche nei virus ed è importante anche negli organismi eucariotici (come vedremo in seguito).

Lo studio di questi meccanismi di controllo è stato fondamentale per cogliere due aspetti importanti della struttura e della funzione del DNA.

- Esistono alcuni tratti di DNA (operatori e promotori) che non codificano per dei polipeptidi, ma svolgono la funzione di siti di legame per proteine regolatrici. In tutti gli esseri viventi, pertanto, i genomi non contengono soltanto sequenze destinate a essere trascritte, ma anche sequenze che non vengono trascritte.
- Esistono proteine regolatrici (i repressori), e quindi geni regolatori ad esse preposti, la cui unica funzione è regolare l'espressione di altri geni. Le proteine regolatrici sono «sensibili» a fattori ambientali specifici. Ciò conferisce al DNA una certa capacità di interagire con l'ambiente esterno adattando l'espressione dei geni alle necessità del momento.

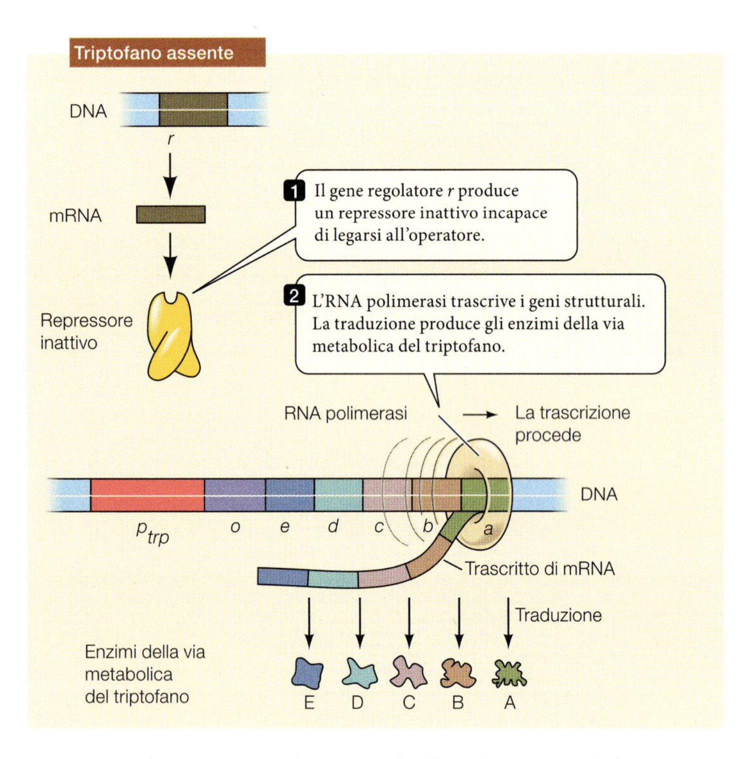

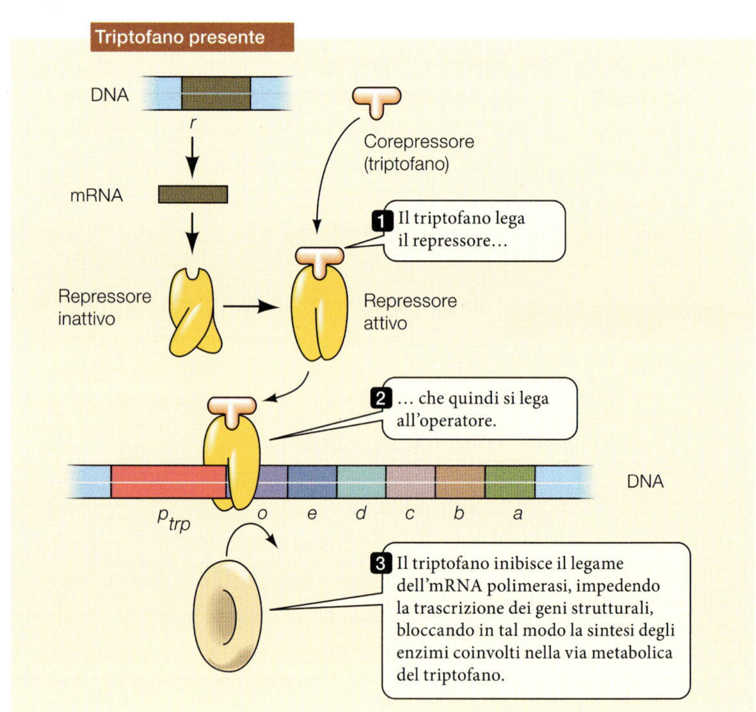

Figura 13 L'operone *trp* è un esempio di un sistema reprimibile L'operone *trp* controlla la sintesi del triptofano, che agisce da *corepressore* attivando un repressore altrimenti inattivo. Se il triptofano è assente, il repressore non può legarsi all'operatore e l'operone viene trascritto con la massima velocità. Quando invece è presente il triptofano, il repressore si lega all'operatore e l'operone si blocca.

FACCIAMO IL PUNTO

Termini e concetti chiave

a. Che cos'è un operone?
b. Quali funzioni hanno promotore e operatore?
c. Quali sono le principali differenze tra un sistema inducibile e un sistema reprimibile?

L'operone *trp*
(3' 45")
ebook.scuola.zanichelli.it/sadavabiologiablu

Il genoma eucariotico è più complesso di quello procariotico

Sebbene gli eucarioti condividano le stesse basi genetiche dei batteri, per molti aspetti i genomi eucariotici mostrano invece caratteristiche proprie e ben differenti da quelle dei genomi batterici. Molti geni eucariotici che codificano proteine sono presenti in un'unica copia per ogni genoma aploide; in questo sono uguali ai loro equivalenti procariotici. Tuttavia i geni eucariotici presentano due particolarità che si riscontrano raramente nei geni procariotici: contengono sequenze interne non codificanti e formano *famiglie geniche*, ossia gruppi di geni simili per struttura e funzione.

13 Le caratteristiche del genoma eucariotico

Gli organismi eucariotici presentano una varietà di forme molto superiore a quella dei procarioti (i regni degli eucarioti sono quattro: protisti, funghi, piante e animali). Gli studi sul genoma sono stati effettuati in molti organismi partendo dalle forme unicellulari (più semplici da studiare) e arrivando alle forme pluricellulari più complesse. Con il sequenziamento e lo studio dell'espressione dei genomi, e con l'annotazione della funzione delle proteine codificate in tutti i casi studiati, sono emerse molte differenze tra il genoma procariotico e quello eucariotico (▸tabella 1).

- **In termini di contenuto aploide di DNA, il genoma degli eucarioti è più grande di quello dei procarioti.**

Questo non deve sorprendere; quasi tutti gli organismi eucariotici, infatti, sono pluricellulari, contengono cellule specializzate per forma e funzioni e svolgono molteplici attività che richiedono un gran numero di proteine, tutte codificate dal DNA. Inoltre gli organismi pluricellulari devono possedere anche i geni per le proteine che servono a tenere unite le cellule in tessuti, i geni per il differenziamento cellulare e i geni per la comunicazione intercellulare.

Per questo, mentre il DNA di un virus in media contiene circa 10000 coppie di basi (bp) e il DNA di *E. coli* 4,6 milioni di bp, gli esseri umani possiedono un numero di geni e di sequenze regolatrici ben maggiore: in ogni cellula somatica (cioè diploide) del corpo umano sono stipati circa 6 miliardi di bp (pari a circa 2 m di DNA).

Tuttavia, la quantità di DNA di un organismo non è sempre proporzionale alla sua complessità: per esempio, il giglio (che, rispetto all'uomo, fabbrica un numero di proteine decisamente inferiore) possiede un DNA 18 volte più grande del nostro.

- **Il genoma degli eucarioti presenta telomeri alle estremità di ciascun cromosoma lineare.**

Come abbiamo visto queste sequenze evitano i danni causati dalla perdita di nucleotidi che, a ogni duplicazione, si verifica all'estremità della molecola di DNA.

- **Nel genoma degli eucarioti sono presenti molte sequenze ripetitive.**

Con il termine *sequenze ripetitive* si intende sequenze presenti in più di una copia; la maggior parte di tali sequenze non viene tradotta in proteine. Ciò significa che il genoma eucariotico contiene sia sequenze codificanti sia sequenze *non* codificanti, cioè che non vengono trascritte in mRNA. Non è quindi possibile stabilire il numero dei geni in base alle dimensioni del genoma.

- **Negli eucarioti molti geni che vengono tradotti in proteine sono interrotti.**

I geni interrotti contengono sequenze codificanti alternate a sequenze non codificanti; un gene interrotto è sempre più lungo dell'mRNA che produce.

- **Negli eucarioti la trascrizione e la traduzione avvengono in ambienti separati.**

La sintesi dell'mRNA avviene nel nucleo, la sintesi proteica ha luogo nel citoplasma. Inoltre l'mRNA, prima di uscire dal nucleo, subisce un processo chiamato «maturazione», assente nei procarioti. Questa separazione spaziale consente che prima dell'inizio della traduzione vi siano molte occasioni di regolazione: durante la sintesi del trascritto primario (pre-mRNA), durante la sua trasformazione in mRNA maturo e infine durante il suo trasferimento nel citoplasma per la traduzione (▸figura 14).

- **I genomi eucariotici possiedono più sequenze regolatrici (e più proteine regolatrici che vi si legano) rispetto ai genomi procariotici.**

L'enorme complessità degli eucarioti richiede un elevato livello di regolazione, che si manifesta nei numerosi meccanismi di controllo legati all'espressione del genoma eucariotico.

Tabella 1 Un confronto tra genomi procariotici ed eucariotici.

Caratteristica	Procarioti	Eucarioti
dimensioni del genoma (coppie di basi)	$10^4 – 10^7$	$10^8 – 10^{11}$
sequenze ripetute	poche	molte
DNA non codificante all'interno di sequenze codificanti	raro	comune
separazione spaziale fra trascrizione e traduzione	no	sì
DNA segregato in un nucleo	no	sì
DNA legato a proteine	in parte	tutto
promotori	sì	sì
amplificatori/silenziatori	rari	comuni
presenza di cappuccio e di coda nell'mRNA	no	sì
splicing dell'RNA	raro	comune
numero di cromosomi per genoma	uno	molti

14

Le sequenze ripetitive dei genomi eucariotici

I genomi degli organismi eucariotici analizzati finora si sono rivelati pieni di sequenze di DNA ripetitive, che non codificano polipeptidi. Possiamo riconoscere tre diverse tipologie di sequenze ripetitive.

1. Le **sequenze altamente ripetitive** non vengono trascritte in mRNA maturo; il loro ruolo non è ancora stato chiarito. Comprendono due tipi di sequenze: i minisatelliti e i microsatelliti. I *minisatelliti* corrispondono a 10-40 coppie di basi che si ripetono fino a diverse migliaia di volte. Dal momento che durante la duplicazione di tali sequenze la DNA polimerasi tende a fare errori, il numero di copie presenti varia da individuo a individuo. Per esempio, in un particolare locus una persona può avere 300 minisatelliti, mentre un'altra ne ha 500. Queste variazioni forniscono una serie di marcatori genetici di tipo molecolare, utilizzabili per identificare individui diversi. I *microsatelliti* sono invece sequenze estremamente brevi (1-3 bp), che si trovano in piccoli gruppi di 15-100 copie disseminati in tutto il genoma.
2. Le **sequenze moderatamente ripetitive** sono veri e propri geni, stabilmente integrati nel genoma, che codificano i tRNA e gli rRNA utilizzati nella sintesi proteica.
3. I **trasposoni** sono sequenze moderatamente ripetitive, presenti anche nei procarioti, ma molto più diffuse in negli eucarioti, costituiscono oltre il 40% del genoma umano; esistono diversi tipi di trasposoni. I *trasposoni a DNA* si spostano in nuove sedi del genoma, senza duplicarsi, con un meccanismo di tipo «taglia e incolla» (▸figura 15). I *retrotrasposoni* invece si muovono nel genoma con una modalità particolare: eseguono una copia di sé stessi in RNA, che fa da stampo per la sintesi di nuovo DNA; tale DNA poi si inserisce in un altro punto del genoma. Grazie a questo meccanismo «copia e incolla», la sequenza originaria rimane dov'è, mentre la copia si inserisce in una nuova sede. Alcuni trasposoni a RNA vengono trascritti e non tradotti, mentre altri vengono tradotti in proteine.

LE PAROLE
Queste sequenze, chiamate **satelliti**, presentano una frequenza relativa insolita delle quattro basi azotate e, quindi, quando il DNA viene separato con metodi sperimentali, formano piccole bande isolate da quelle principali.

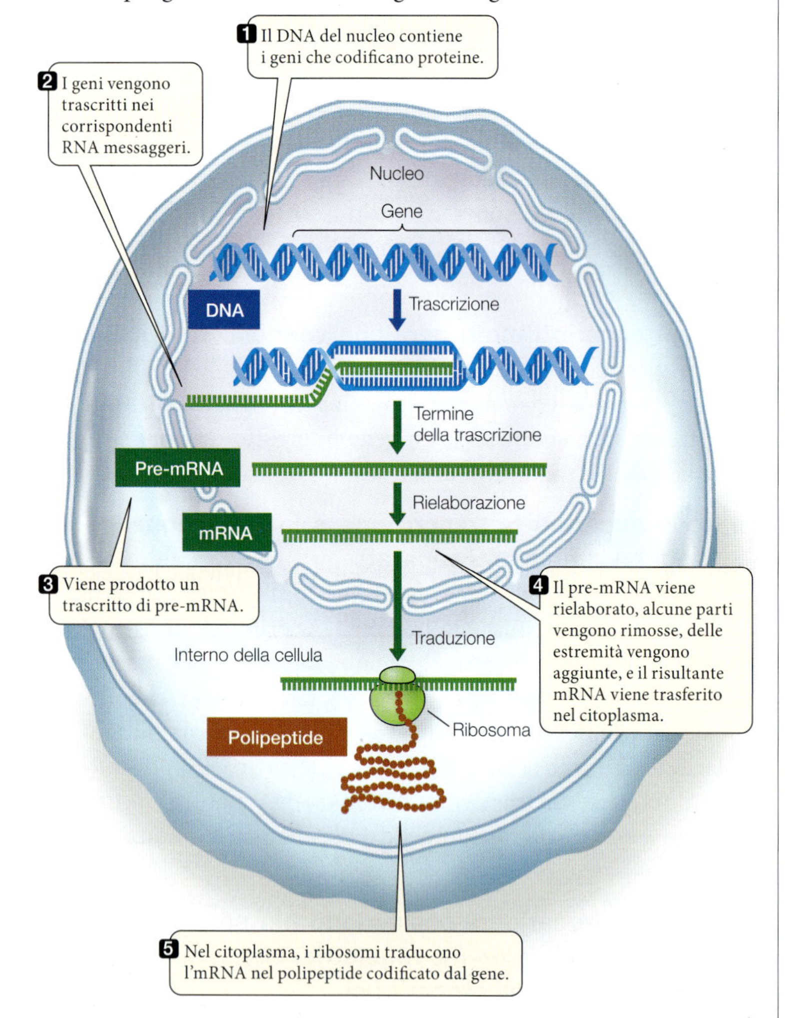

Figura 14 La trascrizione e la traduzione avvengono in due compartimenti diversi L'mRNA eucariotico viene trascritto nel nucleo, ma tradotto nel citoplasma.

15

I geni che codificano proteine contengono anche sequenze non codificanti

In un tipico gene eucariotico, subito prima della regione codificante troviamo un *promotore* al quale si lega l'RNA polimerasi per dare inizio al processo di trascrizione. Tuttavia l'RNA polimerasi eucariotica, a differenza di quella procariotica, non riconosce direttamente la sequenza del promotore, ma ha bisogno di altre molecole.

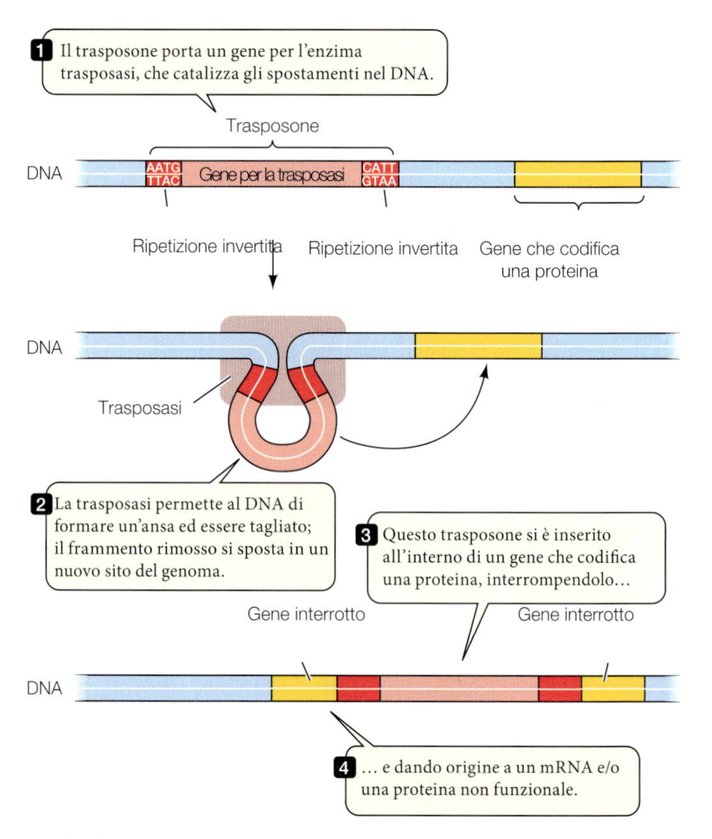

Figura 15 I trasposoni a DNA All'estremità di ogni trasposone si trova una sequenza ripetuta invertita che facilita il processo di trasposizione.

All'estremità opposta del gene, dopo la sequenza codificante, si trova una sequenza di DNA chiamata **terminatore**, che segnala il punto di arresto della trascrizione. Il terminatore non deve essere confuso con il *codone di stop* (che fa parte del gene): la sequenza del terminatore infatti si trova fuori dal tratto codificante, di regola dopo il codone di stop, e segnala la fine della trascrizione a opera dell'RNA polimerasi.

Gli studi sul genoma eucariotico hanno portato ad una sorprendente scoperta: molti geni che codificano proteine contengono anche sequenze di basi non codificanti, dette **introni**, intercalate ai tratti codificanti, definiti **esoni** (▸figura 16). I geni formati da esoni e introni sono chiamati geni *interrotti*; ognuno di essi inizia e finisce con un esone.

Nel caso dei geni interrotti, la produzione di mRNA comporta, oltre alla trascrizione, un passaggio ulteriore che non esiste nel caso degli altri geni. Infatti il trascritto primario di mRNA, definito **pre-mRNA**, contiene anche i trascritti degli introni, che però vengono rimossi prima che l'mRNA maturo (la molecola finale pronta per essere tradotta) lasci il nucleo e si trasferisca nel citoplasma. La rielaborazione del pre-mRNA comporta il taglio degli introni dal trascritto e la successiva saldatura dei restanti trascritti relativi agli esoni. La sequenza di basi degli esoni, messi l'uno di fila all'altro, è complementare a quella dell'mRNA maturo.

Ogni esone codifica di solito per una piccola parte della proteina dotata di una precisa struttura secondaria e di una funzione specifica. Queste parti sono definite *domìni*. Per esempio, i polipeptidi delle globine che formano l'emoglobina possiedono ciascuno due domini (uno per legarsi a un pigmento non proteico, chiamato eme, e uno per legarsi all'altra subunità di globina), che vengono codificati da esoni distinti del gene per la globina.

Gli introni sono presenti in quasi tutti i geni degli organismi eucarioti. Il numero di introni e di esoni varia in un intervallo molto ampio: il gene umano più lungo, quello della proteina muscolare chiamata *titina*, possiede 363 esoni, che codificano in tutto 38 138 amminoacidi.

LE PAROLE

La **titina**, o *connectina*, è una delle più grandi proteine esistenti ed è anche quella con il nome scientifico più lungo; in inglese consta di ben 189 819 lettere.

16

Il processo di splicing elimina gli introni

Prima di lasciare il nucleo, il trascritto primario di un gene eucariotico va incontro a varie modifiche, tra cui la principale è la rimozione degli introni. Se queste sequenze di RNA non venissero eliminate, il risultato sarebbe la traduzione dell'mRNA in una sequenza amminoacidica molto diversa e, con ogni probabilità, una proteina non funzionante.

La rimozione degli introni e la giustapposizione degli esoni avviene attraverso un processo definito **splicing dell'RNA**, in cui intervengono particolari ribonucleoproteine nucleari (cioè molecole fatte di RNA e proteine) chiamate **snRNP**, che in inglese si pronuncia «*snurp*».

LE PAROLE

Splicing è un termine inglese che significa «unione» e si usa, per esempio, riferendosi a corde o a pellicole. Da qui l'estensione alla molecola del DNA.

La maturazione del trascritto primario comporta anche l'aggiunta di un piccolo «cappuccio» all'estremità 5' e di una lunga «coda» all'estremità 3'. In genere il cappuccio è un nucleotide G, mentre la coda è una sequenza di circa 200 nucleotidi A (poliA). Cappuccio e coda servono per facilitare il legame con i ribosomi e per proteggere l'mRNA dall'attacco di enzimi idrolitici che potrebbero degradarlo. Per questo l'mRNA eucariotico maturo è più stabile e ha una durata più lunga di quello dei procarioti.

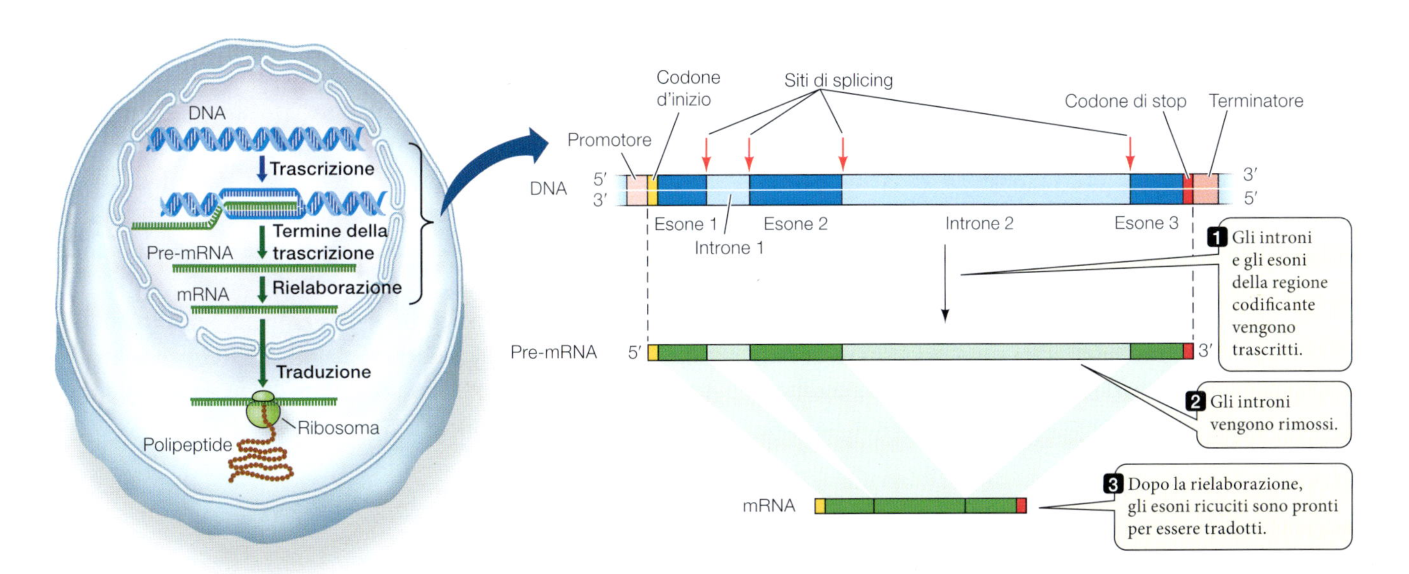

Figura 16 La trascrizione di un gene eucariotico Il gene per la β-globina possiede una lunghezza di circa 1600 bp. I tre esoni, le sequenze che codificano la proteina, contengono 441 coppie di basi, corrispondenti ai codoni per 146 amminoacidi più un codone di stop. I due introni, le sequenze non codificanti del DNA, contengono quasi 1000 bp e si trovano tra le regioni codificanti. Essi vengono inizialmente trascritti, ma successivamente tagliati ed eliminati dal pre-mRNA.

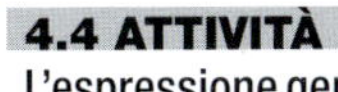

4.4 ATTIVITÀ
L'espressione genica negli eucarioti
ebook.scuola.zanichelli.it/sadavabiologiablu

17

Le famiglie geniche sono importanti per l'evoluzione e la specializzazione cellulare

Circa la metà di tutti i geni eucariotici codificanti proteine è presente in singola copia nel genoma aploide (quindi in due copie nelle cellule somatiche). Gli altri geni sono presenti in copie multiple.

Nel corso dell'evoluzione, le varie copie di uno stesso gene possono subire mutazioni diverse, dando origine a un gruppo di geni strettamente affini, definiti complessivamente **famiglia genica**. Alcune famiglie geniche, come i geni che codificano le globine dell'emoglobina, contengono pochi membri; altre, come i geni che codificano le immunoglobuline degli anticorpi, possiedono centinaia di membri.

Come i membri di qualsiasi famiglia, anche le sequenze di DNA di una famiglia genica di solito sono un po' differenti l'una dall'altra. Fintanto che almeno un membro mantiene la primitiva sequenza di DNA, e quindi codifica la proteina giusta, gli altri possono mutare più o meno estesamente. La presenza di copie «supplementari» di un gene è un'importante fonte di variabilità per l'evoluzione a livello molecolare: quando un gene mutato è utile, può superare la selezione e mantenersi nelle generazioni successive; se invece non è funzionale, la copia non mutata salva la situazione.

18

Per conoscere il genoma eucariotico si studiano «organismi modello»

Molto si è appreso sui genomi eucariotici dallo studio di pochi **organismi modello**: il lievito *Saccharomyces cervisiae*, il nematode *Caenorhabditis elegans*, il moscerino della frutta *Drosophila melanogaster* e la pianta *Arabidopsis thaliana*.

I lieviti, come il lievito di birra *S. cervisiae*, sono eucarioti unicellulari; rispetto ai procarioti, il genoma del lievito di birra è più esteso e complesso: è suddiviso in 16 cromosomi lineari, con un contenuto aploide di circa 12 milioni di bp. Più di 600 ricercatori provenienti da tutto il mondo hanno collaborato alla mappatura e al sequenziamento del genoma di questo lievito. All'inizio del progetto si conoscevano circa 1000 geni che codificano RNA o proteine. Alla fine il sequenziamento ha rivelato la presenza di 5800 geni. Alcuni di questi geni sono omologhi a geni presenti anche nei procarioti, ma molti altri sono nuovi. Tra questi, alcuni servono per la costruzione degli organuli, altri codificano per gli istoni (le proteine presenti nei cromosomi eucariotici) e per le proteine che controllano la divisione cellulare e la maturazione dell'mRNA.

Caenorhabditis elegans è un nematode (verme cilindrico) della lunghezza di 1 mm che vive nel terreno. È un organismo pluricellulare con un certo grado di complessità e un'organizzazione interna in tessuti e apparati; sopravvive bene anche in laboratorio, dove è diventato l'organismo modello preferito dai biologi dello sviluppo. Il corpo di questo nematode è trasparente, perciò i ricercatori possono tenerlo sotto osservazione per i tre giorni durante i quali l'uovo fecondato si divide e forma un verme adulto, composto da circa 1000 cellule. Nonostante questo basso numero di cellule, l'animale possiede un sistema nervoso, digerisce il cibo, si riproduce sessualmente e invecchia. Il genoma di *C. elegans* è otto volte più grande di quello del lievito e possiede un numero di geni codificanti proteine quattro volte maggiore (19 099). Circa 3000 geni del nematode possiedono omologhi diretti nel lievito: quelli che provvedono alle funzioni fondamentali della cellula eucariotica; gli altri servirebbero per il differenziamento cellulare, la comunicazione e lo sviluppo.

Il moscerino della frutta *Drosophila melanogaster* è più complesso e ha un numero di cellule 10 volte maggiore di un nematode. Il genoma di drosofila ha tre caratteristiche particolarmente interessanti:

- sebbene sia più grande, contiene meno geni di quello del nematode;
- i 13 449 geni della drosofila vengono trascritti in 18 941 diversi mRNA, ciò significa che il suo genoma codifica un numero di proteine superiore a quello dei suoi geni;
- altri 514 geni codificano RNA che non vengono tradotti in proteine, fra di essi vi sono quelli per tRNA e rRNA, ma anche 123 che codificano piccoli RNA destinati a rimanere nel nucleo.

Questi risultati sono stati essenziali per capire le differenze tra i geni dei procarioti e quelli degli eucarioti.

Le angiosperme o piante con fiore costituiscono un gruppo vasto (oltre 250 000 specie), ma poco differenziato dal punto di vista genico. Così i ricercatori come organismo modello hanno potuto scegliere una semplice pianta erbacea, *Arabidopsis thaliana*, che richiede poche cure e possiede un genoma ridotto (circa 15 000 geni diversi).

Molti di questi sono comuni agli animali, ma altri sono relativi alle funzioni tipiche dei vegetali. Il riso (*Oryza sativa*) è la prima pianta di importanza alimentare di cui sia stata determinata la sequenza genomica.

FACCIAMO IL PUNTO

Termini e concetti chiave

a. Quali sono le principali differenze tra i genomi procariotici e quelli eucariotici?
b. Quali possono essere gli effetti dei trasposoni su un genoma?
c. Che cosa sono i geni interrotti? E in che modo avviene la maturazione dell'RNA di un gene interrotto?
d. Quali sono le conseguenze se non si verifica correttamente?

La regolazione prima della trascrizione

Ogni cellula somatica di un organismo pluricellulare contiene un corredo completo di geni, ma non sempre li esprime tutti. Ogni tipo cellulare, infatti, esprime soltanto i geni necessari per il proprio sviluppo e per lo svolgimento delle proprie funzioni. La regolazione è indispensabile non solo per garantire la specializzazione delle cellule, ma anche durante la crescita. Affinché lo sviluppo di un organismo pluricellulare proceda regolarmente, è infatti necessario che determinate proteine siano sintetizzate solo al momento giusto e nelle cellule giuste.

19

I meccanismi della trascrizione: un confronto tra eucarioti e procarioti

Mentre nei procarioti spesso i geni con affinità funzionale vengono trascritti come un'unica entità perché si trovano raggruppati in operoni, negli eucarioti tendono a essere dispersi nel genoma. Pertanto, la regolazione simultanea di più geni richiede che essi condividano alcuni elementi di controllo, per poter rispondere tutti allo stesso segnale.

Inoltre, negli eucarioti l'inizio della trascrizione è diverso da quello dei procarioti, dove l'RNA polimerasi riconosce direttamente il promotore. Negli eucarioti, infatti, le proteine coinvolte nell'inizio della trascrizione sono numerose e formano il *complesso di trascrizione.*

Infine, diversamente dai batteri che dispongono di una sola RNA polimerasi, gli eucarioti ne hanno tre, ciascuna delle quali catalizza la trascrizione di uno specifico tipo di gene. Soltanto una (l'RNA polimerasi II) trascrive i geni che codificano proteine: l'RNA polimerasi I trascrive il DNA che codifica l'rRNA, e l'RNA polimerasi III trascrive il DNA che codifica i tRNA. In questo capitolo parleremo soltanto dell'RNA polimerasi II, ma anche le altre due polimerasi agiscono con meccanismi simili.

Oltre alle polimerasi, negli eucarioti anche i promotori sono di tipi differenti e alla loro azione si somma quella delle **sequenze supplementari**, che contribuiscono a una regolazione più fine della trascrizione. Nei procarioti l'alternativa è netta: trascrizione o blocco. Negli eucarioti si può avere una *modulazione* dell'intensità del processo: quindi un gene può essere trascritto di più o di meno.

20

L'espressione genica e la cromatina

Come puoi vedere nella ▸figura 17, la regolazione dell'espressione genica può avvenire in vari punti del processo di trascrizione e traduzione di un gene in una proteina.

Alcuni meccanismi regolatori agiscono *prima* della trascrizione modificando la struttura della cromatina e dei cromosomi; oltre al DNA, infatti, la cromatina contiene anche una serie di proteine. L'impacchettamento del DNA in nucleosomi a opera di queste proteine può rendere il DNA inaccessibile all'RNA polimerasi e al resto del macchinario coinvolto nella trascrizione, un po' come, nei procarioti, il legame del repressore all'operatore impedisce la trascrizione dell'operone *lac* (come abbiamo già visto). La trascrizione di un gene eucariotico dipende dalla struttura della cromatina, sia a livello locale sia a livello dell'intero cromosoma.

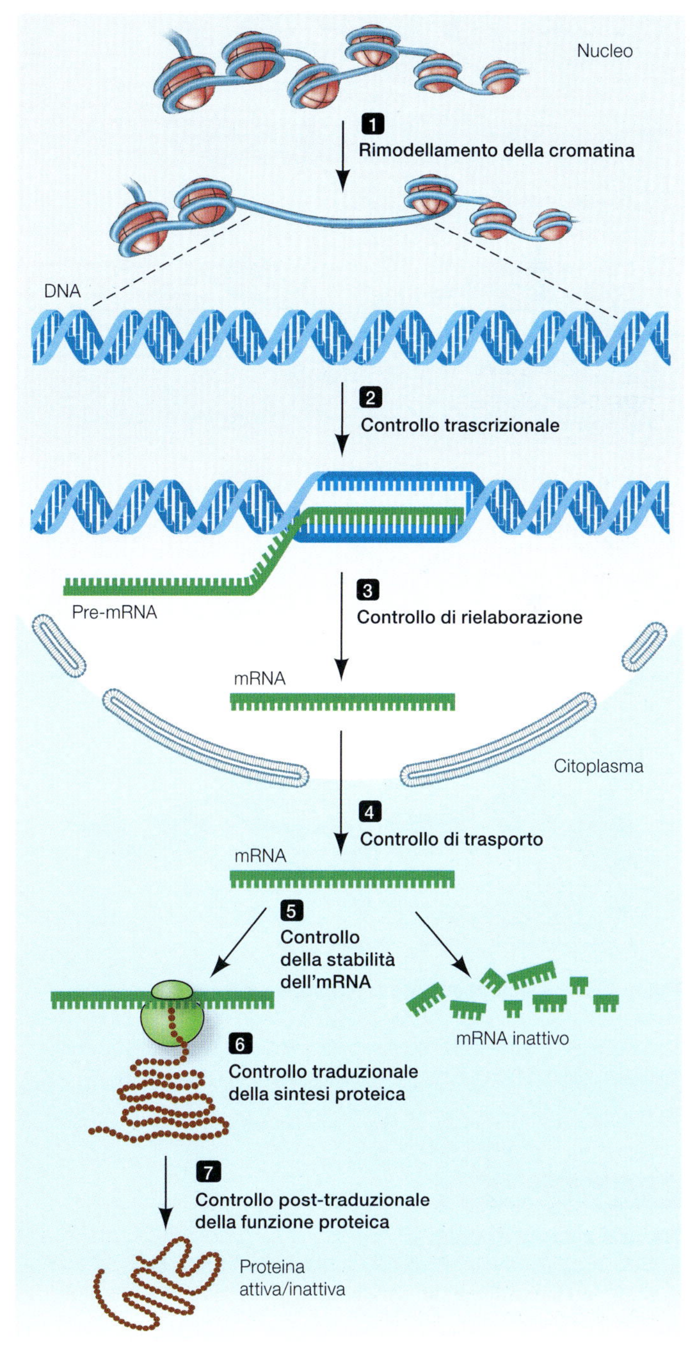

Figura 17 I potenziali siti di regolazione dell'espressione genica
L'espressione genica può essere regolata prima (1) oppure durante la trascrizione (2,3), fra la trascrizione e la traduzione (4, 5), oppure durante (6) o dopo la traduzione (7).

Nei cromosomi degli eucarioti il DNA è avvolto attorno a proteine chiamate *istoni* a formare una struttura detta *nucleosoma*. I nucleosomi bloccano tanto l'inizio quanto l'allungamento della trascrizione. In un processo definito **rimodellamento della cromatina**, questi due blocchi vengono rimossi da due diversi tipi di proteine di rimodellamento (▶figura 18).

21

I meccanismi di regolazione che agiscono sull'intero cromosoma

In un nucleo in interfase, colorato e osservato al microscopio, si distinguono due tipi di cromatina: l'*eucromatina*, dispersa e debolmente colorata, e l'*eterocromatina*, condensata e colorata intensamente. L'eucromatina contiene DNA che viene trascritto in mRNA, mentre l'eterocromatina contiene geni che di solito non vengono trascritti.

L'esempio forse più eclatante di eterocromatina si osserva nel cromosoma X inattivo dei mammiferi. Una femmina di mammifero possiede due cromosomi X, mentre un maschio possiede un X e un Y. Di conseguenza, tra maschi e femmine esiste una notevole differenza per quanto riguarda il «dosaggio» dei geni associati al cromosoma X: ogni cellula femminile li possiede in duplice copia e quindi potrebbe produrre il doppio delle relative proteine rispetto alle cellule maschili. Ciononostante, per il 75% dei geni situati sul cromosoma X di solito la trascrizione è la stessa nei maschi e nelle femmine. Com'è possibile?

Nel 1961, Mary Lyon, Liane Russel ed Ernest Beutler arrivarono indipendentemente a una stessa spiegazione: durante le prime fasi dello sviluppo embrionale di una femmina, uno dei due cromosomi X rimane in gran parte inattivo dal punto di vista trascrizionale. In una data cellula embrionale, e in tutte quelle che ne derivano, la «scelta» della copia da inattivare è casuale. Ricorda che uno dei due cromosomi X deriva dal padre e l'altro dalla madre: di conseguenza, in una cellula embrionale il cromosoma X trascritto può essere quello paterno, mentre nella cellula adiacente può essere quello materno.

Nelle cellule delle femmine umane, durante l'interfase è visibile al microscopio ottico un particolare corpo nucleare colorabile, denominato **corpo di Barr** dal nome del suo scopritore, Murray Barr (▶figura 19). Questa massa di eterocromatina, assente nei maschi, corrisponde al cromosoma X inattivo. La condensazione in corpo di Barr del cromosoma X inattivo fa sì che il suo DNA risulti inaccessibile al macchinario molecolare della trascrizione.

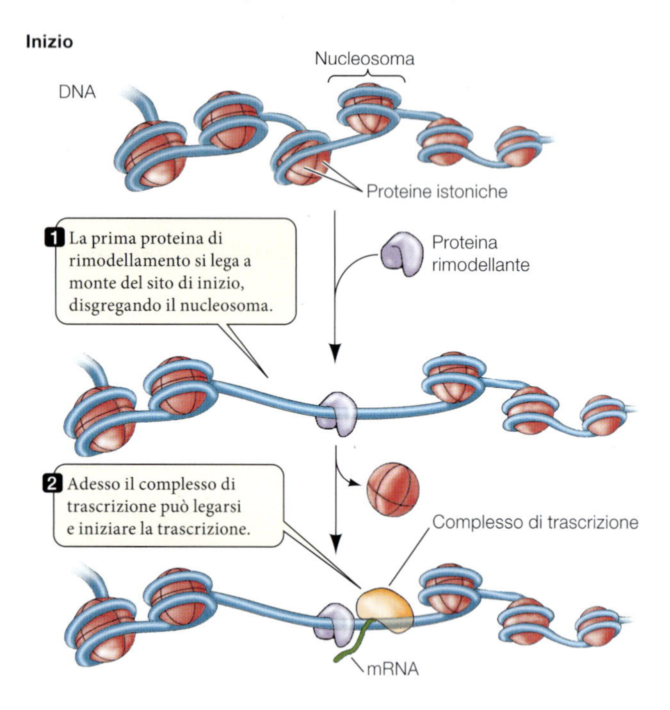

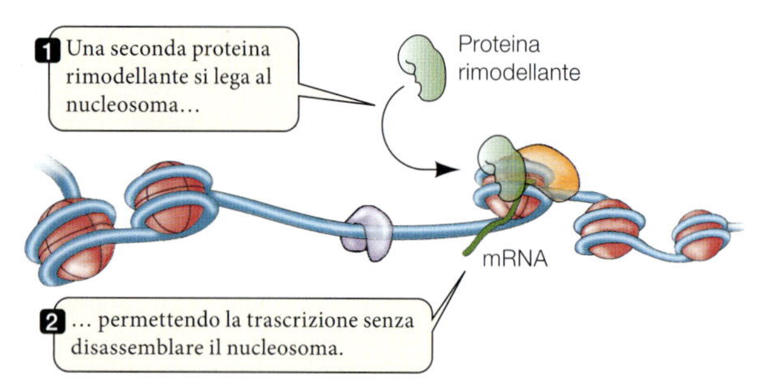

Figura 18 Il rimodellamento della cromatina L'inizio della trascrizione richiede un cambiamento strutturale a livello dei nucleosomi, che li rende meno compatti. Questo rende il DNA accessibile al complesso di trascrizione. Durante l'allungamento dell'RNA, però, i nucleosomi possono rimanere intatti.

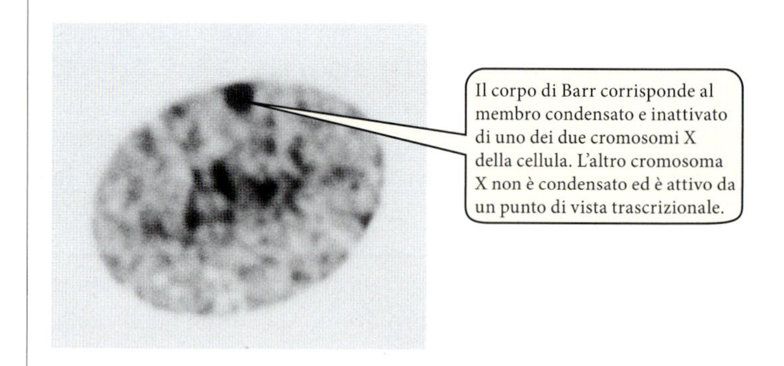

Figura 19 Un corpo di Barr nel nucleo di una cellula di un individuo di sesso femminile Il numero di corpi di Barr nel nucleo è uguale al numero di cromosomi X meno uno; pertanto, i maschi normali (XY) non possiedono corpi di Barr, e le femmine normali (XX) ne possiedono uno.

FACCIAMO IL PUNTO

Termini e concetti chiave

a. Che cosa sono nucleosomi? Qual è la loro funzione?
b. Quali sono le differenze tra l'eterocromantina e l'eucromatina?
c. Che cosa sono i corpi di Barr?

La regolazione durante la trascrizione

Se gli operoni possono essere «accesi» o «spenti», i geni eucariotici sono regolati in modo più fine, e la loro trascrizione può essere aumentata o diminuita a seconda delle necessità. Inoltre, geni diversi possono essere regolati in modo coordinato anche se non si trovano vicini sul cromosoma. Infine, uno stesso gene può dare origine a diversi mRNA a seconda del tipo di cellula in cui si trova, il che consente un consistente risparmio in termini di dimensioni del genoma.

22

I singoli geni possono essere trascritti in modo differenziale

Il secondo livello di regolazione dell'espressione genica corrisponde alla trascrizione. Nel caso di alcune proteine, per esempio, il meccanismo di regolazione è la **trascrizione differenziale** dei geni. I geni cosiddetti «domestici» o *housekeeping* (ovvero quei geni che codificano proteine coinvolte in processi metabolici fondamentali per ogni cellula vivente, come gli enzimi della glicolisi) sono trascritti tanto dalle cellule del cervello quanto da quelle del fegato.

LE PAROLE

Housekeeping significa «sbrigare le faccende domestiche»: un buon termine per quei geni che assolvono alle necessità di base di tutte le cellule.

Però, le cellule del fegato trascrivono alcuni geni specifici delle proteine epatiche e le cellule del cervello trascrivono altri geni specifici delle proteine encefaliche, e nessuno dei due tipi di cellule trascrive i geni che codificano le proteine caratteristiche del muscolo, del sangue, del tessuto osseo o di altri tipi di cellule specializzate dell'organismo.

23

I fattori di trascrizione e le sequenze regolatrici

Come abbiamo visto nei capitoli precedenti, nei procarioti il promotore è una sequenza di DNA situata in prossimità dell'estremità 5' della regione codificante di un gene o di un operone, in corrispondenza della quale l'RNA polimerasi inizia la trascrizione.

Negli eucarioti le cose vanno diversamente. L'RNA polimerasi II degli eucarioti non è in grado di legarsi da sola al promotore e iniziare a trascrivere; può farlo soltanto dopo che sul cromosoma si sono radunate specifiche proteine, dette **fattori di trascrizione** (▶figura 20).

Un'altra peculiarità della regolazione genica degli eucarioti è la presenza, a monte del promotore, di altre due **sequenze regolatrici** del DNA; a tali sequenze si legano *proteine regolatrici* (o *regolatori*) che hanno il compito di legarsi al complesso di trascrizione e di attivarlo.

Molto più lontano (fino a 20000 bp di distanza) si trovano invece le **sequenze amplificatrici**, che legano *proteine attivatrici* (o *attivatori*) con il compito di stimolare ulteriormente l'attività del complesso di trascrizione. Non è del tutto chiaro in che modo le sequenze amplificatrici esercitino la loro influenza: uno dei modelli più recenti prevede che il DNA si ripieghi su sé stesso in modo tale che le proteine attivatrici vengano a trovarsi a contatto con il complesso di trascrizione.

Esistono infine sequenze che hanno effetto opposto a quello delle sequenze amplificatrici, i cosiddetti **silenziatori**, che arrestano la trascrizione in seguito al legame con specifici *repressori* proteici.

In che modo queste proteine, e le sequenze di DNA con cui interagiscono, regolano la trascrizione? In gran parte dei tessuti, una piccola quantità di RNA può essere trascritta a partire da tutti i geni; l'azione dei fattori di regolazione determina il *tasso di trascrizione*. Per esempio, nei globuli rossi immaturi del midollo osseo, che producono grandi quantità di β-globina, la trascrizione del gene della β-globina viene stimolata dal legame di 7 proteine regolatrici e 6 proteine attivatrici. Nei globuli bianchi dello stesso midollo osseo, queste 13 proteine non sono prodotte e dunque non si legano alle sequenze regolatrici e amplificatrici vicino al gene per la β-globina; quindi tale gene non viene trascritto quasi per nulla.

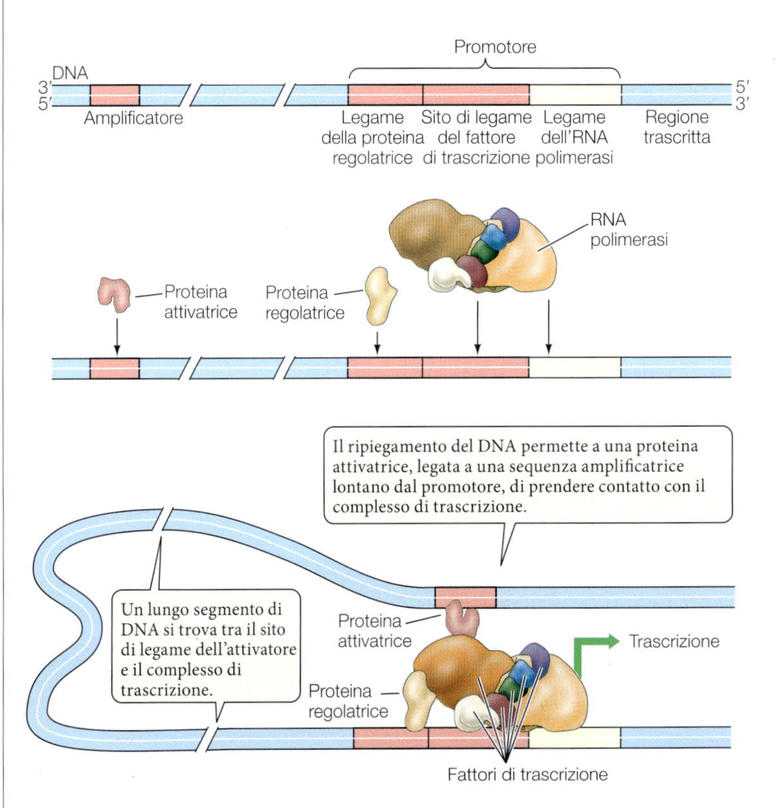

Figura 20 Fattori di trascrizione, regolatori e attivatori L'azione di numerose proteine determina se e quando l'RNA polimerasi II trascrive il DNA.

24

La coordinazione dell'espressione di più geni

In che modo le cellule eucariotiche coordinano la regolazione di più geni la cui trascrizione deve essere attivata contemporaneamente?

Negli eucarioti i geni da coordinare, non essendo organizzati in operoni come nei procarioti, possono trovarsi molto lontani su uno stesso cromosoma, o anche su cromosomi differenti. In tal caso, la regolazione è possibile qualora i diversi geni contengano le stesse sequenze di regolazione, pronte a legarsi alle medesime proteine regolatrici. Uno dei numerosi esempi di questo fenomeno è la risposta di un organismo a una fonte di stress, per esempio la risposta delle piante alla siccità.

In condizioni di stress idrico, una pianta sintetizza una serie di proteine i cui geni si trovano dispersi per tutto il genoma. Vicino al promotore di ognuno di questi geni si trova però una sequenza regolatrice specifica, definita *elemento di risposta allo stress* (SRE) che, legandosi a una proteina regolatrice, stimola la sintesi di RNA (▸figura 21). Questo meccanismo è di notevole importanza per l'agricoltura.

25

L'amplificazione selettiva dei geni produce più stampi per la trascrizione

Un altro sistema con cui una cellula può sintetizzare un certo prodotto genico in quantità maggiori rispetto a un'altra cellula è di fare più copie del relativo gene e trascriverle tutte. La creazione di più copie di un gene al fine di aumentare la velocità di trascrizione viene definita **amplificazione genica**.

I geni che codificano tre dei quattro tipi di RNA ribosomiale umano sono raggruppati in un'unica unità trascrizionale, ripetuta centinaia di volte nel genoma in modo da fornire un elevato numero di stampi per la sintesi di rRNA; l'rRNA infatti è il tipo di RNA più abbondante nella cellula. In certi casi, però, una ripetizione di questa entità è insufficiente a soddisfare i fabbisogni della cellula.

Le uova delle rane e dei pesci, per esempio, devono disporre di miliardi di ribosomi per far fronte alla massiccia sintesi proteica che segue la fecondazione. Nella cellula destinata a diventare una cellula uovo, il gruppo genico per gli rRNA è presente in meno di 1000 copie che, anche lavorando al massimo, impiegherebbero 50 anni per produrre un miliardo di ribosomi. Come mai alla fine l'uovo contiene così tanti ribosomi (e quindi tanto rRNA)?

La cellula risolve il problema amplificando selettivamente il gruppo di geni per gli rRNA, fino a fargli superare il milione di copie (▸figura 22) che, trascritte alla massima velocità, sono appena sufficienti per produrre in pochi giorni il miliardo di ribosomi necessario.

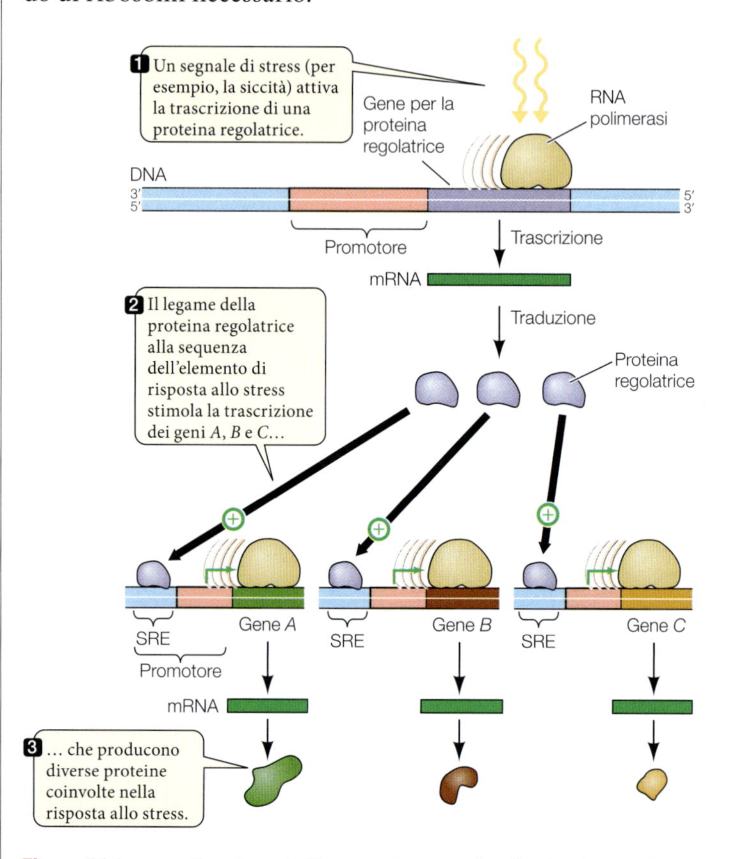

Figura 21 La coordinazione dell'espressione genica Un singolo segnale ambientale, come lo stress idrico, induce la sintesi di una proteina regolatrice della trascrizione che agisce su molti geni.

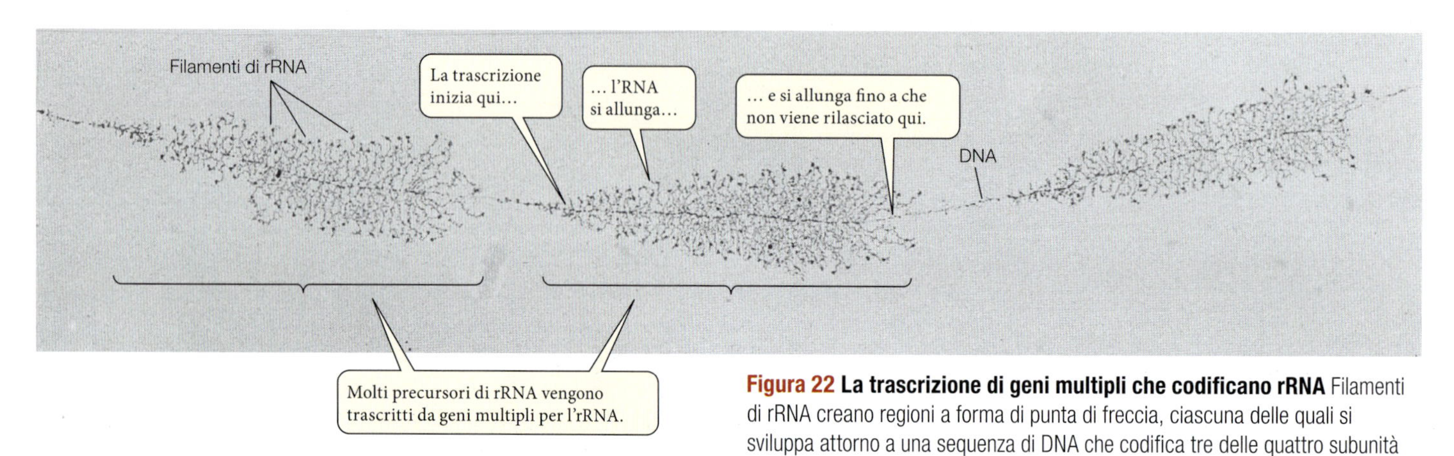

Figura 22 La trascrizione di geni multipli che codificano rRNA Filamenti di rRNA creano regioni a forma di punta di freccia, ciascuna delle quali si sviluppa attorno a una sequenza di DNA che codifica tre delle quattro subunità ribosomiali.

26 Uno stesso gene può produrre diversi mRNA per splicing alternativo

L'espressione di un gene può essere regolata anche subito dopo che il gene è stato trascritto. Il principale processo durante il quale può avvenire questa regolazione è la maturazione del pre-mRNA che abbiamo descritto nel paragrafo precedente. Come abbiamo visto, il pre-mRNA viene rielaborato mediante rimozione degli introni e successivo montaggio degli esoni. Se da un pre-mRNA vengono rimossi in maniera selettiva particolari esoni, si arriva alla sintesi di proteine diverse.

La maggior parte dei trascritti primari di mRNA contiene numerosi introni. Il meccanismo di splicing riconosce i confini tra esoni e introni; ma che succederebbe se il pre-mRNA della β-globina, contenente due introni, venisse tagliato dall'inizio del primo introne alla fine del secondo? Verrebbero eliminati non solo i due introni, ma anche l'esone interposto. Ne risulterebbe una proteina completamente nuova, senza le funzioni originarie della β-globina.

Uno **splicing alternativo** di questo tipo può costituire un meccanismo messo a punto appositamente per generare una famiglia di proteine diverse a partire da un singolo gene. Nei mammiferi, per esempio, esiste un unico tipo di pre-mRNA per la proteina strutturale chiamata tropomiosina, che però viene tagliato in maniera differente in cinque tessuti distinti, per dare origine a cinque diversi mRNA maturi. Questi vengono tradotti nelle cinque diverse forme di tropomiosina che si possono trovare nel muscolo scheletrico, all'interno del muscolo liscio, nelle cellule del tessuto connettivo (fibroblasti), in quelle del fegato e del cervello (▸figura 23).

Prima che il genoma umano venisse sequenziato (nel 2001), si prevedeva di trovarvi un numero di geni compreso tra 100000 e 150000. Fu davvero una sorpresa scoprire che invece erano solamente 24 000, molti meno degli mRNA prodotti! La maggior parte di questa differenza numerica deriva dal meccanismo dello splicing alternativo. In effetti, indagini recenti hanno dimostrato che metà dei geni umani va incontro a splicing alternativo.

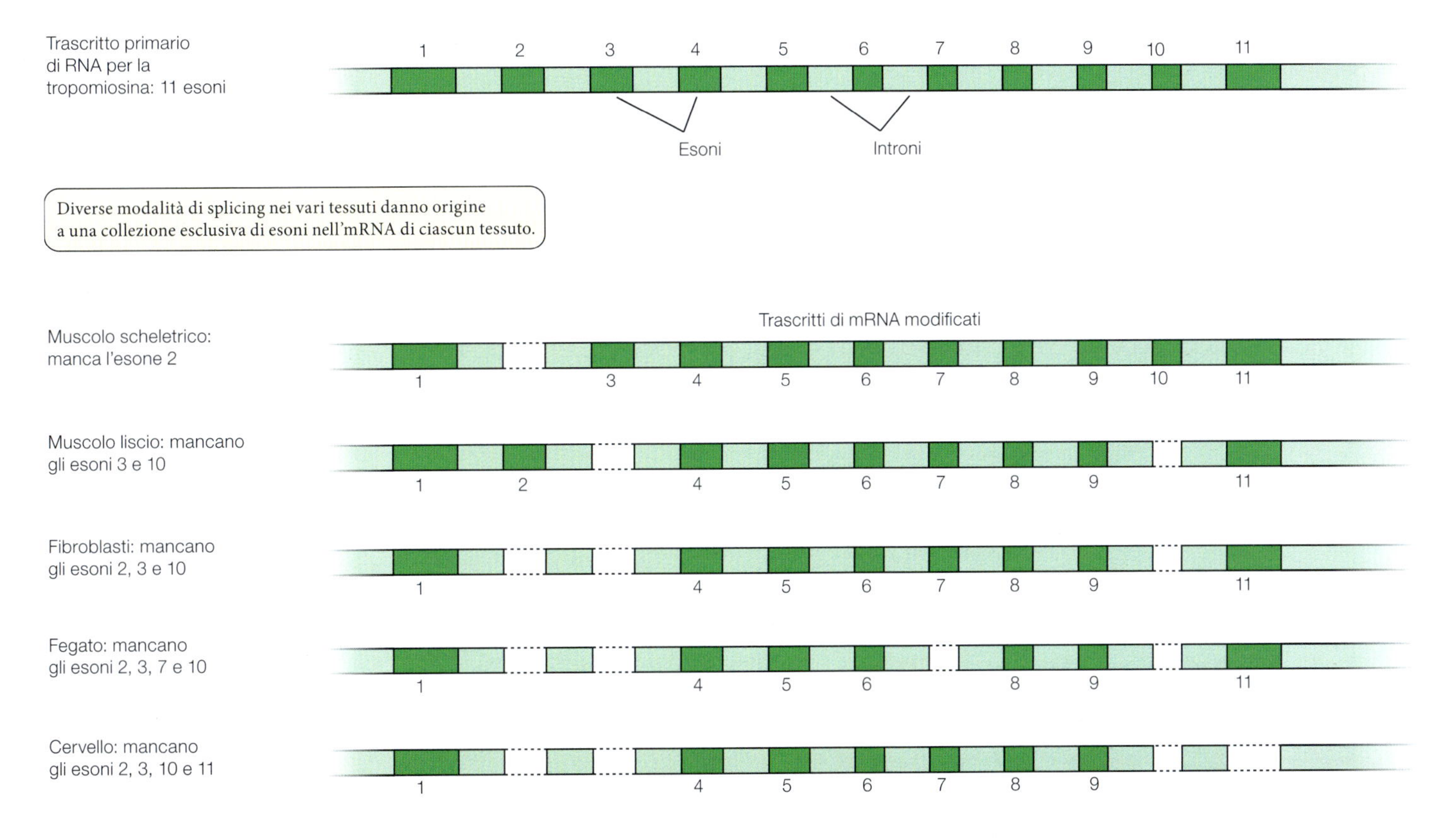

Figura 23 Lo splicing alternativo dà origine a diversi mRNA, e dunque a proteine diverse Nei mammiferi, la proteina tropomiosina è codificata da un gene provvisto di 11 esoni. Il pre-mRNA della tropomiosina viene tagliato in modo diverso nei diversi tessuti, dando origine alla produzione di cinque forme distinte della proteina.

FACCIAMO IL PUNTO

Termini e concetti chiave

a. Che cosa sono i fattori di trascrizione?
b. Sai descrivere qualche modalità con cui i fattori di trascrizione regolano la trascrizione genica?
c. In che modo una singola sequenza di pre-mRNA può codificare numerose proteine diverse?
d. Che cos'è lo splicing alternativo?

La regolazione dopo la trascrizione

Persino dopo che l'mRNA è maturato e si è spostato nel citoplasma, la sua presenza non implica necessariamente che sarà tradotto in una proteina funzionale. Gli eucarioti dispongono di numerosi meccanismi che regolano l'espressione genica durante e dopo la traduzione: i controlli traduzionali e post-traduzionali, infatti, possono regolare l'intensità della traduzione e la longevità delle proteine.

27

I controlli traduzionali

Non sempre la quantità di una proteina presente in una cellula dipende direttamente dalla quantità del suo mRNA; molto spesso le due concentrazione non sono proporzionali. In questi casi la concentrazione delle proteine nella cellula deve essere determinata da fattori che agiscono dopo la maturazione dell'mRNA.

Il processo della traduzione può essere influenzato dalle condizioni all'interno della cellula. Per esempio, un controllo traduzionale può servire a mantenere un adeguato equilibrio nel caso in cui diverse subunità si associano a formare un'unità funzionale, come accade per le molecole di emoglobina. Una molecola di emoglobina è formata da quattro subunità globiniche e da quattro gruppi del pigmento eme; quando la sintesi delle globine non è uguale a quella del pigmento, alcuni gruppi eme rimangono liberi nella cellula, in attesa di legarsi a una globina. Tale eccesso di gruppi eme agisce a livello del ribosoma rimuovendo un blocco all'inizio della traduzione e, così facendo, accresce il tasso di traduzione dell'mRNA per la globina.

28

I controlli post-traduzionali

Un altro sistema per controllare l'attività di una proteina in una cellula è di regolarne la longevità. Il meccanismo che attiva la degradazione di una proteina è il seguente: un enzima catalizza il legame tra una lisina della proteina bersaglio destinata alla demolizione e una proteina formata da 76 amminoacidi, chiamata **ubiquitina**.

Successivamente, alla catena iniziale di ubiquitina se ne attaccano altre, formando un *complesso poliubiquitinico*. In seguito il complesso proteina-poliubiquitina si lega a un altro enorme complesso proteico, chiamato **proteasoma** (▸figura 24). Il corridoio d'ingresso a questa «camera della morte» molecolare è una specie di cilindro cavo capace di utilizzare l'energia liberata dall'ATP per staccare l'ubiquitina, che viene riciclata, e denaturare la proteina bersaglio. La proteina da degradare viene quindi digerita da tre diversi enzimi (proteasi) che la riducono in piccoli frammenti peptidici e amminoacidi liberi.

LE PAROLE

Il termine **ubiquitina** rimanda a ubiquità, che indica la capacità di essere in più posti contemporaneamente. Il nome deriva dal fatto che questa proteina è diffusa ovunque nella cellula.

La concentrazione cellulare di molte proteine non dipende dall'espressione differenziale dei rispettivi geni, bensì dalla loro degradazione a livello dei proteasomi. Le cicline, per esempio, vengono demolite al momento opportuno del ciclo cellulare. Esistono, però, alcuni virus capaci di sabotare questo sistema. Il papillomavirus umano (responsabile del cancro alla cervice uterina) prende a bersaglio la proteina p53, inibitrice della divisione cellulare, e la indirizza verso la distruzione nel proteasoma; il risultato è una divisione cellulare priva di controllo, cioè il cancro.

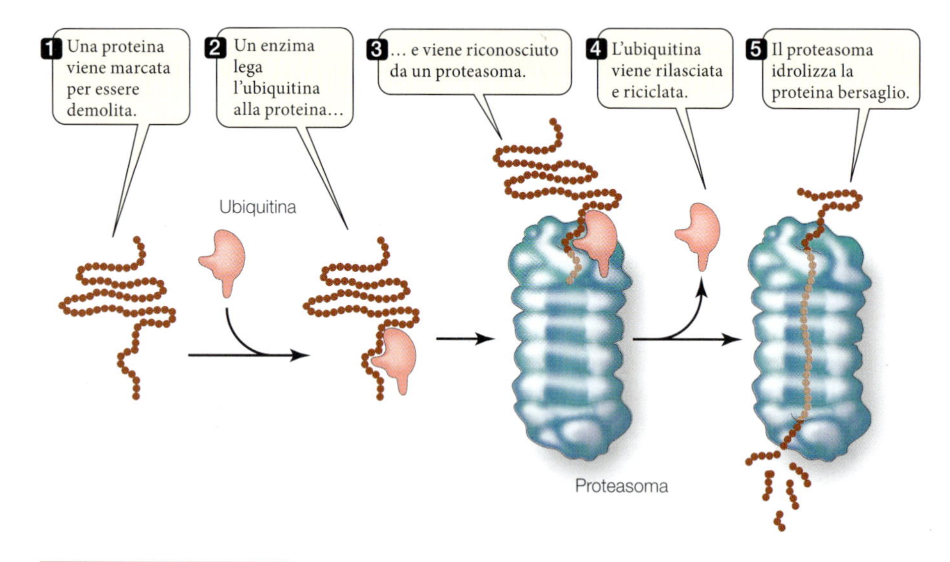

Figura 24 Un proteasoma demolisce una proteina Una proteina marcata per la demolizione forma un legame con l'ubiquitina, che «indirizza» la proteina bersaglio a un proteasoma, un complesso enzimatico formato da molti polipeptidi.

FACCIAMO IL PUNTO

Termini e concetti chiave

a. Elenca quali sono le differenze tra i controlli traduzionali e post-traduzionali.
b. Come funziona un proteasoma?

Summing-up

Genetic regulation

Viruses

- Viruses are **parasites** that develop and reproduce only within host cells.
- **Virions** are formed from a nucleic acid (DNA or RNA) wrapped in a protein **capsid**.
- They are often equipped with a molecular complex that injects the nucleic acid into the host cell.

Bacteriophages

- Bacteriophages (or **phages**) infect bacteria.
- In **lytic cycle**, a **virulent** virus reproduces only after it has entered the host cell which then undergoes lysis, releasing the phage progeny.
- In **lysogenic cycle**, a **temperate** virus introduces its own genetic material into the genome of a lysogenic bacterium. The virus that is incorporated in this way (**prophage**) may remain inactive for many cell division cycles before becoming activated and starting a lytic cycle.

Recombination in prokaryotes

- When a bacterium acquires free DNA from the environment, this is referred to as **transformation**.
- In **translation**, a segment of DNA from the host bacterium is inserted into the empty capsid of a phage. Translation is **generalized** if it affects a random DNA strand, and **specialized** if it affects the DNA contiguous to the locus of insertion of a prophage.
- With **conjugation**, a single strand of DNA from the chromosome of a cell is transferred through the **conjugation tube** to another cell. The genes on the DNA received in this way pair with their homologues on the chromosome of the recipient, and recombine by crossing over.
- **Plasmids** are small bacterial chromosomes containing a few genes.
- They can be transferred from one cell to another during conjugation, and are classified based on the type of genes they contain.
  - **Fertility** factors (F plasmids) permit conjugation.
  - **Metabolic** plasmids confer unusual metabolic capacities.
  - **Resistance** factors (R plasmids) make the cells resistant to antibiotics.
  - **Transposons** are fragments of DNA that can move into the genome.

Regulation of gene expression

- Gene expression may vary to adapt to environmental **changes**.
- The **operon** is the transcription unit that includes two or more **structural genes** necessary to a certain metabolic pathway, a region of **promoter** DNA, and a region of so-called **operator** DNA.
- In **inducible** operons (*lac*) the repressor blocks the operator until an **inducer** molecule causes it to detach, permitting gene transcription. These operons control **catabolic** pathways, of which the substrate acts as an inducer.
- In **repressible** operons (*trp*) the genes are normally transcribed until a **corepressor** molecule interacts with the repressor and makes it capable of joining with the operator. These operons control **anabolic** pathways of which the product acts as a corepressor.

The eukaryotic genome

- The genome of eukaryotes is organized into **chromosomes**. It contains **repetitive sequences** as well as sequences that are not transcribed. **Telomeres** protect the ends of each chromosome.
- Transcription takes place in the nucleus and translation in the cytoplasm.
- Many genes are **interrupted**, and complex **regulation mechanisms** are present.

Regulation before transcription

- Transcription is made possible by a process of **remodeling of the chromatin** which breaks up the **nucleosomes** (DNA wrapped around the **histones**).
- In the nucleus, the **euchromatin** (DNA transcribed in mRNA) and the **heterochromatin** (untranscribed DNA) are distinguished in interphase.
- In female mammalian cells, one of the two X chromosomes is always condensed to form the **Barr body.**

Regulation during transcription

- Different cell types express different genes because of **differential transcription**.
- Genes that are to be transcribed simultaneously contain the same **regulatory sequences** and are regulated by the same transcription factors.
- **Gene amplification** permits the cell to have many copies of the genes that encode necessary proteins in abundance.
- **Alternative splicing** during maturation of the mRNA leads to production of multiple proteins from the same gene.

Regulation after transcription

- Translational controls regulate the quantities of proteins produced.
- A protein is sent to the proteosome to be broken down by way of the **ubiquitin** bond.

ebook.scuola.zanichelli.it/sadavabiologiablu

Verifica le tue conoscenze

1 In tutti i virioni si trova

A il citoplasma
B la parete cellulare
C il capside
D il DNA

2 Un profago è

A il DNA del fago quando sia integrato nel cromosoma batterico
B la particella virale non ancora attiva, all'esterno del batterio
C il fago parzialmente assemblato, in via di formazione nel citoplasma
D un organismo primitivo, considerato l'antenato degli attuali fagi

3 La ricombinazione genica richiede due batteri vivi nel caso si tratti di

A trasduzione generalizzata
B trasduzione specializzata
C coniugazione
D trasformazione

4 *Escherichia coli* si duplica in 20 minuti. Partendo da una cellula, dopo 12 ore ne otterremmo

A $2 \times 12 \times 3 = 72$
B $12 \times 2^3 = 96$
C $36^2 = 1296$
D $2^{(12 \times 3)} \approx 690$ miliardi

5 La coniugazione è un processo

A in cui un batterio modifica il proprio DNA
B in cui ambedue i batteri modificano il proprio DNA
C che può verificarsi in tutte le specie di batteri
D attraverso cui i batteri possono moltiplicarsi

6 Quale delle seguenti affermazioni relative agli operoni è errata?

A sono unità regolatrici tipiche dei procarioti
B comprendono geni strutturali posti in diversi tratti del cromosoma
C possono essere attivati e disattivati a seconda delle condizioni ambientali
D si basano sulla possibilità di controllare l'attività della RNA polimerasi

7 Quale delle seguenti affermazioni riguardanti l'operone lac è corretta?

A è un operone reprimibile, normalmente attivo
B il suo repressore è attivo se non c'è lattosio
C il suo operatore è libero quando non c'è lattosio
D il lattosio funge da corepressore

8 Quale delle seguenti affermazioni riguardanti l'operone *trp* è corretta?

A il suo repressore isolato è in forma attiva
B comprende tre geni strutturali
C viene attivato dalla presenza del triptofano
D il suo promotore non è accessibile se c'è triptofano

9 Quale di queste caratteristiche non è mai presente nei procarioti?

E sequenze non codificanti all'interno dei geni
F proteine legate al DNA nel cromosoma
G cappuccio e coda nell'RNA messaggero
H amplificatori e silenziatori della trascrizione

10 Un mRNA maturo contiene

A gli introni
B il codone di inizio
C il terminatore
D il promotore

11 Confrontando la trascrizione nei procarioti e negli eucarioti, si osserva che

A negli eucarioti un gene ha più promotori contemporaneamente
B il complesso di inizio degli eucarioti è molto più grande
C gli operoni eucariotici contengono molti più geni
D nei batteri non c'è un'unica RNA polimerasi, ma almeno tre

12 Il rimodellamento della cromatina

A consente di risparmiare spazio, compattando al meglio il DNA
B consente di correggere gli errori nella disposizione dei nucleosomi
C è un metodo di regolazione della trascrizione
D consente di individuare gli introni e gli esoni

13 I fattori di trascrizione

A possono essere specifici per certi gruppi di geni
B sono essenziali tanto nei procarioti quanto negli eucarioti
C si legano alla RNA polimerasi, ma non direttamente al DNA
D si legano al promotore, ma non alla RNA polimerasi

14 Lo splicing alternativo permette di

A ottenere diversi polipeptidi dallo stesso gene
B modificare selettivamente la struttura di un operone
C ottenere polipeptidi uguali partendo da geni diversi
D far maturare il pre-mRNA più o meno velocemente

15 Nella regolazione post-traduzionale intervengono

A sequenze segnale e RER
B fattori di traduzione e ATP
C spliceosoma e ATP
D ubiquitine e proteasomi

Verifica le tue abilità

Leggi e completa.

16 Leggi e completa, con i termini opportuni, le seguenti frasi riferite alla trasformazione e alla coniugazione.

A È attivata da DNA preso dall' ....
B Fu scoperta da .... negli anni Venti del secolo scorso.
C I geni per la produzione del pilo sessuale si trovano su un ....
D Il DNA acquisito per coniugazione può sostituire quello della cellula ospite grazie al ....
E Normalmente il contatto tra le due cellule è molto ....

17 Leggi e completa, con i termini opportuni, le seguenti frasi riferite agli operoni.

A Il gene .... viene tradotto producendo il repressore proteico.
B A fare da .... per l'operone lac è il lattosio.
C Si dicono .... tutte le sequenze che non corrispondono a geni strutturali.
D Il sito detto .... è quello a cui si lega la RNA polimerasi.

18 Leggi e completa, con i termini opportuni, le seguenti frasi riferite al genoma degli eucarioti.

A Il genoma umano contiene circa .... di coppie di basi.
B I .... sono strutture presenti all'estremità dei cromosomi.
C Nei genomi eucariotici le sequenze .... sono molto più numerose.
D I trascritti degli eucarioti subiscono un processo di .... prima di diventare veri mRNA.

Spiega e rispondi.

19 Alcuni virus attuano la cosiddetta trasduzione specializzata. Quale delle seguenti affermazioni si riferisce correttamente a questo processo?

A Nonostante il nome, può riguardare qualsiasi gene.
B È un processo che richiede necessariamente un fago temperato.
C Si definisce specializzata perché coinvolge un fago specifico per un certo batterio.
D Non può avvenire quando il fago è integrato nel cromosoma.

Motiva opportunamente le tue risposte, anche con un disegno schematico del processo.

20 Il controllo dell'espressione genica nei procarioti è attuato soprattutto tramite gli operoni. Indica quali tra le seguenti affermazioni relative a queste unità sono corrette.

A L'operone è l'unità funzionale che consente di attivare geni normalmente non attivi.
B Il promotore si trova tra l'operatore e i geni strutturali.
C Tutti gli operoni hanno un promotore da regolare.
D La funzione del repressore è di impedire la trascrizione dei geni.
E Tutti gli operoni hanno un corepressore.

Motiva opportunamente le tue risposte, disegnando schematicamente i tipi di operone che conosci.

21 I trasposoni sono presenti anche nei procarioti, ma nel genoma degli eucarioti assumono un'importanza molto più grande. Quali delle seguenti affermazioni sui trasposoni sono corrette?

A Esistono anche trasposoni che si copiano in RNA.
B La diffusione dei trasposoni è fortemente limitata dai controlli genici degli eucarioti.
C Alcuni trasposoni si moltiplicano con un meccanismo di tipo «copia e incolla».
D I trasposoni non sono mai trascritti e tradotti in proteine.

Motiva opportunamente le tue risposte.

22 I geni eucariotici vengono regolati anche dopo la trascrizione. Indica quali tra le seguenti affermazioni sono corrette a proposito di questo fenomeno.

A Tutti i controlli post-trascrizionali avvengono prima della traduzione.
B I controlli post-trascrizionali non alterano la concentrazione cellulare delle proteine.
C La disponibilità del gruppo eme influenza la sintesi delle globine.
D L'alterazione dell'attività del proteasoma è coinvolta nell'insorgenza di alcuni tumori.

Motiva opportunamente le tue risposte, indicando come si possono distinguere i diversi tipi di controlli.

Rispondi in poche righe.

23 Descrivi come avviene in un virus la scelta tra ciclo litico e ciclo lisogeno.

24 Confronta le differenti modalità di trasferimento del DNA fra i tre metodi noti di ricombinazione genica dei procarioti.

25 Metti a confronto il genoma procariotico e quello eucariotico, indicando le differenze principali tra i due.

26 Quali tipi di sequenze ripetitive conosci? Indica le caratteristiche più importanti di ciascuna.

Mettiti alla prova

Rispondi in 20 righe.

27 **I batteri presentano diversi meccanismi di ricombinazione: descrivili brevemente e chiarisci le ragioni per cui nei procarioti esistono meccanismi del genere, assenti negli eucarioti.**

28 **Al di là delle differenze tra i diversi meccanismi, tutti gli operoni seguono una logica comune. Indica che cosa hanno in comune i tipi di operoni che hai studiato ed evidenziane poi le differenze.**

29 **Illustra le caratteristiche per cui il DNA eucariotico si distingue da quello dei procarioti e, dove sia possibile, discuti le ragioni di queste differenze.**

Rispondi in 10 righe.

CONOSCENZE

30 **Descrivi il ciclo lisogenico, evidenziandone i vantaggi per il fago che lo attua.**

31 **La regolazione genica può dipendere anche dallo stato in cui si trova la cromatina. Spiega come e descrivi i diversi stati in cui la cromatina può trovarsi, chiarendone le differenze.**

COMPETENZE

32 **Come è noto, una sola aneuploidia a carico degli autosomi consente la vita di un essere umano, la trisomia 21, che causa peraltro la sindrome di Down. Al contrario, le aneuploidie a carico del cromosoma X sono molto svariate. Esistono, per esempio, donne XX, che non mostrano alcun sintomo evidente, di norma, e maschi XXY, affetti dalla sindrome di Klinefelter. indica quale spiegazione possiamo dare di questi fatti e in quale modo possiamo verificare la nostra ipotesi.**

Scegli la risposta corretta.

33 **Un genetista ha lasciato in incubazione una popolazione batterica con alcuni batteriofagi che sta studiando e, dopo un tempo adeguato, rileva che tra i batteri ancora viventi, alcuni mostrano di avere cambiato fenotipo per uno o più geni, non sempre gli stessi nei diversi casi. Da ciò deduce che è avvenuta**

A una trasformazione, perché i batteri sono cambiati nel loro fenotipo.
B una trasduzione generalizzata, perché il processo interessa diversi geni.
C una trasduzione specializzata, perché mediata da un unico tipo di fagi.
D una coniugazione tra i batteri e i batteriofagi con cui essi si sono legati.

34 **Una colonia di batteri è coltivata in ambiente isolato per poterla studiare, ma il microbiologo che se ne occupa scopre a un certo punto che la sospensione contenente i batteri è piena di fagi e i batteri sono scomparsi. Ciò può significare che**

A i batteri hanno subito una mutazione che li ha resi sensibili ai fagi ai quali erano resistenti.
B i fagi hanno subito una mutazione che ha consentito loro di infettare i batteri coltivati.
C i batteri possedevano nel loro genoma un fago temperato integrato come profago.
D i fagi derivano da alcuni batteri che, morendo, li hanno liberati nella sospensione.

35 **Il genoma di un procariote non comprende telomeri perché**

A è di dimensioni molto ridotte
B è formato da un unico cromosoma
C non possiede sequenze ripetitive
D è formato da una molecola circolare

36 **Sulla base del meccanismo di regolazione post-trascrizionale studiato, si può dire che la funzione delle ubiquitine è quella di**

A marcare le proteine che devono essere poi demolite
B inviare al proteasoma le proteine che sono già marcate
C catalizzare il legame alla lisina della proteina interessata
D provvedere alla degradazione di proteine da eliminare

Verso l'Università.

37 **L'organismo umano è in grado di sintetizzare un numero di proteine diverse molto maggiore del numero dei propri geni. Questo è possibile perché:**

A esiste lo splicing alternativo dell'RNA
B il nostro organismo è costituito da moltissime cellule diverse che contengono geni diversi
C si verifica la ricombinazione
D si verificano mutazioni
E si verifica l'amplificazione genica

[*dal test di ammissione a Medicina e Chirurgia 2010/2011*]

38 **Quale delle seguenti definizioni NON è corretta?**

A Centrosoma – centro di organizzazione dei microtubuli
B Centromero – punto di attacco delle fibre del fuso
C Corpo basale – organulo che assembla ciglia e flagelli
D Nucleosoma – sede della costruzione delle subunità ribosomiali
E Nucleoide – regione contenente il DNA procariotico

[*dal test di ammissione a Medicina e Chirurgia e a Odontoiatria e Protesi Dentaria 2011/2012*]

Biology in English.

39 Eukaryotic transposons

A always use RNA for replication.
B are approximately 50 bp long.
C are made up of either DNA or RNA.
D do not contain genes coding for transposition.
E make up about 40 percent of the human genome.

40 In the lysogenic cycle of bacteriophage λ,

A a repressor cI, blocks the lytic cycle.
B a bacteriophage carries DNA between bacterial cells.
C both early and late phage genes are transcribed.
D the viral genome is made into RNA, which stays in the host cell.
E many new viruses are made immediately, regardless of host health.

41 An operon is

A a molecule that can turn genes on and off.
B an inducer bound to a repressor.
C a series of regulatory sequences controlling transcription of protein-coding genes.
D any long sequence of DNA.
E a promoter, an operator, and a group of linked structural genes.

42 Which statement is true of both transformation and transduction?

A DNA is transferred between viruses and bacteria.
B Neither occurs in nature.
C Small fragments of DNA move from one cell to another.
D Recombination between the incoming DNA and host cell DNA does not occur.
E A conjugation tube is used to transfer DNA between cells.

43 The minimal genome can be estimated for a prokaryote

A by counting the total number of genes.
B by comparative genomics.
C as about 5,000 genes.
D by transposon mutagenesis, one gene at a time.
E by leaving out genes coding for tRNA.

44 When tryptophan accumulates in a bacterial cell,

A it binds to the operator, preventing transcription of adjacent genes.
B it binds to the promoter, allowing transcription of adjacent genes.
C it binds to the repressor, causing it to bind to the operator.
D it binds to the genes that code for enzymes.
E it binds to RNA and initiates a negative feedback loop to reduce transcription.

45 Eukaryotic protein-coding genes differ from their prokaryotic counterparts in that eukaryotic genes

A are double-stranded.
B are present in only a single copy.
C contain introns.
D have a promoter.
E transcribe mRNA.

46 Which of the following statements about the *lac* operon is not true?

A When lactose binds to the repressor, the repressor can no longer bind to the operator.
B When lactose binds to the operator, transcription is stimulated.
C When the repressor binds to the operator, transcription is inhibited.
D When lactose binds to the repressor, the shape of the repressor is changed.
E When the repressor is mutated, one possibility is that it does not bind to the operator.

47 Which statement about selective gene transcription in eukaryotes is not true?

A Different classes of RNA polymerase transcribe different parts of the genome.
B Transcription requires transcription factors.
C Genes are transcribed in groups called operons.
D Both positive and negative regulation occur.
E Many proteins bind at the promoter.

48 Heterochromatin

A contains more DNA than does euchromatin.
B is transcriptionally inactive.
C is responsible for all negative transcriptional control.
D clumps the X chromosome in human males.
E occurs only during mitosis.

49 Translational control

A is not observed in eukaryotes.
B is a slower form of regulation than transcriptional control.
C can be achieved by only one mechanism.
D requires that mRNA be uncapped.
E ensures that heme synthesis equals globin synthesis.

50 Control of gene expression in eukaryotes includes all of the following except

A alternative splicing of RNA transcripts.
B binding of proteins to DNA.
C transcription factors.
D feedback inhibition of enzyme activity by allosteric control.
E DNA methylation.

Mutation of a bird virus results in human infection

On May 9, 1997, a 3-year-old boy in Hong Kong developed a cough and fever. His physician treated the boy with antibiotics and aspirin, but the fever got worse. The boy was hospitalized on May 15. Unfortunately, his fever progressed to lung failure, and he died 6 days later.

In an attempt to find the cause of the boy's death, researchers took fluid drawn from his lungs prior to his death and added it to mammalian cells in a laboratory. Two days later, the cells were dying, with each cell releasing hundreds of influenza particles. Public health professionals at Hong Kong Hospital searched for signs that the boy's flu was one of the strains that had infected people earlier that winter. They tested for glycoproteins on the virus surface that would allow it to attach to human cells. None of the virus tests worked, indicating that the was not typical human flu. What was this deadly new virus?

By August they were able to determine that the little boy had been infected with H5N1, a flu previously known to infect only chickens. The boy's day care provider had kept chicks for the children to play with, and several of the chicks died. Genetic tests showed that the nucleotide sequences of the viruses in the birds and in the boy matched. Comparison of this sequence with that of flu virus confined to birds revealed that a mutation in the gene for the viral surface glycoprotein had made the avian virus capable of binding to and infecting human cells.

By December, more human cases of «bird flu» appeared in Hong Kong; of 18 people infected, 6 died. Although there was no clear connection between the infected individuals and diseased birds, all of the victims had visited live poultry markets in the week before developing symptoms. Tests of live chickens from these markets revealed a high rate of H5N1 infection. Hong Kong health officials immediately closed the border to mainland China and directed the slaughter of every chicken on the island. Within days, over 1.5 million birds were killed and, in all likelihood, a major epidemic was avoided.

But the bird flu virus was not wiped out by this action. H5N1 has been found in birds other than chickens, and on continents other than Asia. There have been more cases of human infection, but so far prompt action to kill infected birds has prevented widespread occurrence of the disease.

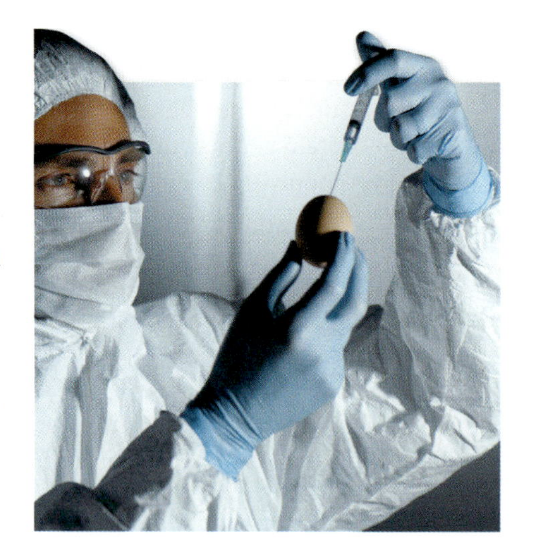

Searching for a vaccine Avian flu virus is injected into an egg in part of the procedure to develop a vaccine. The development of flu vaccines is always a race against time. Because viruses evolve so rapidly, new vaccines are constantly needed.

We haven't always been so lucky. The «Spanish flu» epidemic of 1918, which may have started with a single soldier, spread to Europe with U.S. troops fighting in World War I. The resulting pandemic led to 40 million deaths worldwide. Flu pandemics in 1957 and 1968 killed a million people each. In all three pandemics, a single gene mutation made it possible for an animal influenza virus to infect people.

When will the next flu pandemic occur? The answers lie in the molecular genetics of viruses and their evolution.

Chicken farming With the spread of bird flu throughout the Far East, raising chickens there has become a hazardous occupation.

Answer the questions.

- What was the new virus that killed a 3-year-old boy in Hong Kong in 1997?
- Which other pandemics made it possible for an animal influenza to infect people?

Biology in English

1 Gregor Mendel

A. Decide if the following sentences are true or false and correct the false ones.

a. Mendel's theories raised immediate interest in the scientific community. T F

b. He introduced mathematics and statistics in elaborating data. T F

c. According to Mendel, a trait was an observable physical feature such as flower colour. T F

d. F_1 plants were often the products of self-pollination. T F

e. The ratio of recessive-dominant traits in F_2 plants was 3 : 1. T F

f. What Mendel called particles are now called genes. T F

g. Mendel was helped by his knowledge about meiosis to formulate his theory of segregation. T F

h. Mendel's theories are still valid, although geneticists have discovered that things are more complicated. T F

B. Complete the diagram showing Mendel's explanation of inheritance.

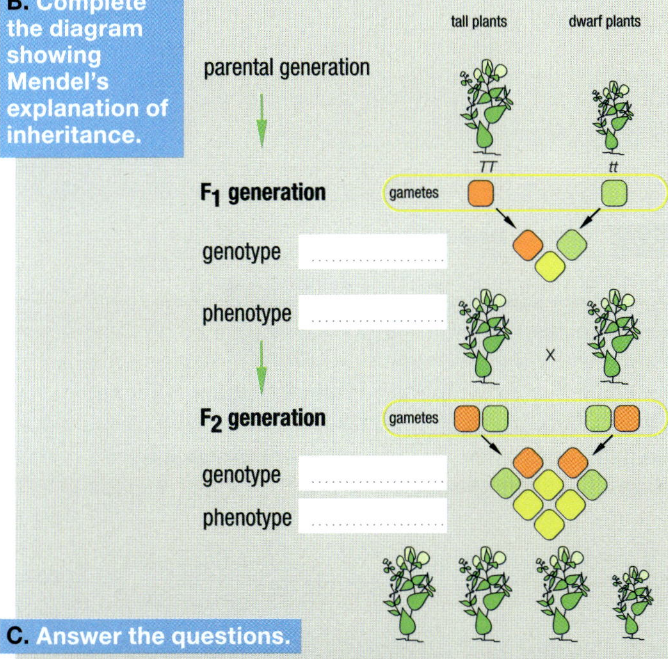

C. Answer the questions.

1. Why were anthers removed from one group of parental plants before cross-pollination?

   ....

2. How had he made sure that the parental traits were true-breeding?

   ....

3. Could reproduction among F_1 plants occur by self-pollination?

   ....

2 Genotype and phenotype

Choose suitable endings (a-l) for the following sentences (1-12).

1. An intermediate phenotype can occur	......	a. it is said to be pleiotropic.
2. Codominance occurs	......	b. are phenotypically better than either of the parents (hybrid vigor)
3. An example of codominance can be seen	......	c. characterized by the absence of the second sex chromosome.
4. When a single allele has more than one distinguishable phenotypic effects	......	d. when both alleles are expressed, but neither is dominant or recessive.
5. Epistasis is a type of gene interaction	......	e. in which the phenotypic expression of one gene is affected by another gene.
6. Inbreeding produces weaker offspring	......	f. the more points there are in the chromosome for crossing over to occur.
7. The offspring of two true-breeding homozygous strains	......	g. the external features of maleness and femaleness (e.g. body hair and voice).
8. The phenotype of an individual can be affected	......	h. when neither allele is dominant (incomplete dominance).
9. The farther apart two genes are	......	i. the kinds of gametes produced and the organs producing them (e.g. sperm and testes).
10. Turner syndrome is a female chromosomal condition	......	j. by environmental factors such as temperature, light and nutrition.
11. Primary sex determination establishes	......	k. because close relatives may have the same harmful recessive alleles.
12. Secondary sex determination establishes	......	l. in the ABO blood group system in humans.

3 Mendel's laws

Using the key terms below, complete the following definitions inserting the right words.

- Parental generation P
- Phenotype
- First filial generation F_1
- Diploid
- Pleiotropic
- Second filial generation F_2
- Law of segregation
- Law of independent assortment
- Haploid
- True breeding

a. .... Having a chromosome complement consisting of two copies of each chromosome.

b. .... The physical appearance of an organism.

c. .... Having a chromosome complement consisting of just one copy of each chromosome.

d. .... The first set of parents crossed in which their genotype is the basis for predicting the genotype of their offspring.

e. .... It states that separate genes for separate traits are passed independently of one another from parents to offspring.

f. .... The offspring produced by two individuals of the first filial generation.

g. .... An allele that affects more than one trait.

h. .... The heterozygous offspring generated by the crossing of a homozygous dominant strain with a homozygous recessive strain.

i. .... It states that when any individual produces gametes, the two copies of a gene separate, so that each gamete receives only one member of the pair.

4 Family tree

In some populations, like the Old Order Amish of Pennsylvania, a congenital physical anomaly, called polydactyly (supernumerary fingers or toes) is frequent. Look at the diagram below showing a family tree for this condition and answer the questions.

- ♀ without the condition
- ♀ with the condition
- ♂ without the condition
- ♂ with the condition

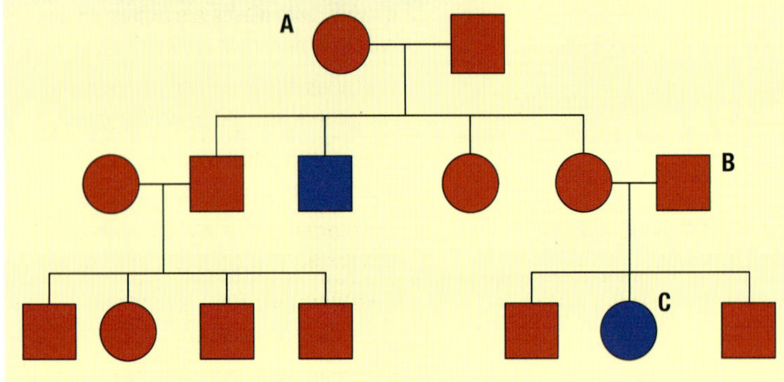

a. Using the family tree, state if polydactyly is caused by a dominant or a recessive allele.

....

b. What is the genotype of A, B and C?

....

....

....

5 A genetic disease: sickle cell anemia

Complete the text below choosing among the following words. Then answer the questions.

- Allele
- Amino acid
- Capillaries
- Carrier
- Disease
- Malaria
- Oxygen
- Parasite
- Plasmodium
- Red blood cells

Sickle cell anemia is a human 1. .... caused by an 2. .... substitution in the haemoglobin β-chain. The abnormal recessive 3. .... produces abnormal haemoglobin that results in sickle-shaped 4. .... These cells tend to block narrow blood 5. ...., especially when the 6. .... concentration is low; the result is tissue damage and eventually death by organ failure. It occurs more commonly in people (or their descendants) from parts of tropical and sub-tropical regions where malaria is or was common. The malaria 7. .... spends part of it in red blood cells. In a 8. .... the presence of the 9. .... parasite causes the red blood cells with defective haemoglobin to rupture prematurely, making the 10. .... unable to reproduce.

a. Mr and Mrs Brown are healthy, but they have a little boy who suffers from sickle cell anemia. What is the child's genotype?

....

b. What are the parents' genotypes?

....

c. Mrs Brown is pregnant; what is the probability that the new baby is a male?

....

d. And what is the probability that the new baby is a male affected by anemia?

....

6 Fruit flies

A *Drosophila melanogaster* with short wings is mated with another with long wings; the cross result is 34 short wing flies and 38 long wing flies (i. e. long wings are dominant). Answer the questions.

a. What can you say about the genotypes?

....

....

....

b. Explain the result using a genetic diagram.

7 Plant breeding

Considering that in tomatoes, the allele for red fruit (*R*) is dominant over the allele for yellow fruit (*r*), and that the allele for tall plants (*T*) is dominant over that for short plants (*t*); Mr Taylor, a farmer, tried a cross between two tomato plants. Answer the questions.

a. The possible genotypes of the first parental plant gametes were *RT*, *Rt*, *rT*, *rt*; find out the genotype of this plant.

....

b. The possible genotypes of the second parental plant gametes were rt and *rT*. Find out the phenotype of this plant.

....

c. What was the proportion of red fruit in the offspring of this cross?

....

d. Draw a Punnett square to explain case c.

8 Inheritance

Odd one out: circle the term that does not fit in each group. Then add the right term in brackets.

a. Dihybrid cross - Recombinant phenotypes - Mitosis - Law of independent assortment
b. Recessive phenotype - Homozygous - Heterozygous - Test cross - Recessive trait
c. Diploid parent - Meiotic interphase - Mitosis - Four diploid gametes
d. Siamese cats - Wild allele - Darker extremities - Crossed eyes - Light body
e. Gene - DNA - Law of assortment - Locus - Chromosome
f. Mendel - *Drosophila* - Body color - Wing size - Pink eyes
g. Linkage group - Characters - Chromosome - Crossing over
h. Red eyes - White eyes - *Drosophila* - Y chromosome - Mutant allele

9 Color blindness

Red-green color blindness is the inability to perceive color differences, in particular to distinguish red from green. It is a sex-linked disorder caused by a mutant recessive allele. Decide if the following statements about red-green color blindness are true or false, and then correct the false ones.

a. The phenotype appears much more often in females than in males. T F
b. A male with the mutation can pass it on only to his daughters. T F
c. This disease appears only if Y chromosome is present. T F
d. Daughters who receive one mutant X chromosome are homozygous carriers. T F
e. Female carriers can pass the mutant X chromosome to both sons and daughters, but, on average, only half of the time. T F
f. Female carriers are phenotypically normal heterozygotes. T F

11 Genetics

Hints for discussion.

a. Mr Pearson, a farmer, has tried to cross two heterozygous tall pea plants which are heterozygous for smooth seeds. Considering that in pea plants, tallness is dominant over shortness and smooth seeds are dominant over wrinkled seeds, what are the genotypes and the phenotypes of the offspring? Draw a Punnett square for this case.
b. Mr and Mrs Jackson are tongue-rollers: considering that the ability to roll the tongue is dominant over the inability to do so in humans. If two heterozygous tongue-rollers have children, what genotypes could their children have? If a non-tongue-roller has children with a homozygous tongue-roller, what will their children's genotypes be? Draw Punnett squares for both cases.
c. The recessive allele *p* of Drosophila melanogaster, when homozygous, determines pink eyes and *Pp* or *PP* results in wild-type eye color. Moreover another gene on another chromosome has a recessive allele (s) which produces short wings when it is homozygous. Now consider a cross between females with genotype *PPSS* and males with genotype ppss and find out the phenotypes and genotypes of the F_1 generation and of the F_2 generation produced by the mating of F_1 offspring with one another. Draw a Punnett square to explain this case. Then consider the cross between *Drosophila melanogaster* males with genotype *Ppss* with females with genotype *ppSs*, find out the phenotypes and genotypes of the F_1 generation.

10 *Drosophila melanogaster*

Read the information about the *Drosophila melanogaster* life cycle and try to give four reasons why the fruit fly is a useful animal for studying crosses.

- After mating the female lays fertilized eggs 24 hours after emerging.
- A single female lays between 80 and 200 eggs.
- The eggs hatch into larvae about 24 hours after laying.
- A larva is about 4.5 mm.
- Larvae change into pupae about 6 days after laying.
- A pupa is about 3 mm.
- Adult flies emerge from pupae about 10 days after laying.
- An adult is about 2 mm.
- The developmental period for Drosophila, however, varies with temperature.
- The shortest development time (egg to adult), 7 days, is achieved at 28 °C.

REASONS	
1.	....
2.	....
3.	....
4.	....

12 Mendel and beyond

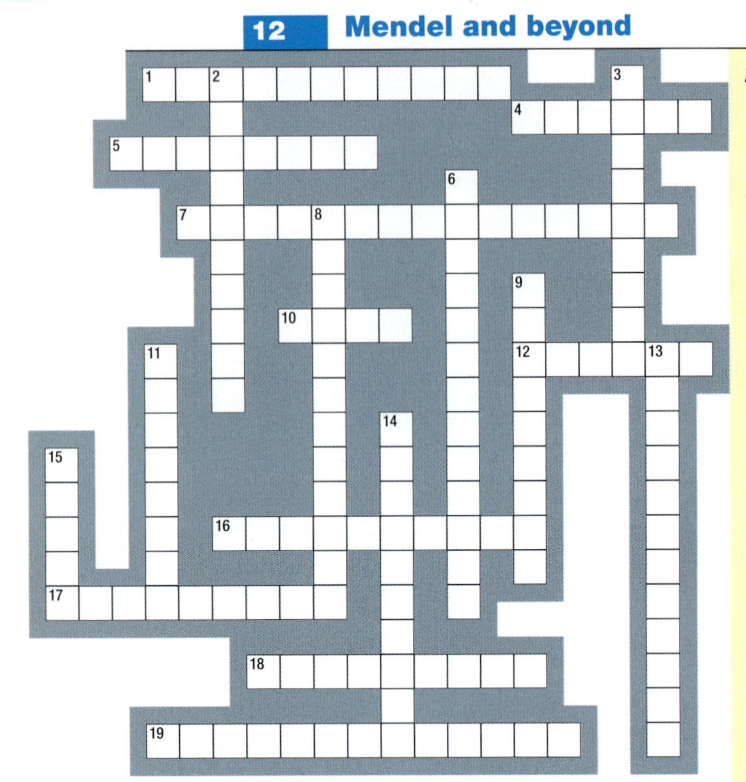

Across

1. It occurs when the contributions of both alleles at a single locus are visible and do not overpower each other in the phenotype.
4. It is a cell that fuses with another cell during fertilization in organisms that reproduce sexually.
5. The genetic constitution of an organism or a group of organisms.
7. It is a method of determining the inheritance pattern of a trait between two single organisms.
10. It is a molecular unit of heredity of a living organism, a section of DNA which codes for a particular protein.
12. It is one of two or more forms of a gene.
16. It is an organized structure of DNA and protein found in cells.
17. First introduced by Gregor Mendel, it is used to determine if an individual exhibiting a dominant trait is homozygous or heterozygous for that trait.
18. The observable physical or biochemical characteristics of an organism, as determined by both genetic makeup and environmental influences.
19. It is a diagram that is used to predict an outcome of a particular cross or breeding experiment.

Down

2. Fruit flies extensively used as a model organism in genetics.
3. An inherited trait that is outwardly obvious only when two copies of the gene for that trait are present.
6. It is a cross between F_1 offspring of two individuals that differ in two traits of particular interest.
8. Having different alleles at one or more corresponding chromosomal loci.
9. It is an observable physical feature.
11. A genetic trait in which one copy of the gene is sufficient to produce an outward display of the trait.
13. It is a pair or set of genes on a chromosome that tend to be transmitted together.
14. Having the same alleles at one or more gene loci on homologous chromosome segments.
15. It is a distinct variant of a phenotypic character of an organism.

13 The Hershey-Chase experiment

Fill in the gaps using the following words.

- Bacterial cells
- Radioactivity
- DNA (x2)
- Sulfur (x3)
- Reproduce (x2)
- Separately
- Lighter
- Heavier
- Agitated
- Genetic material
- ^{35}S
- Supernatant (x3)
- Virus
- Inject
- Entered
- Didn't enter
- Pellet (x3)
- Spun
- Separate
- Bacteriophage
- Bottom
- Bacterium
- Protein (x2)
- Phosphorus (x3)
- Dislodge
- ^{32}P
- Trace

In 1952, A. Hershey and M. Chase made an experiment in order to find out if the 1. .... was DNA or protein. They used a 2. .... named *Escherichia coli* (*E. coli*), and a 3. .... called T2 that is a 4. .... that infects *E. coli*. T2 is just made up of a core of 5. .... packed inside a 6. .... coat, so it must live inside E. coli in order to 7. ....
To 8. .... the two components of the virus, Hershey and Chase radioactively labelled T2 DNA with 9. .... (10. .... isotope) and T2 protein with 11. .... (12. .... isotope), because they knew DNA contains 13. .... and protein contains 14. .... but not vice versa.
Then, these radioactive T2 were put in 15. .... cultures of E. coli, and were left there only 10 minutes in order to give the viruses time to 16. .... their genetic material into the bacteria, but not to 17. .... In the next step, still 18. .... the mixtures were 19. .... in a blender to 20. .... virus particles from the 21. .... After that, each mixture was 22. .... in a centrifuge to separate the bacteria (with any viral parts that had gone into them) from the liquid solution they were in (including any viral parts that had not entered the bacteria). The centrifuge forces the 23. .... bacteria to the 24. .... of the tube where they form a 25. .... while the 26. .... viral «left-overs» are captured in the 27. .... fluid. Finally the 28. .... and 29. .... from each tube were separated and tested for the presence of 30. .... Radioactive 31. .... was found in the 32. .... showing that the viral protein 33. .... the bacteria. Radioactive 34. .... was found in the bacterial 35. .... showing that viral DNA 36. .... the bacteria.
Based on these results, Hershey and Chase concluded that 37. .... was the genetic code material, not 38. .... as many people believed.

14 Molecular architecture of DNA

Read the following statements about the molecular architecture of DNA and decide if they are true or false.

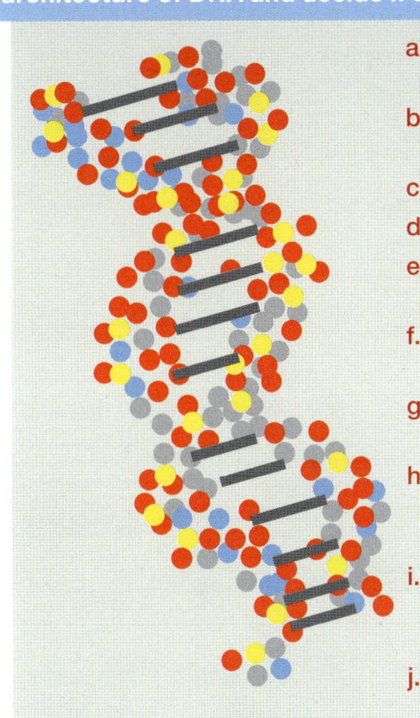

a. The two strands run in opposite directions since the DNA molecule is antiparallel. T F
b. It has a double-stranded helical structure of varying diameter. T F
c. The nitrogenous bases point to the centre.
d. It is left-handed. T F
e. The two chains are held together by hydrogen bonds between specifically paired bases. T F
f. Adenine (A) pairs with cytosine (C) and form two hydrogen bonds. T F
g. Guanine (G) pairs with cytosine (C) and form three hydrogen bonds. T F
h. The sugar-phosphate backbones of the polynucleotide chains twist around the inside of the helix. T F
i. Complementary base pairing means that the purines (A and G) pair with the pyrimidines (T and C) respectively. T F
j. AT and GC form equal-sized base pairs which seem rungs on a ladder since there is a fixed distance between the two chains. T F

15 The DNA

Look at the diagram showing a part of a DNA molecule, and then answer the questions.

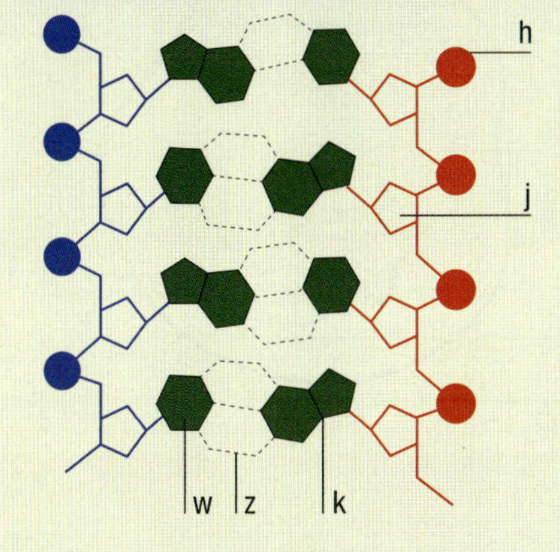

a. DNA is a polymer, what is the name of the monomers which form it? Then circle one of them on the diagram.

b. What is the molecule indicated by «h»?

c. And what is «j»?

d. Name «w» and «k» and justify your answer.

e. Name «z» and justify your answer.

f. What kind of bonds joins «h» and «j»?

g. DNA strands are antiparallel: what does it mean?

16 DNA replication

In DNA semiconservative replication each parent strand acts as a template for the synthesis of a new strand, so each of the two replicated DNA molecules contains one parent strand and one newly synthesized strand. Put the following events describing DNA replication in the right order.

DNA replication event	Sequence
a. Then replication proceeds from the replication origin on both strands in the 5' to 3' direction forming two replication forks.	
b. The replication complex, which is a huge protein complex, attaches to the chromosome at the ori, that is the origin of replication.	
c. The leading strand is synthesized in a continuous way while the lagging strand is synthesized in pieces (Okazaki fragments) which are joined together by DNA ligase.	
d. DNA helicase divides into the two strands and single-strand binding proteins keep the strands from associating again.	
e. The enzyme DNA polymerase catalyses the nucleotide addition to the 3' end of each strand: the complementary base pairing with the template strand determines which nucleotides are added.	
f. However, DNA replication leaves the telomere, that is a short, unreplicated sequence, at the 3' end of the chromosome.	
g. In prokaryotes two interlocking circular DNAs are formed: they are separated by DNA topoisomerase.	
h. The processive nature of DNA polymerases accounts for the DNA polymerization speed since it can catalyze many polymerizations at a time: this process stability is assured by a sliding DNA clamp.	
i. Primase catalyses the synthesis of a short RNA primer; then nucleotides are added to it by DNA polymerase.	

17 Complementary bases

If one strand of DNA has the sequences given below, what are their complementary strands respectively?

a. 5' – TAAGGC – 3'
b. 5' – ATTCCG – 3'
c. 5' – ACCTTA – 3'
d. 5' – CGGAAT – 3'
e. 5' – GCCTTA – 3'

18 Protein synthesis

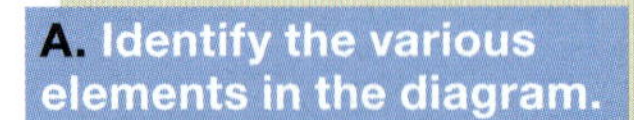

A. Identify the various elements in the diagram.

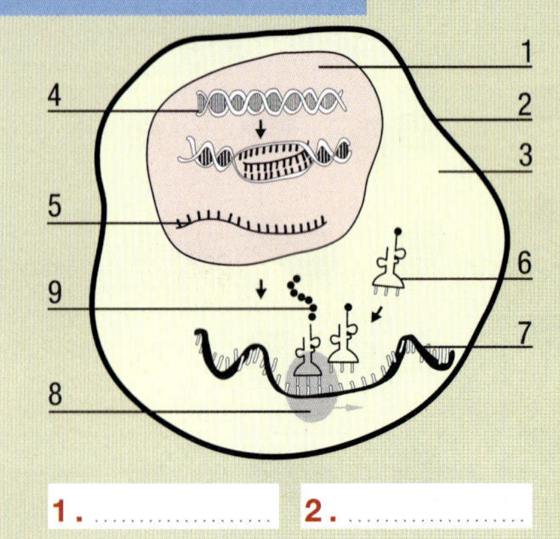

1. ....
2. ....
3. ....
4. ....
5. ....
6. ....
7. ....
8. ....
9. ....

B. Answer the questions.

a. Which stage takes place in 1?
....

b. Which stage takes place in 3?
....

c. Give a short definition of transcription.
....
....

C. Look at the diagram on the right and complete the following passage about translation.

When the mRNA gets into the 1........................., each amino acid links to its proper 2.................... with the help of a specific 3........................... and of 4..........................
Like 5........................... also translation is divided into three stages: initiation, elongation and termination.
In the initiation stage 6..........................., a tRNA carrying the 7........................... amino acid of the 8........................... and the two 9.......................... of a 10.......................... are brought together and the 11.......................... signals the beginning of translation.
In the elongation stage amino acids are 12.......................... one by one to the growing chain; the mRNA moves in 13.......................... direction.
This procedure repeats until the ribosome meets the 14.......................... 15.......................... where translation is terminated. At this point the 16.......................... is 17...........................

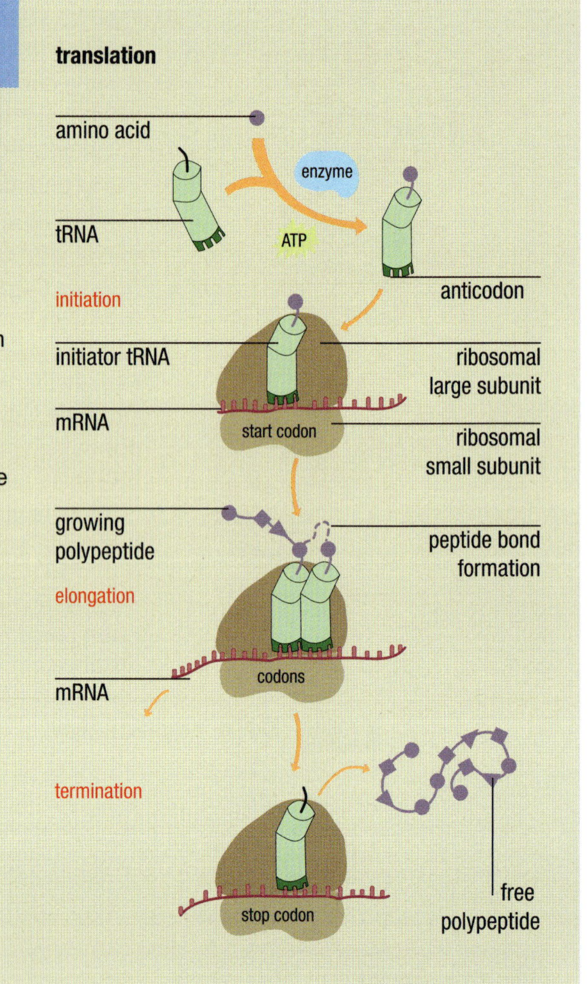

19 Mutations

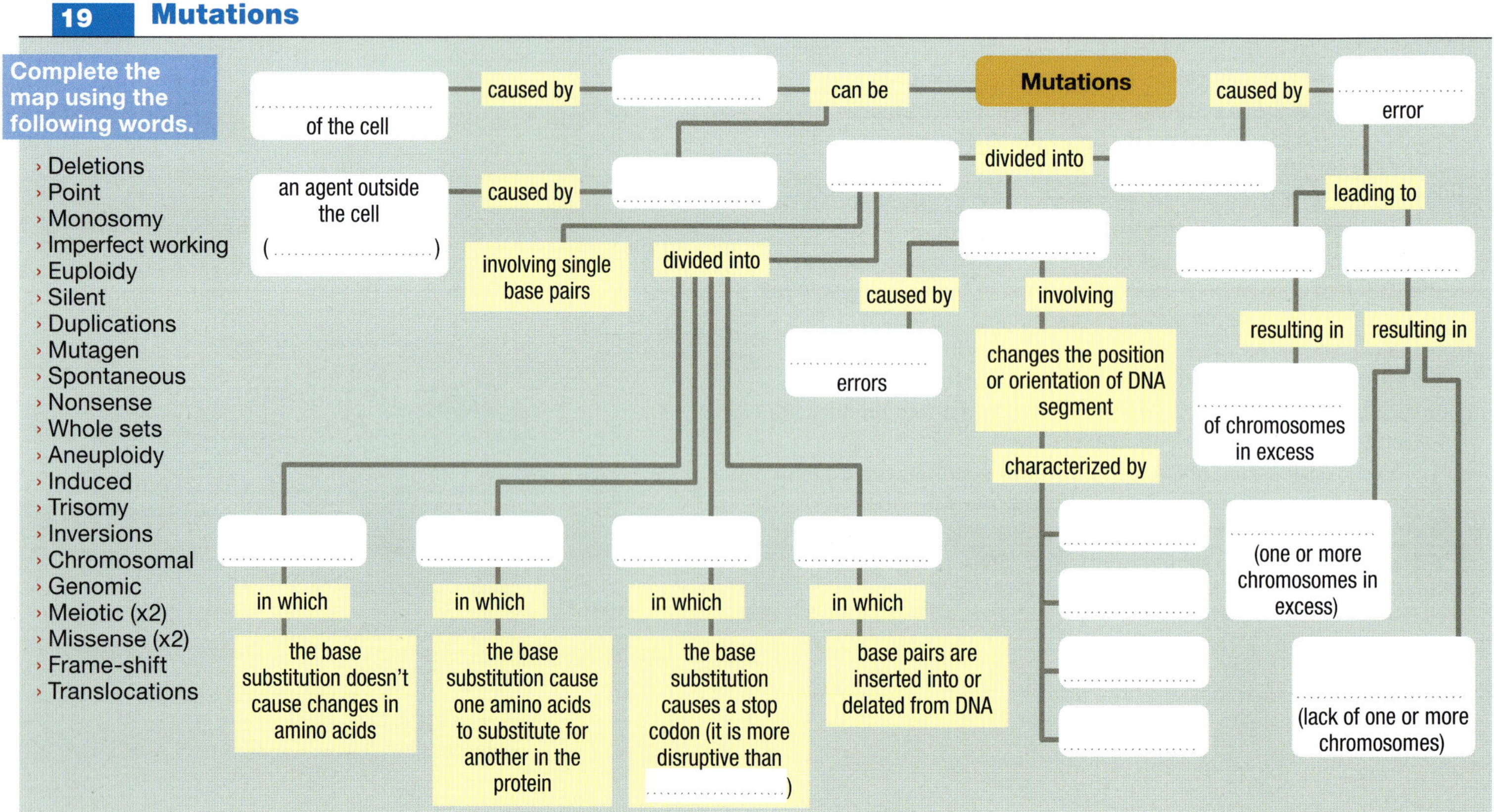

Complete the map using the following words.

- Deletions
- Point
- Monosomy
- Imperfect working
- Euploidy
- Silent
- Duplications
- Mutagen
- Spontaneous
- Nonsense
- Whole sets
- Aneuploidy
- Induced
- Trisomy
- Inversions
- Chromosomal
- Genomic
- Meiotic (x2)
- Missense (x2)
- Frame-shift
- Translocations

20 Viral infections

People are susceptible to many viral infections, two of the most important are influenza virus and human immunodeficiency virus (HIV). They are both single-stranded viruses, but their life cycles present two different infection strategies and genome replication. Compare the life cycles of these viruses.

Term of comparison	Influenza virus	HIV (or AIDS)
a. How the virus enters the cell		
b. How the virion is released in the cell		
c. How the viral genome is replicated		
d. How new viruses are produced		

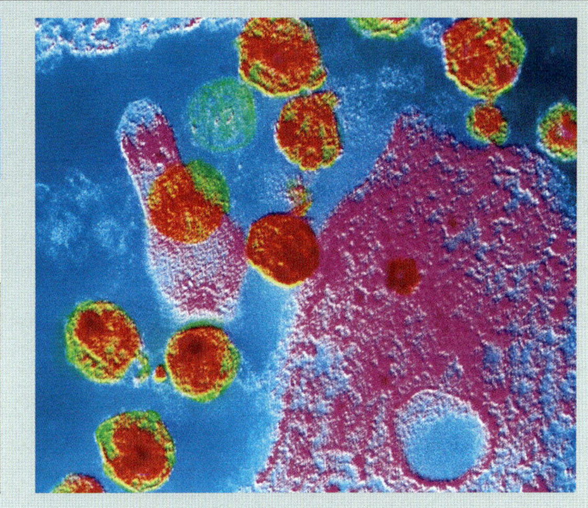

21 Lytic and lysogenic cycle

A. Complete the diagram and answer the questions.

start

c. ....

a. .... cycle

b. .... cycle

d. ....

1. Give a definition of «d».

   ....

2. Briefly explain the difference between «a» and «b».

   ....

3. When does the prophage usually detach from the host chromosome to start a lytic cycle? Why?

   ....

B. Put the sentences about the lytic cycle in the right order.

a. An early protein stimulates late gene transcription. ☐
b. Late genes also produce a protein for lysis. ☐
c. A virulent virus injects its DNA into a bacterium. ☐
d. The early genes are transcribed. ☐
e. New virions are released by lysis of the host cell. ☐
f. Other proteins stimulate viral genome replication. ☐
g. Viral promoter sequences attract host RNA polymerase. ☐
h. New viral capsid proteins are produced. ☐
i. Some viral proteins end up host transcription. ☐

22 Recombination

Look at the table: each picture represents one of the ways by which bacteria can recombine their genes. Write the right term in the first column and match it with the correct definition.

	Kind of recombination	Definition
	1.	**A.** During a viral lytic cycle, DNA fragments can be inserted into a capsid; the bacterial DNA can be injected into a new host cell when the new virion infects another bacterium.
	2.	**B.** It is the transfer of genetic material between bacterial cells by a bridge-like connection.
	3.	**C.** It is a gene transfer mediated by special genetic elements called plasmids.
	4.	**D.** It is the incorporation and expression of exogenous DNA from the surroundings and its intake through the cell membrane.

23 The *lac* operon

A. Match the numbers in the diagram to the correct words choosing from the list below.

- ☐ *lac* Operon
- ☐ Operator
- ☐ Promoter for *lac* operon
- ☐ Promoter for the regulatory gene
- ☐ Regulatory gene
- ☐ Structural loci

B. What is the function of operons in bacteria?

24 Operons

Read the following statements about operons as units of transcription in prokaryotes. Then tick the appropriate column in the table below to identify them as *lac*, *trp* operons or both.

	Statement	The *lac* operon	The *trp* operon	Both
a.	It is a repressible system.			
b.	In this system the regulatory molecule functions by binding to the operator.			
c.	Regulatory genes produce proteins whose function is to regulate the expression of other genes.			
d.	The presence of an inducer keeps the repressor from binding to the operator and allows transcription.			
e.	It controls the synthesis of tryptophan.			
f.	The presence of a corepressor causes the repressor to bind to the operator and stops transcription.			
g.	It controls a catabolic pathway.			
h.	Its inducers are molecules of lactose.			
i.	It is an example of negative control of transcription because the regulatory protein prevents transcription.			
j.	It is an inducible system.			

25 Tortoiseshell cats

In tortoiseshell cats fur color is determined by a gene with two alleles, black and orange, which is situated on X chromosome. Answer the questions.

a. Explain why the female cat has this patch of fur.

b. Do you think it is possible to have male cats with this kind of fur?

c. How can we define this kind of gene expression?

26 Restriction enzymes

EcoRI is a restriction enzyme that cuts DNA where it encounters the following sequence:

5' _ _ _ G AATTC _ _ _ 3'

3' _ _ _ CTTAA G _ _ _ 5'

If *EcoRI* cut this sequence, how many and what fragments would be obtained?

5'...	G	C	T	T	G	A	A	T	T	C	G	A	G	C	T	T	A	A	G	G	3'...
3'...	C	G	A	A	C	T	T	A	A	G	C	T	C	G	A	A	T	T	C	C	5'...

INTERACTIVE E-BOOK
ebook.scuola.zanichelli.it/sadavabiologiablu

capitolo
B5 L'evoluzione e l'origine delle specie

IL SESSO STIMOLA LA NASCITA DELLE SPECIE

Charles Darwin definì l'origine delle specie «il mistero dei misteri» e a essa dedicò la sua opera più importante. Oggi, nonostante molti interrogativi rimangano aperti, la genetica molecolare ci permette di indagare non solo le conseguenze osservabili, ma le cause sottostanti alla nascita di nuove specie.
Osservando il piumaggio di rondoni e colibrì, e mettendolo in relazione con le loro abitudini sessuali, i biologi hanno ipotizzato che la speciazione sia stimolata dalla selezione sessuale e da un sistema di accoppiamento promiscuo.

L'evoluzione dopo Darwin: la teoria sintetica

All'inizio del Novecento la teoria di Darwin, pur avendo molti sostenitori, era ancora vista con dubbio e scetticismo da una buona parte della comunità scientifica. Quasi tutti gli scienziati, infatti, accettarono rapidamente l'evoluzione, ma pochi furono d'accordo con Darwin a proposito dei meccanismi proposti per spiegarla. Le grandi scoperte nell'ambito della paleontologia, dell'embriologia e della genetica classica e molecolare sembravano spesso superare o mettere in dubbio le ipotesi di Darwin. Solo verso gli anni Trenta del secolo scorso le idee di Darwin vennero riprese con forza, furono chiarite le apparenti incongruenze e venne elaborata una teoria unificante, chiamata *teoria sintetica*.

1

Le questioni lasciate aperte da Darwin

La teoria che Darwin aveva elaborato era sostenuta da molte evidenze (*vedi* ▸capitolo A8), ma aveva alcuni punti deboli, ammessi dallo stesso Darwin. Il più grave era legato alla frammentarietà della documentazione fossile. I fossili sono importanti perché forniscono indicazioni sui caratteri degli organismi del passato e sugli ambienti in cui vivevano, inoltre ci permettono di collocare in un intervallo di tempo abbastanza preciso speciazioni ed estinzioni. Lo studio dei fossili però, soprattutto allora, soffriva di alcune carenze che ancor oggi pesano.

Tuttavia, agli inizi del Novecento la teoria di Darwin venne messa in discussione soprattutto perché non era in grado di spiegare come si generava la variabilità individuale su cui agisce la selezione naturale. Il meccanismo proposto da Darwin mancava di un tassello importante.

Conscio di questo limite, Darwin non abbandonò mai l'eredità dei caratteri acquisiti, che immaginava potesse agire a fianco della selezione naturale. Questa possibilità fu però rifiutata dai prosecutori della sua opera, i primi «darwinisti», che sottolineavano, senza tuttavia risolvere il problema, come le modificazioni subite da un singolo organismo non possano essere trasmesse ai suoi gameti.

2

Le lacune nella documentazione fossile

I ricercatori dispongono di una documentazione ampia e dettagliata della storia evolutiva solo per *alcuni* gruppi di organismi: fino a oggi sono state scoperte e studiate circa 250 000 specie fossili, ma si calcola che questo numero rappresenti solo l'1% di tutte le specie che hanno popolato la Terra in passato. Questa incompletezza è spiegabile con la scarsa probabilità che un organismo vivente lasci resti fossili e che questi vengano poi ritrovati.

In generale il processo di fossilizzazione è un evento casuale (come anche la scoperta di un fossile) ed è impossibile disporre di una documentazione completa che testimoni in modo sistematico i diversi momenti della storia evolutiva di tutte le specie. Nonostante queste difficoltà si può riscontrare nei fossili di singole specie quel cambiamento graduale previsto dalle teorie darwiniane. Un esempio è costituito dalla serie dei fossili che narrano come le balene siano derivate da antichi organismi che vivevano sulla terraferma (come Ambulocetus; ▸figura 1).

Un altro problema importante che affliggeva Darwin era la difficoltà di trovare fossili di transizione. Sono definiti *fossili di transizione* i resti di organismi che presentano caratteristiche intermedie tra due grandi gruppi. Un esempio molto noto di fossile di transizione, il cui primo esemplare fu scoperto nel 1860, è *Archaeopteryx lithographica*, un organismo con tratti intermedi fra quelli di un rettile alato e quelli di un uccello. Secondo la teoria di Darwin l'evoluzione procede gradualmente, per piccoli passi, perciò le forme di transizione dovrebbero essere numerose. Come si spiega quindi la loro scarsità? Secondo Darwin la ragione va cercata nella casualità del processo di fossilizzazione, ma oggi questa spiegazione viene considerata insufficiente. Si pensa invece che talvolta il passaggio tra una forma vivente e l'altra possa avvenire molto rapidamente, lasciando di conseguenza poche tracce fossili.

LE PAROLE

Ambulocetus è il nome coniato per un animale simile a una balena (*cetus* in latino), ma dotato di quattro arti con i quali camminava (*ambulare* in latino).

3

Il problema dell'ereditarietà del cambiamento

Nei primi anni del Novecento, mentre la teoria di Darwin trovava pochi consensi, si sviluppava un altro importantissimo filone di ricerca: la *genetica*. Riscoperti i lavori di Mendel, si avviarono i primi studi sui cromosomi. Poco più tardi ven-

Figura 1 Gli antenati delle balene In questa fotografia si vedono gli scheletri di due animali considerati i progenitori dei cetacei attuali: *Pakicetus* (sullo sfondo) che era un grosso mammifero simile a un cane, e *Ambulocetus* (in primo piano), che era più adattato alla vita acquatica o anfibia.

ne scoperto il meccanismo delle mutazioni. Nacque così una nuova teoria secondo la quale l'evoluzione avverrebbe a causa delle mutazioni, e non per effetto della selezione naturale, ritenuta un fattore di scarso peso.

La maggiore difficoltà nell'incorporare le scoperte della genetica nella teoria della selezione naturale era dovuta al fatto che i naturalisti si occupavano di specie e di popolazioni, mentre la genetica studiava i singoli individui. Il primo passo per superare la contrapposizione fu l'applicazione di strumenti matematici e statistici ai problemi della genetica. I ricercatori che seguirono questa strada si resero presto conto di aver fondato una nuova disciplina: la **genetica delle popolazioni**.

4

La genetica delle popolazioni risolve i conflitti tra genetica e teoria darwiniana

Nel capitolo dedicato alla genetica mendeliana abbiamo visto come strumenti matematici come il quadrato di Punnett permettano di formulare previsioni sulla frequenza di un dato fenotipo nella progenie di un incrocio; ma che dire di un'intera popolazione?

Per studiare la genetica di una popolazione sono necessarie equazioni matematiche che consentano di esprimerne e prevederne il comportamento in termini di probabilità: invece di interessarsi degli organismi e dei loro adattamenti, come abbiamo visto finora, i genetisti delle popolazioni si riferiscono a un **pool genico** (▸figura 2). Un pool genico è la somma di tutti gli alleli presenti in una popolazione, ciascuno con la propria frequenza relativa.

LE PAROLE

Il verbo inglese *to pool* significa «mettere insieme, unire». Ma non ha niente a che fare con la piscina, che pure si dice *pool*.

Il comportamento del pool genico di una popolazione è descrivibile se gli organismi che la costituiscono si riproducono regolarmente tra loro, cosicché gli alleli che ciascun individuo possiede possano passare nella discendenza e incontrarsi con gli alleli di qualsiasi altro individuo.

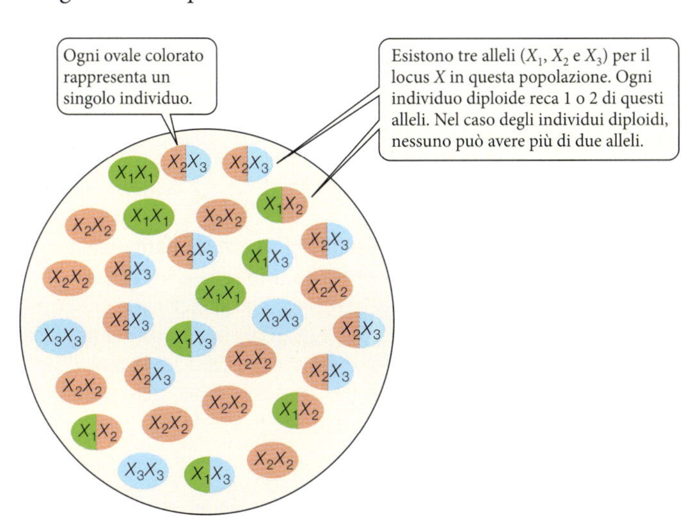

Figura 2 Un pool genico Un pool genico è la somma di tutti gli alleli che si ritrovano in una popolazione. In questa figura viene mostrato il pool genico relativo a un solo locus, X. Le frequenze alleliche in questo pool genico sono 0,20 per X_1, 0,50 per X_2 e 0,30 per X_3.

5

La legge di Hardy-Weinberg e la stabilità genetica delle popolazioni

Nel 1908, il matematico britannico Godfrey Hardy e il medico tedesco Wilhelm Weinberg dedussero le condizioni necessarie perché la struttura genetica di una popolazione si mantenga invariata nel tempo.

Il concetto di **equilibrio di Hardy-Weinberg** è la chiave di volta della genetica di popolazione. La relativa equazione descrive una situazione modello in cui le frequenze alleliche rimangono costanti da una generazione all'altra e le frequenze genotipiche sono ricavabili da quelle alleliche. La legge dell'equilibrio di Hardy-Weinberg si applica agli organismi che si riproducono sessualmente. Le condizioni che devono essere soddisfatte affinché una popolazione si trovi all'equilibrio di Hardy-Weinberg sono varie.

- **Gli accoppiamenti devono essere casuali.** Gli individui non devono preferire partner con particolari genotipi.
- **La popolazione deve essere di grandi dimensioni.** Più grande è la popolazione, minore è l'effetto delle eventuali fluttuazioni casuali delle frequenze alleliche.
- **Non deve esserci flusso genico.** In altre parole, non devono verificarsi fenomeni di immigrazione o di emigrazione.
- **Non devono avvenire mutazioni.** Gli alleli non si trasformano uno nell'altro né possono comparirne di nuovi.
- **La selezione naturale non deve influenzare la sopravvivenza di particolari genotipi.** Gli individui con genotipi diversi hanno la stessa possibilità di sopravvivere.

Se queste condizioni sono idealmente soddisfatte, ne seguono due importanti conseguenze. Primo, dopo una generazione di accoppiamenti casuali, se p è la frequenza allelica di A e q è la frequenza allelica di a, le frequenze genotipiche manterranno i seguenti rapporti:

genotipo	AA	Aa	aa
frequenza	p^2	$2pq$	q^2

Considera la generazione 1 nella ▸figura 3 a pagina seguente, in cui la frequenza dell'allele A (p) è 0,55. Poiché abbiamo ipotizzato che gli individui scelgano i propri partner casualmente, senza considerare il loro genotipo, i gameti portatori dell'allele A oppure dell'allele a si combinano casualmente, cioè secondo quanto previsto dalle rispettive frequenze p e q.

Nel nostro esempio, la probabilità che un particolare gamete porti un allele A anziché a è di 0,55. In altre parole, su 100 gameti presi a caso, 55 recheranno l'allele A. Dato che $q = 1 - p$, la probabilità che uno spermatozoo o una cellula uovo rechi l'allele a sarà $1 - 0{,}55 = 0{,}45$.

La probabilità che alla fecondazione l'incontro avvenga tra due gameti portatori di A è data dal prodotto delle due probabilità relative ai singoli eventi:

$$p \times p = p^2 = (0{,}55)^2 = 0{,}3025$$

Quindi, nella generazione successiva, il 30,25% della prole avrà genotipo *AA*. Allo stesso modo, la probabilità che si incontrino due gameti portatori di *a* sarà:

$$q \times q = q^2 = (0{,}45)^2 = 0{,}2025$$

e il 20,25% della generazione successiva avrà genotipo *aa*.

Nella ▸figura 3 puoi anche vedere come i modi per ottenere un eterozigote siano due: dall'incontro tra uno spermatozoo *A* e una cellula uovo *a*, con probabilità $p \times q$, oppure di uno spermatozoo *a* con una cellula uovo *A*, con probabilità $q \times p$. Di conseguenza, la probabilità di ottenere un eterozigote in totale è $2\,pq$.

La seconda conseguenza è che le frequenze p e q degli alleli di un gene rimangono costanti tra le generazioni, come ora è facile dimostrare. Infatti nella nuova generazione della nostra popolazione ad accoppiamenti casuali la frequenza dell'allele *A* è $p^2 + pq$, e sostituendo q con $1 - p$, l'espressione diventa:

$$p^2 + p\,(1 - p) = p^2 + p - p^2 = p$$

Le frequenze alleliche di partenza restano immutate, e la popolazione si trova all'equilibrio, espresso dall'**equazione di Hardy-Weinberg**:

$$p^2 + 2\,pq + q^2 = 1$$

Se le frequenze genotipiche nella generazione parentale dovessero cambiare (per esempio, per l'emigrazione di un gran numero di individui *AA*), anche le frequenze alleliche nella generazione successiva risulterebbero alterate. Tuttavia, partendo dalle nuove frequenze alleliche, basta una sola generazione prodotta in seguito ad accoppiamenti casuali per riportare le frequenze genotipiche all'equilibrio.

6 La legge di Hardy-Weinberg è importante proprio perché di solito non viene rispettata

Avrai già capito che le popolazioni in natura non si trovano mai esattamente nelle condizioni necessarie a mantenerle all'equilibrio di Hardy-Weinberg. Per quali motivi allora questo modello viene considerato così importante per lo studio dell'evoluzione?

1. Innanzitutto, l'equazione è utile per prevedere con ragionevole approssimazione le frequenze genotipiche di una popolazione partendo dalle sue frequenze alleliche.
2. Ma il vero motivo è il secondo: il modello descrive le condizioni risultanti dall'*assenza* di evoluzione. L'equazione di Hardy-Weinberg mostra infatti che le frequenze alleliche rimarranno le stesse di generazione in generazione *a meno che qualche meccanismo non le faccia cambiare*. Dato che le condizioni del modello non sono mai soddisfatte completamente, in realtà le frequenze alleliche delle popolazioni deviano *sempre* dall'equilibrio di Hardy-Weinberg. In altre parole, sono in atto dei processi che modificano le frequenze alleliche e che quindi sospingono l'evoluzione. Il tipo di deviazione dall'equilibrio può aiutarci a individuare i meccanismi che inducono il cambiamento evolutivo.

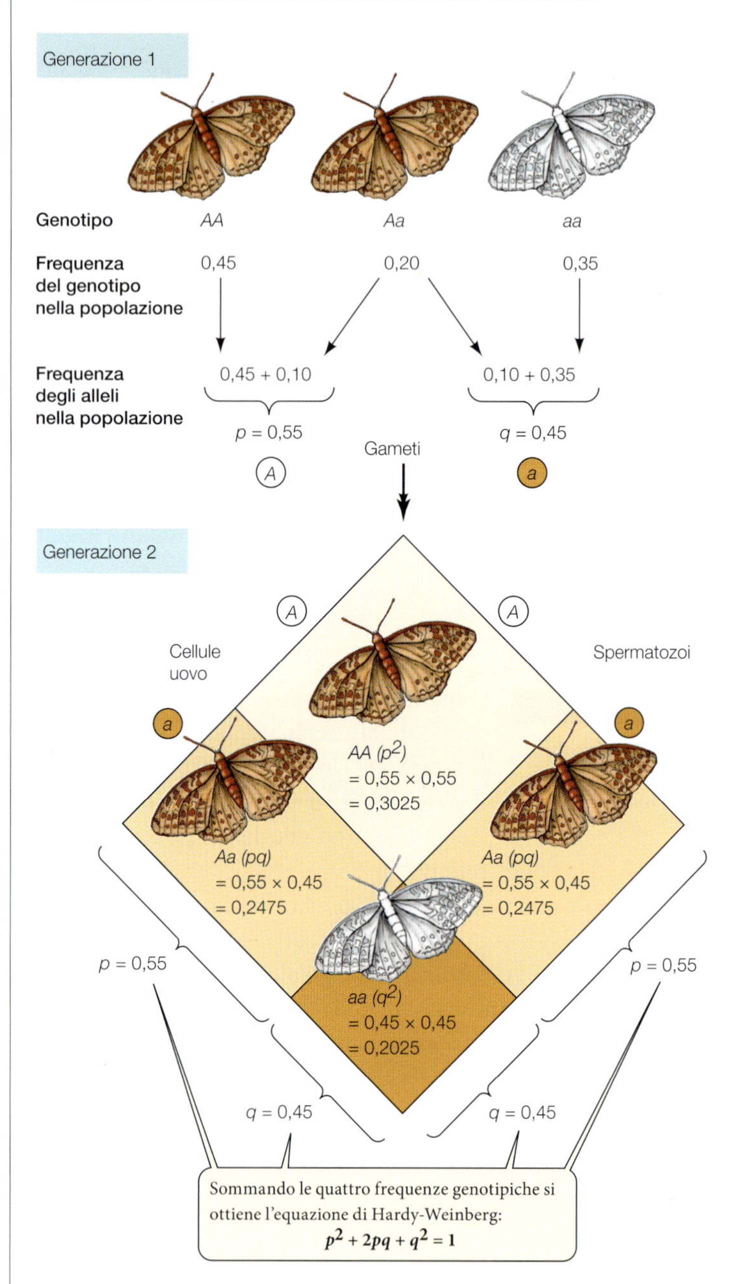

Figura 3 Calcolo delle frequenze genotipiche secondo Hardy-Weinberg Le aree nel quadrato sono proporzionali alle frequenze attese se l'incrocio è casuale rispetto al genotipo. Dato che vi sono due modi di produrre un eterozigote, la probabilità di questo evento è data dalla somma dei due quadrati *Aa*. Nell'esempio si assume che (1) l'organismo in questione sia diploide, (2) le sue generazioni non si sovrappongano, (3) il gene considerato abbia due alleli, e (4) le frequenze alleliche siano uguali tra maschi e femmine.

FACCIAMO IL PUNTO

Termini e concetti chiave

a. Che cos'è il pool genico?
b. Quali condizioni devono essere soddisfatte perché si realizzi l'equilibrio di Hardy-Weinberg?

I fattori che modificano la stabilità genetica di una popolazione

I processi evolutivi traggono origine da fattori capaci di alterare la stabilità genetica di una popolazione, modificandone il pool genico. I principali fattori evolutivi che conosciamo, oltre alla selezione naturale, sono le mutazioni, il flusso genico, la deriva genetica e l'accoppiamento non casuale. Come vedremo, tutti questi fattori sono importanti per determinare la variabilità degli individui che è la premessa indispensabile per l'evoluzione.

7

Le mutazioni generano nuovi alleli e la riproduzione sessuata li ricombina

L'origine della variabilità genetica è la **mutazione**. Come abbiamo visto nel ▸capitolo B3, una mutazione è qualsiasi cambiamento nel DNA di un organismo. Le mutazioni naturali possono avere cause diverse, ma hanno una caratteristica in comune: sono casuali rispetto ai bisogni adattativi dell'organismo. In genere le mutazioni sono dannose o ininfluenti per chi le porta ma, se le condizioni ambientali cambiano, i nuovi alleli possono rivelarsi vantaggiosi.

In natura le mutazioni si verificano con una frequenza molto bassa. Una mutazione per generazione per locus ogni mille zigoti è un tasso già molto alto; più comune è una mutazione ogni milione di zigoti. In ogni modo, si tratta di tassi sufficienti a creare una variabilità genetica considerevole, perché si applicano a moltissimi geni contemporaneamente e perché spesso le popolazioni sono composte da un gran numero di individui. Per esempio, se a ogni generazione si verificasse una mutazione puntiforme (inserzione, delezione o sostituzione di una singola base) con la probabilità di 10^{-9} per coppia di basi, in ciascun gamete umano, il cui DNA contiene 3×10^9 coppie di basi, avverrebbero in media tre nuove mutazioni puntiformi ($3 \times 10^9 \times 10^{-9} = 3$). Quindi ogni zigote sarebbe portatore, in media, di sei nuove mutazioni. A ogni generazione la popolazione umana, che oggi conta circa 6,5 miliardi di persone, acquisterebbe circa 40 miliardi di nuove mutazioni.

Se è vero che le mutazioni introducono nuovi alleli in una popolazione, è difficile che possano consentirne la diffusione. Almeno per gli eucarioti, questo è piuttosto l'esito dei fenomeni legati alla meiosi e alla riproduzione sessuata. Questi processi non generano di per sé nuovi alleli, ma favoriscono la **ricombinazione** (▸figura 4), vale a dire la formazione di nuove associazioni tra gli alleli esistenti. Per quanto possa sembrare sorprendente, questo «rimescolare le carte» è spesso più proficuo, in termini evolutivi, di quanto non sia la comparsa di nuovi alleli.

8

Il flusso genico può cambiare le frequenze alleliche

È raro che una popolazione sia completamente isolata da altre popolazioni della stessa specie. Più spesso si assiste alla migrazione di individui o allo spostamento di gameti da una popolazione all'altra, due fenomeni che insieme costituiscono il **flusso genico**. Gli individui o i gameti introdottisi nel nuovo ambiente possono apportare al pool genico della popolazione alleli nuovi. Anche se questo non accade, se le due popolazioni hanno frequenze alleliche diverse il flusso può comportare un cambiamento delle frequenze nella popolazione originaria.

Perché una popolazione si trovi all'equilibrio di Hardy-Weinberg, non deve quindi esserci un afflusso di geni da popolazioni con frequenze alleliche diverse.

9

Nelle popolazioni poco numerose la deriva genetica può produrre grandi cambiamenti

Nelle popolazioni di piccole dimensioni la **deriva genetica**, ossia la riduzione casuale della frequenza di un allele, può provocare forti alterazioni nelle frequenze alleliche delle generazioni successive. Può anche accadere che alleli vantaggiosi si vadano perduti perché rari, con conseguente aumento della frequenza di alleli nocivi.

La deriva genetica fu proposta negli anni Venti del secolo scorso da Sewell Wright. La sua idea faticò ad affermarsi, perché non sembrava coerente con la teoria della selezione naturale. Gli studi condotti negli anni successivi hanno mostrato senza ombra di dubbio che la deriva è un fenomeno reale e

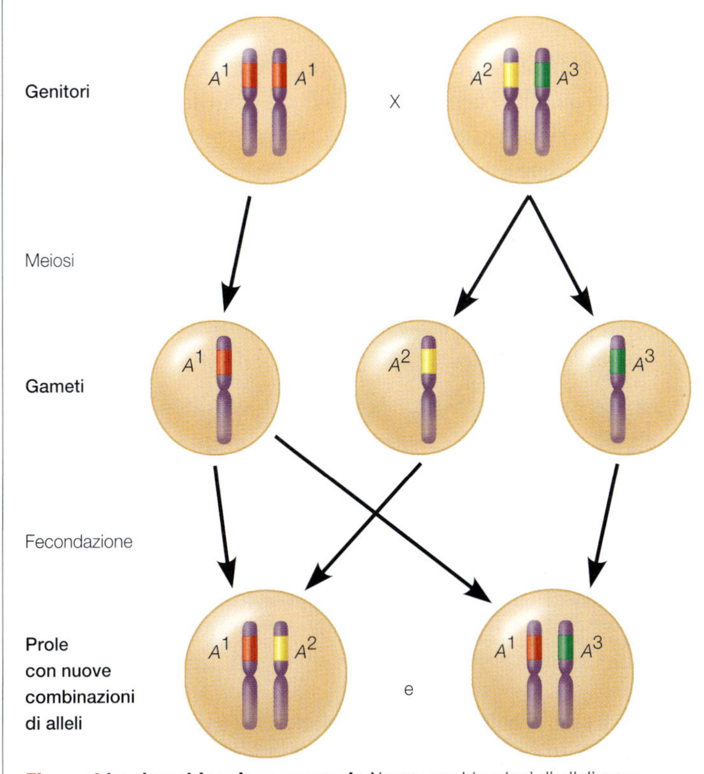

Figura 4 La ricombinazione sessuale Nuove combinazioni di alleli sono dovute alla riproduzione per via sessuata.

che, in certi casi, può risultare decisiva per determinare le caratteristiche genetiche di una popolazione.

Come esempio, supponiamo di far accoppiare dei moscerini della frutta eterozigoti. L'incrocio *Aa* × *Aa* produce una generazione F_1 nella quale $p = q = 0{,}5$ e le frequenze genotipiche sono 0,25 per *AA*, 0,50 per *Aa* e 0,25 per *aa*. Se al momento di produrre la generazione F_2 scegliamo a caso 4 individui (che corrispondono a 8 copie del gene) della generazione F_1, può capitare che in questa piccola popolazione campione le frequenze alleliche siano diverse da $p = q = 0{,}5$. Per esempio, se casualmente abbiamo estratto 2 omozigoti *AA* e 2 eterozigoti (*Aa*), le frequenze alleliche del campione saranno $p = 0{,}75$ (6 su 8) e $q = 0{,}25$ (2 su 8). Ripetendo 1000 volte l'esperimento di campionamento, si otterranno 1000 popolazioni campione delle quali circa 8 risulteranno completamente prive di uno dei due alleli.

Consideriamo ora due esempi di deriva genetica: l'effetto collo di bottiglia e l'effetto del fondatore.

10

L'effetto collo di bottiglia si verifica quando una popolazione subisce ingenti perdite

È possibile che popolazioni solitamente numerose di tanto in tanto attraversino periodi difficili, nei quali sopravvive soltanto un piccolo numero di individui. Durante queste fasi di contrazione numerica della popolazione, note come **colli di bottiglia**, la deriva genetica può portare a una riduzione della variabilità genetica.

Il meccanismo è illustrato nella ▸figura 5A, nella quale i fagioli rossi e gialli rappresentano i due diversi alleli di un gene. Nel piccolo campione prelevato dalla popolazione iniziale, per puro caso la maggior parte dei fagioli è rossa, così nella popolazione «sopravvissuta» la frequenza dei fagioli rossi è molto più alta che nella popolazione originale. Parlando di una popolazione reale, si potrebbe dire che le frequenze alleliche sono andate alla «deriva».

È probabile che una popolazione costretta a passare attraverso un collo di bottiglia perda gran parte della propria variabilità genetica. Un esempio di collo di bottiglia è offerto dai ghepardi (*Acinonyx jubatus*; ▸figura 5B). Durante l'ultima era glaciale, questa specie arrivò molto vicina all'estinzione e ne sopravvissero probabilmente poche unità. Questo ha fatto sì che la varietà genetica tra i ghepardi sia molto bassa; ciò è confermato dal fatto che è possibile eseguire un trapianto di pelle tra due ghepardi senza che vi sia alcun rigetto, tanto il patrimonio genetico di donatore e ricevente sono simili.

11

L'effetto del fondatore si verifica quando pochi individui pionieri colonizzano una nuova regione

Quando alcuni individui colonizzano un nuovo ambiente, è improbabile che portino con sé *tutti* gli alleli presenti nella popolazione di origine. Il cambiamento che si verifica nella variabilità genetica prende il nome di **effetto del fondatore** ed è equivalente a quanto accade in una grande popolazione decimata da un collo di bottiglia.

Gli scienziati hanno avuto modo di studiare la composizione genetica di due popolazioni fondatrici quando *Drosophila subobscura*, una specie ben studiata di moscerini della frutta originaria dell'Europa, venne scoperta nel 1978 vicino a Puerto Montt, in Cile, e nel 1982 a Port Townsend, nello stato di Washington. Probabilmente gli individui fondatori avevano raggiunto il Cile su una nave proveniente dall'Europa; in seguito pochi moscerini cileni, trasportati da un'altra nave, fondarono la popolazione statunitense. Entrambe le popolazioni di moscerini sono cresciute rapidamente e hanno ampliato il loro areale (▸figura 6). Mentre le popolazioni europee di *D. subobscura* presentano 80 inversioni cromosomiche, le popolazioni americane ne hanno soltanto 20 (le stesse in America del Nord e del Sud).

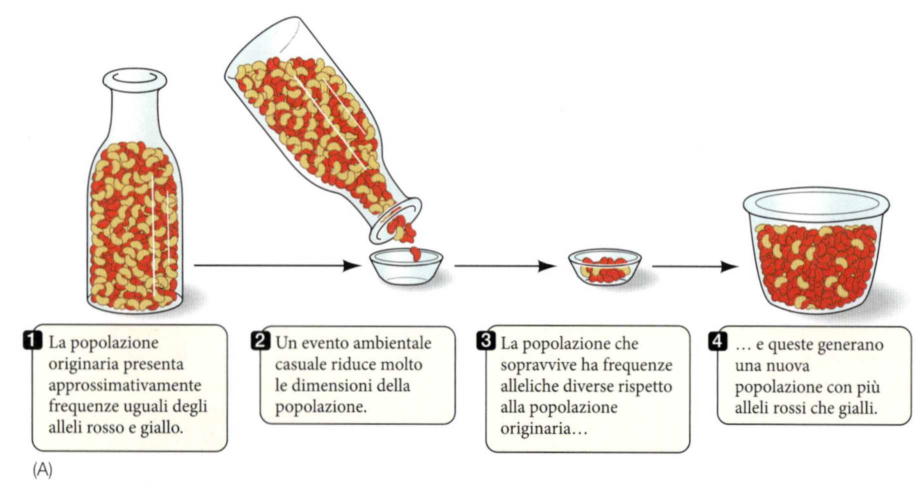

(B)

Figura 5 Il collo di bottiglia di una popolazione (A) Un collo di bottiglia rappresenta una situazione nella quale solo pochi individui di una popolazione sopravvivono a un evento casuale, col risultato di uno spostamento nelle frequenze alleliche della popolazione. (B) Un esempio di questo effetto è rappresentato dalle popolazioni attuali di ghepardi.

Inoltre, per alcuni geni, nelle due popolazioni americane sono presenti soltanto quegli alleli che nelle popolazioni europee hanno una frequenza superiore a 0,10. Ciò significa che solo una piccola parte di tutta la variabilità genetica presente in Europa ha raggiunto le Americhe, come ci si aspetta quando la popolazione fondatrice è poco numerosa. Secondo le stime dei genetisti, le due popolazioni americane sarebbero state fondate da un numero di moscerini compreso tra 4 e 100.

12 L'accoppiamento non casuale modifica le frequenze genotipiche

Le frequenze genotipiche possono subire cambiamenti anche nel caso in cui gli individui di una popolazione scelgano di accoppiarsi con partner dotati di genotipi particolari (un fenomeno chiamato **accoppiamento non casuale**). Per esempio, se la preferenza va agli individui con la stessa costituzione genetica, i genotipi omozigoti risulteranno più rappresentati di quanto previsto dall'equilibrio di Hardy-Weinberg. In altri casi può invece succedere che gli accoppiamenti avvengano preferibilmente o esclusivamente fra partner con genotipi diversi.

Esempi di accoppiamento non casuale si ritrovano anche nei vegetali. È il caso della primula, dove le singole piante producono fiori di uno solo fra due tipi possibili. Un tipo, detto *a spillo*, ha stilo lungo e stami corti; l'altro tipo, chiamato *a tamburello*, ha stilo corto e stami lunghi (►figura 7).

In molte specie di primula con questa disposizione reciproca di organi maschili e femminili, il polline proveniente da un tipo di fiore può fecondare soltanto fiori dell'altro tipo. Questo perché i granuli pollinici prodotti dai due tipi di fiore si depositano su parti anatomiche diverse degli insetti impollinatori e, quando l'insetto si sposta su un secondo fiore, i granuli di polline raccolti da fiori a spillo entrano più facilmente in contatto con gli stigmi di fiori a tamburello, e viceversa.

In numerosi gruppi di organismi, soprattutto vegetali, è frequente un'altra forma di accoppiamento non casuale: l'*autofecondazione*. In questo caso la frequenza degli eterozigoti si riduce rispetto a quanto previsto dall'equilibrio di Hardy-Weinberg. Questi tipi di accoppiamento non casuale alterano le frequenze genotipiche, ma non le frequenze alleliche, e quindi non producono adattamento. Esiste però anche una forma particolarmente importante di accoppiamento non casuale, capace di cambiare le frequenze alleliche: la *selezione sessuale*.

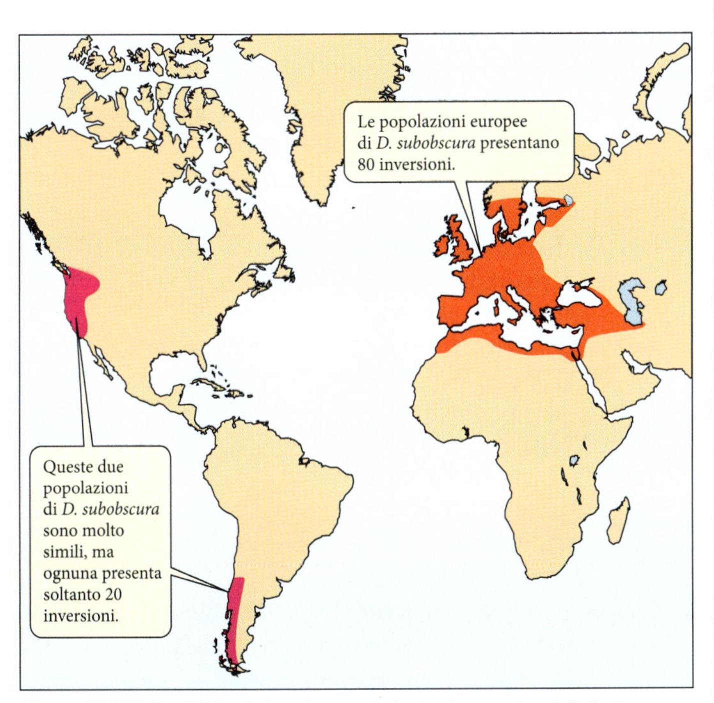

Figura 6 L'effetto del fondatore Le popolazioni del moscerino della frutta *Drosophila subobscura* dell'America del Nord e del Sud presentano variabilità genetica minore di quella delle popolazioni europee da cui derivano (come si vede dal numero di inversioni cromosomiche presenti in ogni popolazione). Nell'arco di due decenni dopo l'arrivo nel Nuovo Mondo, le popolazioni di *D. subobscura* crebbero enormemente e si diffusero ampiamente nonostante la loro ridotta variabilità genetica.

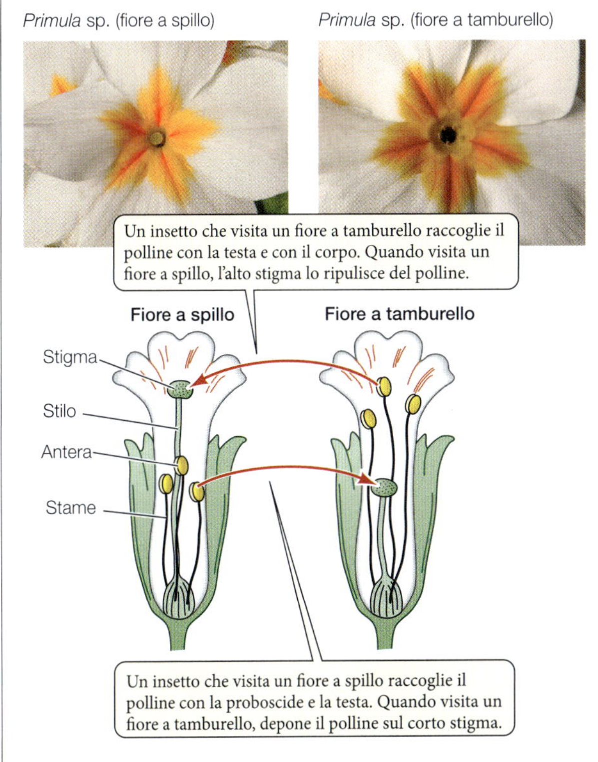

Figura 7 La struttura del fiore favorisce l'incrocio non casuale Diverse strutture fiorali all'interno della stessa specie assicurano che l'impollinazione avvenga tra individui con diverso genotipo, come illustrato dal caso della primula.

FACCIAMO IL PUNTO

Termini e concetti chiave

a. In che modo le mutazioni e la ricombinazione intervengono nel processo evolutivo?
b. Che cos'è la deriva genica? In quali casi si realizza?
c. In quali casi l'accoppiamento non casuale non produce adattamento? E perché?

La selezione naturale

I fattori evolutivi influenzano le frequenze alleliche e genotipiche delle popolazioni incidendo sul corso dell'evoluzione biologica; nessuno di essi però dà origine a un *adattamento*. L'adattamento si realizza quando individui che differiscono per caratteristiche ereditarie sopravvivono e si riproducono con un diverso grado di successo. Se alcuni individui di una popolazione contribuiscono in misura maggiore di altri alla generazione successiva, le frequenze alleliche cambiano e cresce il numero degli individui portatori degli alleli adattati a quel preciso ambiente. Darwin chiamò questo meccanismo «selezione naturale» e i suoi ingredienti fondamentali sono l'adattamento e la fitness.

13

L'adattamento è il risultato della selezione naturale

Con il termine *adattamento* si intende qualsiasi caratteristica di una specie che ne migliori le capacità di sopravvivenza in un determinato ambiente. L'adattamento può riguardare qualsiasi carattere: una caratteristica morfologica, relativa cioè all'aspetto di un organismo, oppure un particolare processo fisiologico, cioè una funzione svolta dall'organismo in questione, o ancora un aspetto etologico, cioè relativo al suo comportamento.

Gli adattamenti vengono acquisiti per selezione naturale. Occorre fare attenzione su questo punto: l'adattamento è la *conseguenza* della selezione naturale e non va confuso con la *fitness* che, come vedremo, è il diverso successo che deriva dalla variabilità individuale.

14

La fitness darwiniana esprime il successo riproduttivo di un individuo

La chiave della selezione naturale sta nel successo riproduttivo, vale a dire nel riuscire a generare il maggior numero possibile di discendenti così da diffondere i propri alleli nelle generazioni successive. Possiamo quindi definire la selezione naturale come il *contributo differenziale* alla prole della generazione successiva da parte dei vari genotipi di una stessa popolazione. Tuttavia bisogna fare attenzione che a fare i conti con la selezione naturale è il *fenotipo* (ovvero l'insieme delle caratteristiche fisiche manifestate da un organismo provvisto di un certo genotipo) e non direttamente il genotipo.

Questo è uno degli aspetti che più frequentemente vengono fraintesi riguardo ai meccanismi dell'evoluzione biologica: la selezione naturale favorisce determinati genotipi rispetto ad altri, ma non lo fa agendo *direttamente* su di loro, bensì sui modi in cui essi determinano diversi fenotipi. Non vengono selezionati *geni*, ma *caratteri*. Il contributo riproduttivo di un fenotipo alla generazione successiva, rapportato al contributo degli altri fenotipi, è detto **fitness**.

Vedere le cose in termini relativi è importante. Il numero assoluto di figli incide sulle *dimensioni* di una popolazione, ma non sulla sua *struttura* genetica. Un cambiamento di frequenze alleliche da una generazione all'altra, e quindi un adattamento, può derivare soltanto da una variazione nel successo *relativo* dei vari fenotipi.

La fitness degli individui con un particolare fenotipo è determinata dalla probabilità che tali individui sopravvivano, moltiplicata per il numero medio di figli che avranno nel corso della vita.

15

La selezione naturale può produrre vari risultati

Finora abbiamo considerato soltanto caratteri influenzati da alleli relativi a un solo locus. Tuttavia, come abbiamo visto nel ▸capitolo B1, la maggior parte dei caratteri è influenzata da *più* geni; in altre parole, la variabilità di questi caratteri è spesso di tipo **quantitativo**, e non qualitativo. Per esempio, i valori dell'altezza degli individui di una popolazione, un carattere influenzato da molti loci genici oltre che dall'ambiente, è verosimile si distribuiscano secondo curve a campana simili a quelle che puoi vedere nella colonna di destra della ▸figura 8.

Sui caratteri a variabilità quantitativa la selezione naturale può agire in vario modo, producendo risultati diversi.

1. La *selezione stabilizzante* favorisce gli individui con valori intermedi; come risultato, la media della popolazione non cambia, ma la sua varietà diminuisce.
2. La *selezione direzionale* favorisce gli individui che si discostano in una direzione o nell'altra dalla media; come risultato, cambia la media della popolazione.
3. La *selezione divergente* favorisce gli individui che si discostano in entrambe le direzioni dalla media della popolazione; come risultato, cambiano le caratteristiche della popolazione.

LE PAROLE

La **media** di una data variabile è data dalla somma di tutti i valori, divisa per il numero dei valori stessi (media aritmetica). Spesso nelle popolazioni naturali, la media corrisponde anche alla *moda*, vale a dire il valore più frequente.

16

La selezione stabilizzante riduce la variabilità di un carattere all'interno di una popolazione

Se in una popolazione il contributo alla generazione successiva degli individui con valori estremi per il carattere considerato, per esempio molto alti o molto bassi, è relativamente inferiore a quello degli individui con valori più vicini alla media, ci troviamo di fronte a una **selezione stabilizzante** (*vedi* ▸figura 8A). La selezione stabilizzante riduce la variabilità di un carattere nella popolazione, ma non ne cambia la media.

LE PAROLE

La **dispersione** indica il modo di distribuirsi dei valori in una popolazione. Più bassa è la dispersione, più i valori sono vicini alla media.

Quello che cambia è la *dispersione* attorno al valore medio.

La selezione naturale opera spesso in questo modo, contrastando l'aumento di variabilità causato dalla ricombinazione sessuale, dalla mutazione o dalla migrazione. L'evoluzione tende a procedere lentamente proprio perché di solito la selezione naturale è di tipo stabilizzante. Un esempio è il peso dei neonati umani; i bambini che alla nascita pesano meno o più della media della popolazione presentano un tasso di mortalità maggiore rispetto a quelli con peso vicino alla media (▸figura 9).

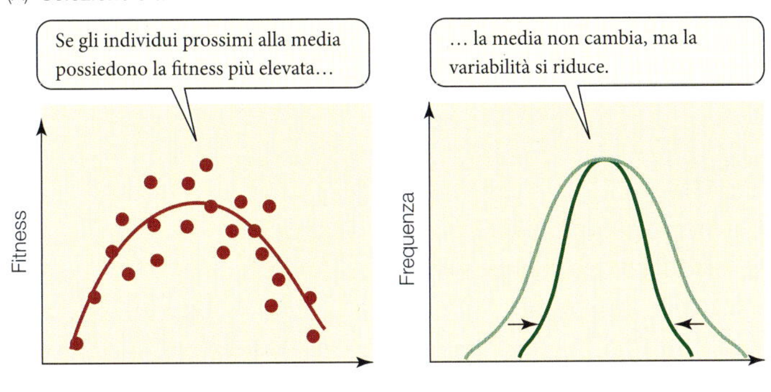

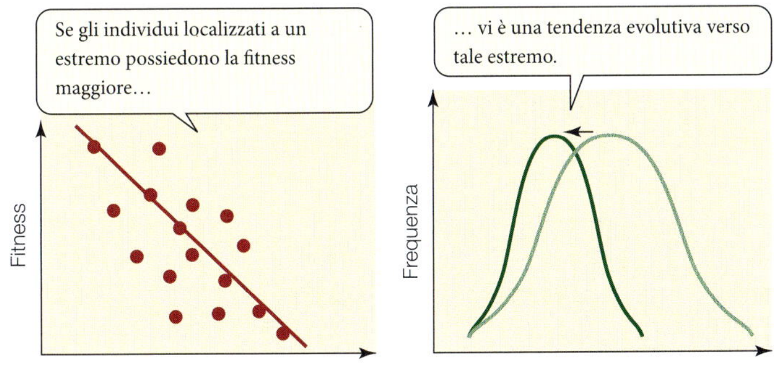

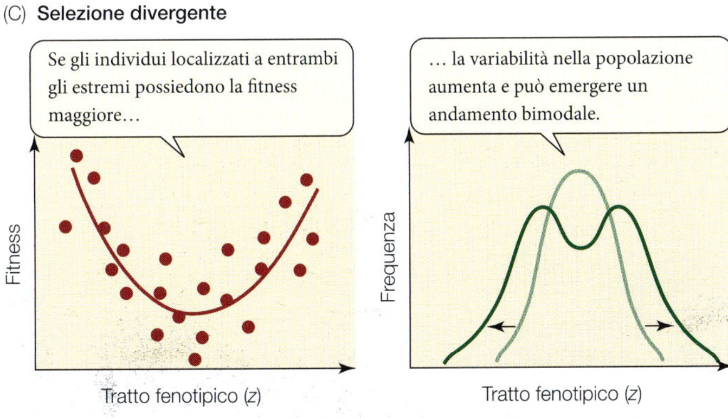

Figura 8 La selezione naturale può operare sulla variabilità quantitativa in modi diversi I grafici nella colonna a sinistra mostrano la fitness degli individui che presentano fenotipi diversi dello stesso tratto. I grafici a destra mostrano la distribuzione dei fenotipi nella popolazione prima (verde chiaro) e dopo (verde scuro) l'azione della selezione.

5.1 ANIMAZIONE
La selezione naturale
(5' 15")
ebook.scuola.zanichelli.it/sadavabiologiablu

17

La selezione direzionale può generare una tendenza evolutiva

Se il contributo apportato alla generazione successiva dagli individui posizionati a uno degli estremi della distribuzione di un carattere è maggiore rispetto all'altro, ci troviamo di fronte a una **selezione direzionale**; in tal caso il valore medio del carattere nella popolazione si sposterà in direzione di quell'estremo. Se la selezione direzionale continua ad agire generazione dopo generazione, nella popolazione si manifesta una *tendenza evolutiva* (*vedi* ▸figura 8B).

Spesso le tendenze evolutive di tipo direzionale proseguono per molte generazioni, ma non sempre è così: se l'ambiente cambia in modo tale da favorire fenotipi diversi, la tendenza evolutiva può anche cambiare direzione. Un'altra possibilità è che la tendenza evolutiva impressa dalla selezione direzionale si arresti o perché è stato raggiunto un fenotipo ottimale, o perché un ulteriore cambiamento si scontrerebbe con fattori evolutivi controbilancianti. A questo punto il carattere comincia a subire l'azione della selezione stabilizzante.

Un esempio ben documentato di selezione direzionale è quello relativo alla massa corporea media degli orsi bruni (*Ursus arctos*). I fossili degli animali vissuti nel corso di un'epoca glaciale mostrano una regolare tendenza all'aumento della massa corporea, il che costituisce un ben noto adattamento a un clima più rigido. Al contrario, i fossili di animali vissuti nel corso di un'epoca interglaciale mostrano una tendenza opposta (calo della massa corporea); infatti, se non è favorita dal rigore del clima, una massa corporea maggiore risulta svantaggiosa, perché richiede un maggior apporto quotidiano di cibo.

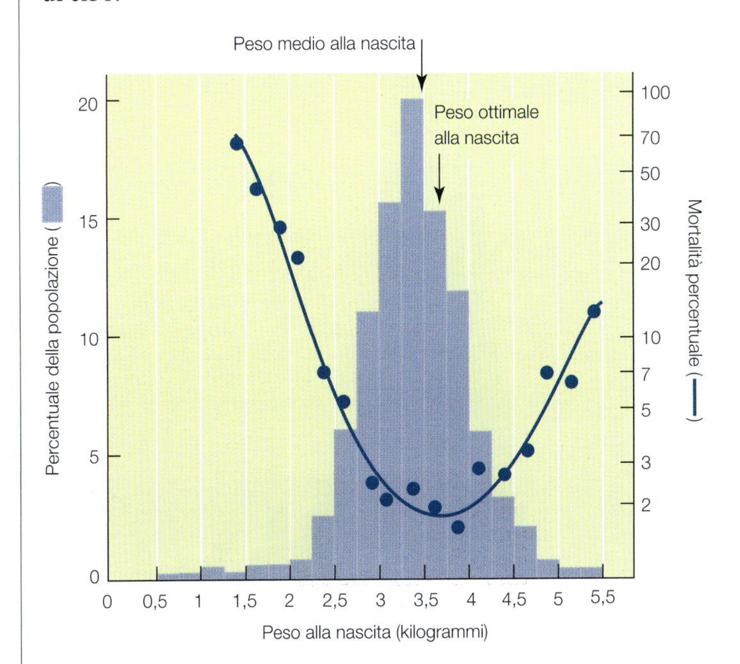

Figura 9 Il peso alla nascita è influenzato dalla selezione stabilizzante Gli esseri umani che alla nascita pesano più o meno della media hanno una maggiore mortalità infantile rispetto ai neonati il cui peso è prossimo alla media della popolazione.

Di solito una selezione direzionale comporta la modifica della caratteristica su cui agisce fino a che essa raggiunge valori ottimali, poi subentra una selezione stabilizzante. Nel caso dell'orso bruno questo sviluppo non ha potuto realizzarsi a causa dei continui e relativamente rapidi mutamenti del clima.

18 La selezione divergente aumenta la variabilità delle popolazioni

Se il contributo alla generazione successiva apportato dagli individui posizionati ai due estremi della distribuzione di un carattere è maggiore di quello degli individui prossimi alla media, ci troviamo di fronte a una **selezione divergente** (o diversificante); in tal caso la variabilità della popolazione aumenta (*vedi* ▸figura 8C).

L'effetto della selezione divergente sulle popolazioni naturali è ben illustrato dalla distribuzione fortemente bimodale (con due picchi ben distinti) delle dimensioni del becco in un piccolo uccello granivoro dell'Africa occidentale, il pireneste ventre nero (▸figura 10).

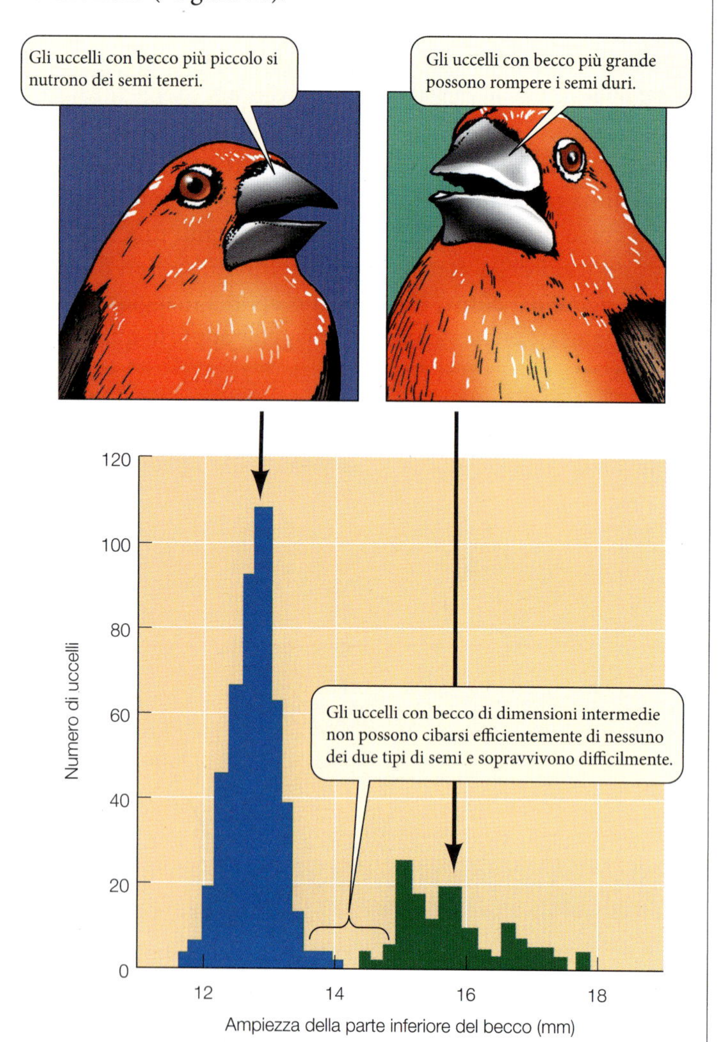

Figura 10 La selezione divergente determina una distribuzione bimodale La distribuzione bimodale delle dimensioni del becco nel pireneste ventre nero dell'Africa occidentale (Pyrenestes ostrinus) è un risultato della selezione divergente, che favorisce gli individui con becco di dimensioni maggiori o minori rispetto a quelli con becco di dimensioni intermedie.

Per una parte dell'anno la fonte di cibo più abbondante per questo uccello è costituita dai semi di due tipi di falasco (una pianta palustre). Gli esemplari con il becco grosso riescono facilmente a rompere i semi duri del falasco *Sclera verrucosa*; questa operazione risulta particolarmente difficile agli esemplari con il becco piccolo, i quali però se la cavano meglio degli uccelli a becco grosso con i semi teneri di *S. goossensii*.

Gli uccelli il cui becco ha dimensioni intermedie risultano meno abili rispetto a quelli dal becco più grosso nel ricavare nutrimento dai semi del falasco *S. verrucosa* e rispetto a quelli dal becco più piccolo nel ricavare nutrimento dai semi di *S. goossensii*. Considerato che i semi dei due falaschi hanno una durezza molto diversa e che l'ambiente non offre molte altre fonti abbondanti di cibo, gli uccelli con becchi di dimensione intermedia si trovano gravemente svantaggiati e la loro *fitness* risulta molto bassa. Pertanto la selezione divergente mantiene una distribuzione bimodale delle dimensioni del becco.

19 La selezione sessuale influenza il successo riproduttivo

La **selezione sessuale** è un tipo particolare di selezione naturale che agisce sulle caratteristiche che determinano il successo riproduttivo. Ne *L'origine delle specie*, Darwin vi dedicò soltanto poche pagine, ma successivamente approfondì l'argomento in un altro libro: *L'origine dell'uomo e la selezione sessuale* (1871).

Questo meccanismo servì a Darwin per spiegare l'evoluzione, nei maschi di molte specie, di una serie di caratteristiche dannose o inutili ma particolarmente appariscenti, come livree e colorazioni sgargianti, code lunghissime, pesanti corna o palchi ed elaborati rituali di corteggiamento (▸figura 11). La sua ipotesi era che questi caratteri consentissero a chi li possedeva di competere meglio con i membri dello stesso sesso per la conquista del partner (*selezione intrasessuale*), oppure di risultare più attraente agli occhi dei membri dell'altro sesso (*selezione intersessuale*).

Darwin trattò la selezione sessuale separatamente da quella naturale perché capì che si trattava di due meccanismi distinti,

Figura 11 Rituali di corteggiamento Due cervi maschi si affrontano in combattimento durante la stagione degli accoppiamenti.

I costi e i benefici dell'adattamento (7' 10")

ebook.scuola.zanichelli.it/sadavabiologiablu

e talvolta contrastanti: mentre la selezione naturale favorisce i caratteri che aumentano la capacità di sopravvivenza, la selezione sessuale riguarda *solo* il successo riproduttivo.

Ovviamente un animale per arrivare a riprodursi deve sopravvivere, ma se sopravvive e non si riproduce, non dà alcun contributo alla generazione successiva. Non è dunque impossibile che la selezione sessuale favorisca alcune caratteristiche capaci di accrescere la capacità riproduttiva del portatore, anche se ne riducono la capacità di sopravvivenza. Intuitivamente però questo concetto è difficile da comprendere e accettare, ed è stato ignorato o criticato per molti decenni, finché recentemente alcune ricerche sperimentali non ne hanno dimostrato l'importanza.

Un esempio è l'enorme coda del maschio dell'uccello vedova (*Euplectes progne*), che vive in Africa e ha una coda più lunga della testa e del corpo messi insieme (▸figura 12A). Per dimostrare che l'evoluzione della coda dell'uccello vedova è stata guidata dalla selezione sessuale, l'ecologo svedese Malte Andersson nel 1982 catturò alcuni esemplari maschi e ne alterò la lunghezza della coda. Ad alcuni la accorciò, ad altri la allungò incollandovi delle penne in più e ad altri ancora (gruppo di controllo) la tagliò e poi la rincollò senza modificarla.

Normalmente i maschi di uccello vedova scelgono un territorio dove eseguire i rituali di corteggiamento per attrarre le femmine, e lo difendono dagli altri maschi. Tutti i maschi, tanto quelli a coda lunga quanto quelli a coda corta, erano capaci di difendere il loro territorio di corteggiamento, a dimostrazione che la lunghezza della coda non incide sulla competizione tra maschi. Tuttavia, i maschi con la coda allungata artificialmente attraevano circa il quadruplo delle femmine dei maschi con la coda accorciata (▸figura 12B).

Le femmine di uccello vedova preferiscono i maschi con la coda lunga perchè, se possono permettersi di sviluppare e conservare una caratteristica così «costosa» nonostante la riduzione di capacità di volo che essa provoca, devono essere per forza sani e vigorosi. Una caratteristica costosa fornisce al sesso che opera la scelta del partner (di solito la femmina) un indizio attendibile per riconoscere gli individui realmente dotati di buone qualità riproduttive da quelli che bluffano. Se le femmine scegliessero il compagno sulla base di una caratteristica facilmente simulabile, non ne ricaverebbero alcun beneficio in termini di fitness.

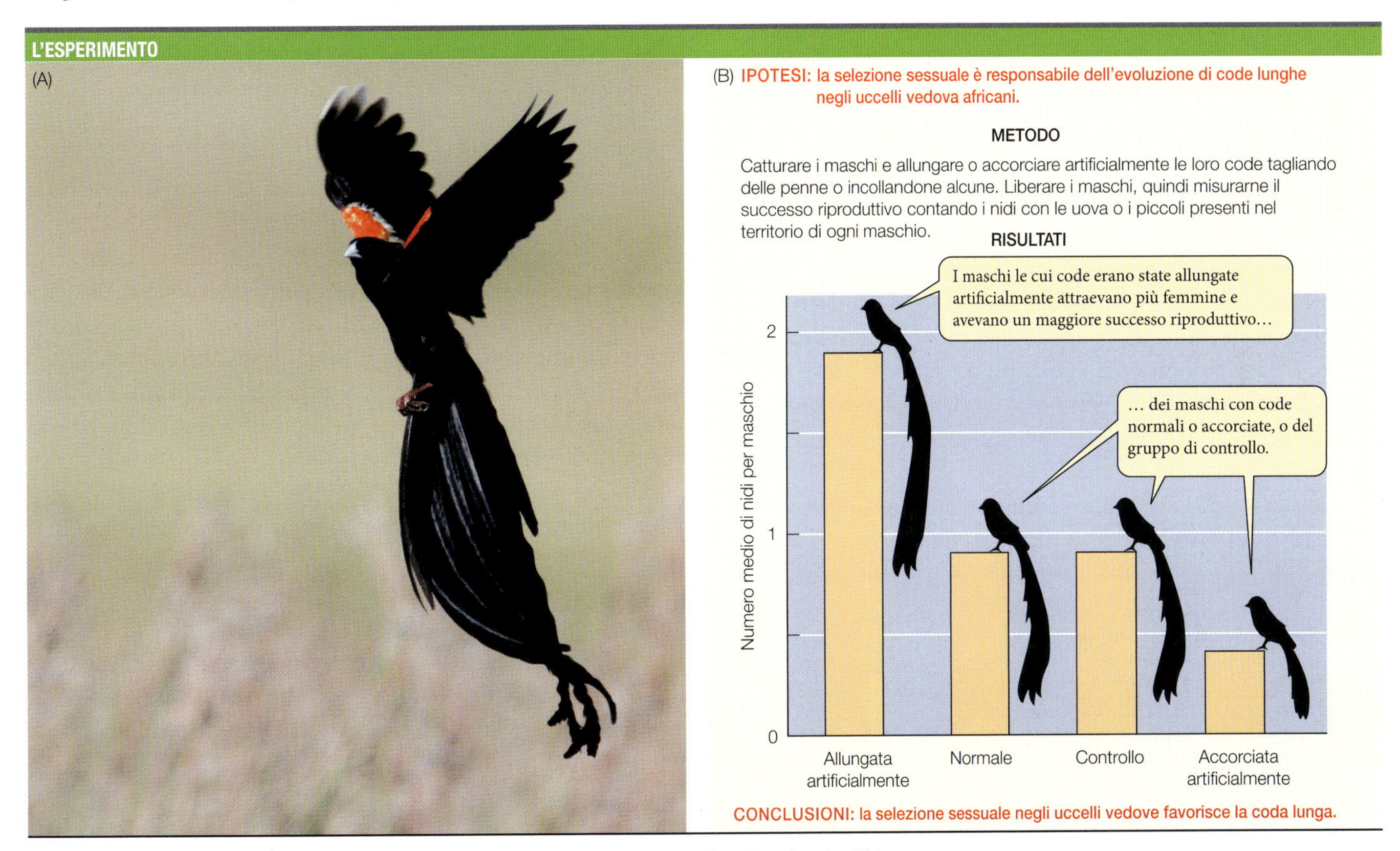

Figura 12 Coda più lunga, compagno migliore (A) Un esemplare normale di uccello vedova in volo. (B) I maschi con la coda accorciata difendevano con successo i loro territori, ma attraevano un numero minore di femmine (e quindi custodivano meno nidi con le uova) rispetto ai maschi dotati di code normali o allungate.

FACCIAMO IL PUNTO

Termini e concetti chiave

a. Attraverso quali processi il pool genico viene modificato dalle condizioni ambientali?
b. Quali fattori determinano la fitness darwiniana di un fenotipo?
c. La selezione può produrre tre diversi effetti: sai descriverli?
d. Che cos'è e come funziona la selezione sessuale?

La teoria evolutiva e il concetto di specie

Quale significato danno i biologi alla parola *specie*? Non è semplice rispondere a questa domanda, perché le specie non sono qualcosa di fisso e definito, bensì il risultato di processi evolutivi che si dispiegano nel tempo. Nello studiare questi processi, i biologi cercano una risposta a più domande: come si fa a riconoscere e descrivere una specie? Come si formano le specie nel tempo? In che modo le specie restano separate?

20

Spesso le specie si identificano dall'aspetto

Gli esperti di un particolare gruppo di organismi, come le farfalle o le orchidee, di solito sanno distinguere le diverse specie presenti in una certa zona semplicemente guardandole. Se esistono le guide al riconoscimento degli uccelli, dei mammiferi, degli insetti o delle piante è perché in generale l'aspetto di una specie si mantiene relativamente costante anche a grande distanza geografica.

Più di 200 anni fa, il biologo svedese Carl Linnaeus (o Linneo) propose il sistema *binomiale* di nomenclatura, ancora oggi in uso. Linneo descrisse centinaia di specie utilizzando il concetto di **specie morfologica**, secondo cui appartengono a una data specie tutti gli organismi di aspetto uguale tra loro e diverso da quello di altre specie. Gli organismi di una stessa specie possono, tuttavia, mostrare un aspetto anche molto differente. Per queste ragioni i biologi di solito non si accontentano del concetto di specie morfologica e cercano un fondamento più affidabile.

Il concetto di specie più adottato oggi è quello di **specie biologica** proposto nel 1940 da Ernst Mayr: *le specie sono gruppi di popolazioni naturali realmente o potenzialmente interfecondi e riproduttivamente isolati da altri gruppi analoghi.*

I termini «realmente» e «potenzialmente» sono elementi importanti della definizione: «realmente» vuol dire che gli individui vivono nella stessa area e si incrociano, «potenzialmente» significa che gli individui non vivono nella stessa area e quindi non possono incrociarsi, ma è legittimo pensare che se si incontrassero lo farebbero. Questa definizione di specie, sebbene non si possa applicare agli organismi che si riproducono per via asessuata, è quella più comunemente adottata.

Le specie classificate da Linneo corrispondono quasi sempre a quelle individuate sulla base del concetto di specie biologica per una semplice ragione: i membri di molti gruppi classificati come specie su base morfologica si somigliano perché condividono gran parte degli alleli responsabili della loro struttura corporea. Queste somiglianze genetiche rendono loro possibile generare una prole feconda quando si accoppiano.

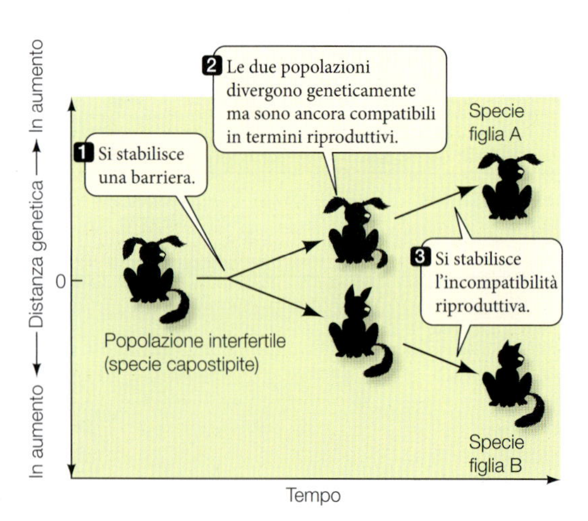

Figura 13 La speciazione può essere un processo graduale In questo schema, la divergenza genetica tra due popolazioni separate comincia prima che si evolva una incompatibilità riproduttiva.

21

Le specie si formano nel tempo

I biologi evoluzionisti considerano le specie come rami di un albero della vita. Ogni specie ha una sua storia che inizia con un evento di speciazione e termina con l'estinzione oppure con un secondo episodio di speciazione con cui la specie iniziale dà origine a due specie figlie.

La **speciazione** pertanto è il processo con cui una specie si suddivide in due o più specie figlie, che da quel momento in poi si evolvono secondo linee distinte. In genere si tratta di un processo graduale (►figura 13) per cui spesso due popolazioni si trovano a vari stadi del processo di trasformazione in specie nuove. In questi casi, decidere se gli individui appartengono alla specie A o alla specie B non serve a nulla; invece è importante conoscere i processi che portano alla separazione di una specie in due specie diverse.

Una componente importante del processo di speciazione è l'instaurarsi dell'**isolamento riproduttivo**: se in una popolazione gli individui si accoppiano fra loro, ma non con gli individui di altre popolazioni, si viene a costituire un gruppo ben definito, all'interno del quale i geni si ricombinano. Si tratta cioè di un'entità evolutiva indipendente, un ramo distinto dell'albero della vita. Secondo la definizione di specie proposta da Mayr, l'isolamento riproduttivo è il criterio più importante per il riconoscimento delle specie.

FACCIAMO IL PUNTO

Facciamo il punto termini e concetti chiave

a. Perché il criterio morfologico non è sempre sufficiente per definire una specie?
b. Che cosa significa il termine «speciazione»?

La speciazione può avvenire in diversi modi

Non sempre il cambiamento evolutivo produce nuove specie. Una linea evolutiva infatti può cambiare nel tempo e rimanere singola, senza dare origine a una nuova specie. Quando invece il cambiamento evolutivo porta alla scissione di una specie in due o più specie figlie, allora è avvenuta una speciazione. La speciazione richiede che si verifichi l'interruzione del flusso genico all'interno di una popolazione i cui membri, in precedenza, si scambiavano geni. I modi in cui il flusso genico può essere interrotto sono diversi, e ciascuno di essi definisce un tipo di speciazione.

22 La speciazione allopatrica richiede un isolamento genetico completo

La speciazione risultante da una suddivisione della popolazione dovuta a una barriera fisica si chiama **speciazione allopatrica** (▸figura 14). La speciazione allopatrica è considerata la modalità di speciazione più diffusa negli organismi. La barriera fisica che interrompe l'areale di distribuzione di una specie può essere un fiume o una catena montuosa per gli organismi terrestri, oppure un tratto di terra emersa per gli animali acquatici.

> **LE PAROLE**
> **Allopatrico** deriva dal greco *állos*, «altro», e *patèr*, «padre», da cui deriva anche *patria* («terra dei padri»). Il senso è quindi «che riguarda patrie distinte».

L'efficacia con cui una barriera fisica riesce a impedire il flusso genico dipende dalle dimensioni e dalla mobilità della specie in questione: per esempio, un'autostrada costituisce una barriera pressoché insormontabile per una lumaca, ma non per una farfalla. Nelle piante a impollinazione eolica, perché le popolazioni risultino isolate, occorre che si trovino a una distanza superiore a quella percorribile dal polline trasportato dal vento, sebbene le singole piante siano materialmente isolate anche a distanze molto minori. Nelle piante che si avvalgono di impollinatori, l'ampiezza della barriera corrisponde alla distanza percorribile dagli animali che trasportano il polline. Spesso gli animali sono riluttanti ad attraversare strisce, anche strette, di un habitat inospitale; per gli animali incapaci di nuotare o volare, anche un piccolo corso d'acqua può costituire una barriera efficace.

Una barriera si può formare in tanti modi. I moti delle placche terrestri possono allontanare tra loro due terre un tempo unite, come è accaduto, per esempio, all'Africa e al Sudamerica. Anche i cambiamenti climatici possono avere un effetto analogo: lo scioglimento delle calotte polari, che causa l'innalzamento del livello delle acque, può trasformare una penisola in un'isola, come è accaduto alla Gran Bretagna al termine dell'ultima glaciazione.

Prima di essere separate da tali barriere, spesso le popolazioni sono di grandi dimensioni. Le differenze che si sviluppano in seguito dipendono da vari fattori, compresa la deriva genetica, ma soprattutto perché gli ambienti nei quali si ritrovano a vivere possono essere diversi.

La speciazione allopatrica può anche essere il risultato del superamento di una barriera già esistente da parte di alcuni membri di una popolazione, i quali ne fondano una nuova, isolata da quella originaria. Le 14 specie di fringuelli delle Galápagos hanno avuto origine per speciazione allopatrica: i fringuelli di Darwin sono comparsi sull'arcipelago a partire da un'unica specie sudamericana che colonizzò le isole. Oggi queste 14 specie sono molto diverse dai loro parenti più stretti della terraferma.

Le isole dell'arcipelago delle Galápagos sono abbastanza distanti fra loro perché il passaggio dei fringuelli dall'una all'altra sia un evento molto raro. Inoltre, esse presentano condizioni ambientali diverse: alcune sono relativamente piatte e aride, mentre altre contengono montagne con pendici boscose. Nel corso di milioni di anni, le popolazioni di fringuelli delle varie isole si sono differenziate al punto che non solo hanno formato 14 specie diverse, ma addirittura appartengono a 4 diversi generi (▸figura 15 a pagina seguente).

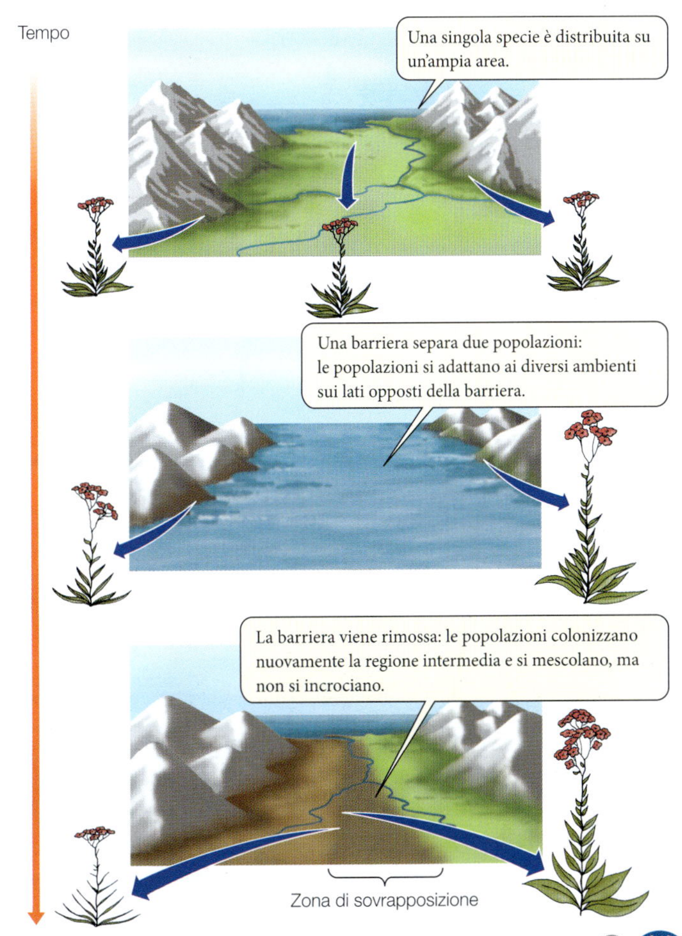

Figura 14 Speciazione allopatrica La speciazione allopatrica può avvenire quando una barriera fisica, come l'innalzamento del livello del mare, divide una popolazione in due sottopopolazioni separate.

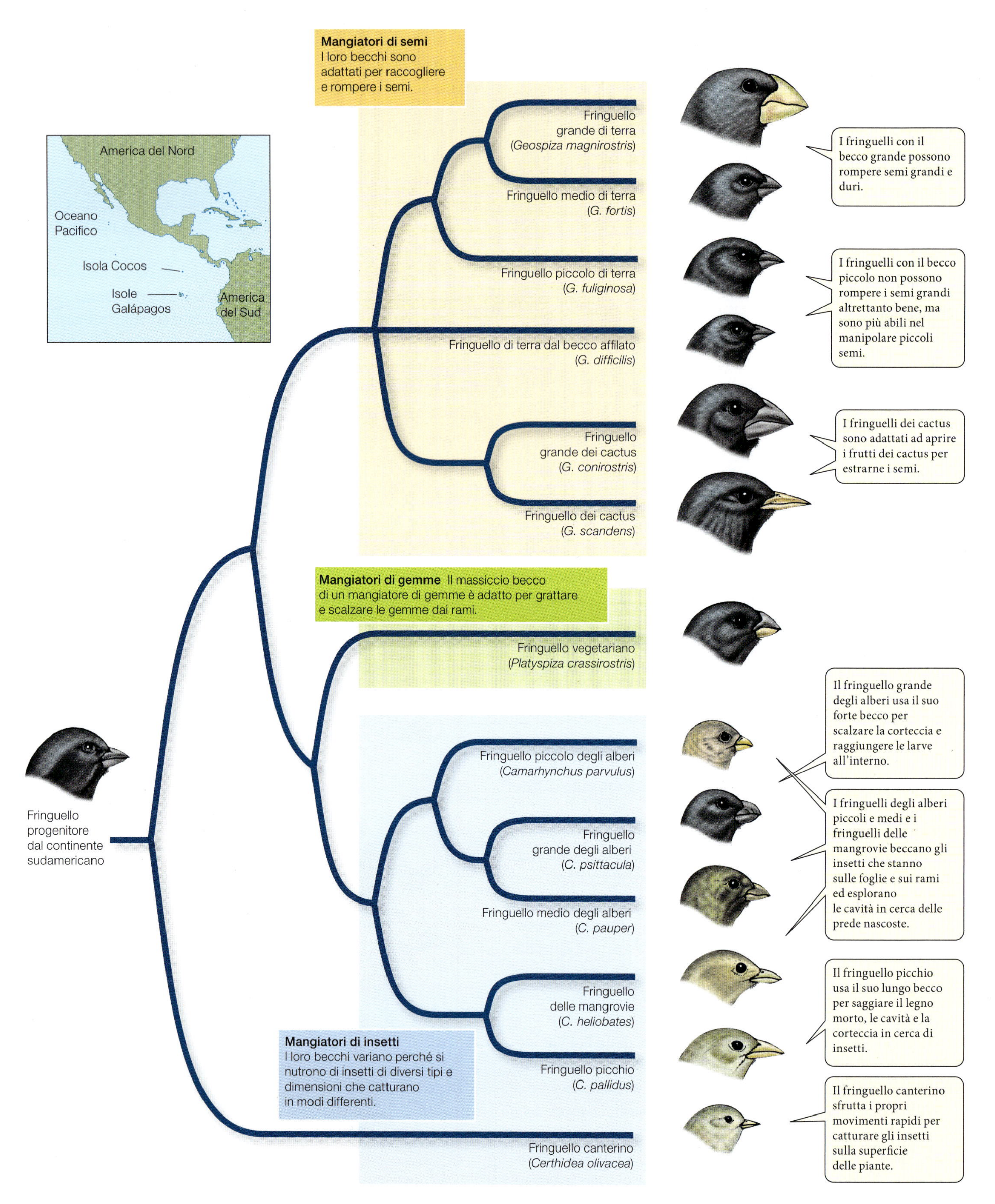

Figura 15 L'esempio dei fringuelli di Darwin I discendenti del fringuello ancestrale che colonizzò l'arcipelago delle Galápagos diversi milioni di anni fa si sono evoluti in 14 differenti specie i membri delle quali sono variamente adattati per nutrirsi di semi, germogli e insetti (la quattordicesima specie, non raffigurata qui, vive sull'isola di Cocos, più a Nord nell'oceano Pacifico).

23 La speciazione simpatrica avviene in assenza di barriere fisiche

In alcune circostanze particolari la speciazione può avvenire anche se non ci sono barriere fisiche. La suddivisione di un pool genico in assenza di una barriera fisica viene detta **speciazione simpatrica**. Ma in che modo si può instaurare un isolamento riproduttivo se gli individui hanno la possibilità di accoppiarsi?

LE PAROLE

Simpatrico deriva anch'esso dal greco *patèr*, «padre», preceduto da *sýn*, «insieme, con», nel senso di «relativo allo stesso territorio».

Ploidia deriva da un errore: *aploide* fu coniato dal greco *haplóos*, «semplice», ma fu presto inteso come *a-ploide*, con il suffisso privativo e un'inesistente *ploide*, che ha finito per assumere il significato di «corredo cromosomico».

Negli animali la speciazione simpatrica può avvenire per isolamento ecologico e per selezione sessuale; tuttavia il metodo più comune è sicuramente quello basato sulla **poliploidia**, cioè sulla produzione di individui provvisti di serie soprannumerarie di cromosomi. La poliploidia, molto frequente nei vegetali, può prodursi o per duplicazione dei cromosomi all'interno di una singola specie (*autopoliploidia*) o per fusione di corredi cromosomici appartenenti a due diverse specie (*allopoliploidia*).

Un individuo autopoliploide si origina, per esempio, quando cellule normalmente diploidi ($2n$, dotate cioè di un doppio corredo cromosomico) duplicano accidentalmente i loro cromosomi, producendo un individuo tetraploide ($4n$). Le piante tetraploidi e quelle diploidi, anche se appartengono alla stessa specie, sono isolate dal punto di vista riproduttivo perché i loro ibridi, che sono triploidi, di solito risultano sterili: i triploidi infatti sono incapaci di produrre gameti vitali perché durante la meiosi i loro cromosomi non formano sinapsi in maniera corretta (▶figura 16).

Quindi una pianta tetraploide non può produrre progenie vitale incrociandosi con un individuo diploide, ma *può* farlo per autofecondazione o incrociandosi con un altro tetraploide. In questo modo la poliploidia può produrre un isolamento riproduttivo completo in due sole generazioni: un'importante eccezione alla regola generale secondo cui la speciazione è un processo graduale.

La speciazione mediante poliploidia ha svolto un ruolo molto importante nell'evoluzione delle piante. Secondo le stime dei botanici, la poliploidia interesserebbe circa il 70% delle specie di angiosperme e il 95% delle specie di felci, molte delle quali avrebbero avuto origine dall'ibridazione di due specie, seguita da autofecondazione. Il fenomeno è molto più diffuso tra le piante che tra gli animali perché tra le specie vegetali è più frequente l'autofecondazione.

Un esempio è costituito dal frumento: questo cereale comprende circa 20 specie del genere *Triticum*. La coltivazione del frumento ha avuto inizio 11 000 anni fa a partire dalla specie diploide *Triticum monococcum* ($2n = 14$); oggi la specie più diffusa è il grano tenero (*T. aestivum*), una specie poliploide con 42 cromosomi.

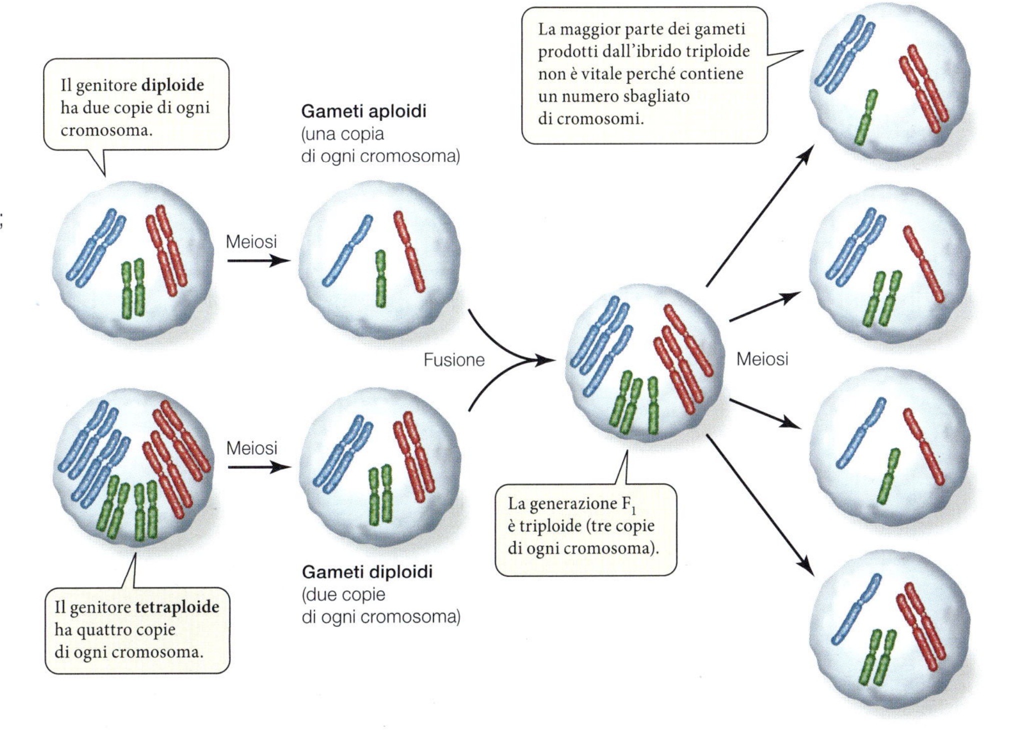

Figura 16 I tetraploidi risultano immediatamente isolati, in senso riproduttivo, dai diploidi Anche se la progenie triploide di un genitore diploide e di un tetraploide sopravvive e raggiunge la maturità sessuale, la maggior parte dei gameti che produce ha un corredo aneuploide di cromosomi. Tali individui triploidi sono quindi sterili (per semplicità, lo schema mostra solo tre cromosomi; gran parte delle specie ne ha molti di più).

FACCIAMO IL PUNTO

Termini e concetti chiave

a. In che modo ha luogo la speciazione allopatrica. Fai qualche esempio.
b. In che modo può verificarsi la speciazione simpatrica. Fai alcuni esempi.

La speciazione richiede l'isolamento riproduttivo

Per effetto dei meccanismi evolutivi, due popolazioni possono divergere geneticamente e accumulare differenze tali da ridurre la probabilità che i loro membri si incrocino e producano una progenie vitale. Non sempre però questo accade: a volte popolazioni rimaste isolate geograficamente per milioni di anni sono ancora riproduttivamente compatibili. In tal caso le due popolazioni, pur divergendo, non generano due specie biologiche diverse.

24 Le barriere prezigotiche agiscono prima della fecondazione

L'**isolamento riproduttivo**, cioè la possibilità che due specie imparentate convivano senza che si verifichi un flusso genico, è fondamentale per stabilire se è avvenuta la speciazione e può insorgere in seguito a meccanismi diversi raggruppati in due categorie: le barriere riproduttive prezigotiche e quelle postzigotiche.

I meccanismi che impediscono l'incrocio tra individui di specie o popolazioni diverse agendo a monte della fecondazione, ovvero le cosiddette **barriere riproduttive prezigotiche**, possono essere di vari tipi.

- **Isolamento ambientale:** gli individui delle diverse specie, pur vivendo in una stessa area geografica, possono scegliere habitat differenti nei quali vivere e accoppiarsi, con il risultato che non entrano mai in contatto durante i rispettivi periodi fertili.
- **Isolamento temporale:** molti organismi presentano periodi riproduttivi che durano soltanto poche ore o giorni. Due specie con «finestre» riproduttive che non presentano un periodo di sovrapposizione saranno riproduttivamente isolate da una barriera temporale. Un esempio è costituito dalle due specie di moffetta americana che vedi nella ▸figura 17: la moffetta maculata orientale (*Spilogale putorius*) e la moffetta maculata occidentale (*Spilogale gracilis*). Le due specie sono quasi indistinguibili e coesistono nelle stesse aree, ma sono isolate dal punto di vista riproduttivo perché la prima si accoppia alla fine dell'inverno e la seconda in autunno.
- **Isolamento meccanico:** la fecondazione fra due specie diverse può essere impedita da differenze di dimensioni o forma degli organi riproduttivi. I maschi di molti insetti, per esempio, possiedono organi copulatori con strutture caratteristiche, che ostacolano l'inseminazione di femmine di una specie diversa.
- **Isolamento gametico:** è possibile che gli spermatozoi di una specie siano incapaci di aderire alle cellule uovo di un'altra specie perché queste non rilasciano le sostanze di attrazione giuste, oppure non riescano a penetrare nell'uovo perché chimicamente incompatibili.
- **Isolamento comportamentale:** gli individui di una specie possono non riconoscere, o non accettare, come partner sessuali gli individui di un'altra specie. Per esempio, in molti uccelli sono presenti rituali di corteggiamento elaborati, che sono caratteristici per ciascuna specie. In questo caso, quindi, l'isolamento è legato agli stessi meccanismi che portano alla selezione sessuale.

In alcune specie, la scelta del partner riproduttivo è mediata dal comportamento degli individui di un'altra specie. Per esempio, la possibilità che due specie di piante producano ibridi può dipendere dalle preferenze alimentari dei loro impollinatori. Le caratteristiche del fiore possono contribuire attraverso gli impollinatori all'isolamento riproduttivo, o perché attraggono impollinatori diversi o perché il polline si deposita in punti diversi del loro corpo.

(A)

(B)

Figura 17 Diverse stagioni riproduttive Le due moffette *Spilogale gracilis* (A) e *Spilogale putorius* (B), nonostante l'estrema somiglianza, sono due specie diverse perchè si accoppiano in stagioni differenti.

25 Le barriere postzigotiche agiscono dopo la fecondazione

Se gli individui di due popolazioni diverse non sono completamente separati da barriere riproduttive prezigotiche, lo scambio di geni può essere impedito da **barriere riproduttive postzigotiche**. Le differenze genetiche accumulate durante l'isolamento possono ridurre la sopravvivenza e il potenziale riproduttivo degli ibridi in vari modi.

- **Riduzione della vitalità dello zigote:** gli zigoti ibridi sono spesso incapaci di raggiungere lo stato di adulto e muoiono durante lo sviluppo.
- **Riduzione della vitalità dell'adulto:** gli ibridi possono sopravvivere meno a lungo della prole derivante dagli accoppiamenti tra membri di una stessa popolazione.
- **Sterilità degli ibridi:** gli ibridi possono svilupparsi normalmente in adulti, che però, quando tentano di riprodursi, risultano sterili. Per esempio i muli, derivanti dall'accoppiamento fra asini e cavalle, sono sani ma quasi sempre sterili; anche in questo caso l'ibridazione non produce una discendenza.

La selezione naturale non favorisce l'evoluzione di barriere postzigotiche in modo diretto, mentre può invece favorire l'evoluzione di barriere prezigotiche quando la prole ibrida è meno adatta alla sopravvivenza. Infatti, in questo caso, i membri di una popolazione che si accoppiano anche con i membri di una popolazione diversa avranno una discendenza meno numerosa di quelli che si accoppiano solo all'interno della loro popolazione. Quando le barriere prezigotiche si consolidano per questa via, si parla di **fenomeni di rinforzo**.

In natura molte specie strettamente affini nelle zone di sovrapposizione dei loro areali di distribuzione formano ibridi anche per molti anni consecutivi. Esaminiamo ora che cosa accade quando le barriere riproduttive non impediscono completamente l'accoppiamento e la riproduzione tra individui di popolazioni diverse.

LE PAROLE

Ibrido deriva secondo alcuni dal greco *hýbris*, «violenza, eccesso», inteso qui come mancanza di freni che porta a concepire una creatura contro natura.

PER SAPERNE DI PIÙ

GLI EQUILIBRI INTERMITTENTI: QUANDO L'EVOLUZIONE ACCELERA

Le accelerazioni a cui l'evoluzione pare andare incontro in certi periodi non contrastano necessariamente con la moderna visione del processo, ma sembrano mettere in crisi uno dei presupposti tanto cari a Darwin, quello del gradualismo.

Nel 1972, i paleontologi statunitensi Niles Eldredge e Stephen J. Gould proposero una teoria che basava gran parte della propria originalità proprio sulle variazioni di ritmo del processo evolutivo. L'obiettivo principale della loro teoria, nota come teoria degli equilibri intermittenti, era di fornire una spiegazione convincente della scarsità dei fossili di transizione.

Intermittente è la traduzione dell'inglese *punctuated* (spesso tradotto come «punteggiato»), e indica qualcosa che accade ripetutamente, in episodi intervallati a fasi ad andamento diverso, e quindi intermittente.

Di fatto la teoria permette di spiegare perché le specie viventi non sembrano affatto cambiare con regolarità e gradualità nel tempo, ma piuttosto appaiono mutare molto più rapidamente al momento della loro origine, per poi assestarsi in una lunga fase di cambiamento relativamente modesto o addirittura nullo (stasi evolutiva).

Spesso la teoria degli equilibri intermittenti viene intesa come alternativa alla visione globale di derivazione darwiniana. La contrapposizione però è solo apparente, come si può comprendere tenendo conto di un particolare importante: quando, negli equilibri intermittenti, si parla di accelerazione del processo evolutivo e si sostiene che la speciazione avviene in termini relativamente brevi, non si deve trascurare l'importanza di quel «relativamente». Se una specie esiste da 50 milioni di anni e si è formata in 50 000 anni, il periodo della sua formazione corrisponde a un millesimo della sua esistenza ed è quindi relativamente molto breve, eppure sufficiente perché si verifichi la speciazione.

È stato fatto osservare, da alcuni critici, che la teoria non è particolarmente innovativa e che si limita a estremizzare alcune idee già proposte da altri. Si tratta di un'osservazione legittima, ma che nulla toglie al fatto che gli equilibri intermittenti si sono dimostrati uno strumento utile ai biologi dell'evoluzione.

FACCIAMO IL PUNTO

Termini e concetti chiave

a. Quali sono i principali meccanismi di isolamento prezigotico?
b. Descrivi qualche esempio di isolamento postzigotico.
c. In quali casi si può formare una zona ibrida?

Evolution and origin of species

After Darwin

- The Darwinian theory leaves some questions open:
  - there are no fossils of some intermediate and transitional species;
  - it does not explain how individual variability subject to selection actually comes about.
- **Population genetics** provides the link between the work of Mendel and Darwin's theory by considering the sum of all the alleles present in a population (**gene pool**) and their relative frequency.

The Hardy-Weinberg law

- The formulation of the Hardy-Weinberg equilibrium is:
  $p^2 + 2pq + q^2 = 1$
  where p = allele frequency of A and q = allele frequency of a.
- **Allele frequencies** remain constant from one generation to another.
- **Genotypic frequencies** can be estimated from the allele frequencies.
- In organisms that reproduce sexually the law requires:
  - absence of mutations;
  - absence of gene flow;
  - large population size;
  - random mating;
  - same probability of survival for the various genotypes.
- Although in nature populations no longer follow this law, it does provide useful information for predicting the genotypic frequencies of a population, and helps to identify the mechanisms that bring about change.
- **Mutations** introduce new alleles into the population and are **random** with respect to the organism's adaptive needs.
- Formation of new associations between existing alleles (**recombination**) is often more advantageous than the appearance of a new allele.
- **Gene flow** is caused by the migration of individuals and gametes.
- **Genetic drift** that occurs in small populations by **bottleneck** and the **founder effect** reduce genetic variability.
- Allele frequency is changed by **non-random mating**.

Species

- Linnaeus described the species using the concept of **morphological species** based on appearance.
- The concept of **biological species** introduced by Mayr is the one accepted today. Biological species are groups of natural populations that can interbreed and are reproductively isolated from other similar groups.
- The story of a species starts with **speciation** and ends with **extinction** or with a new speciation that gives rise to two sister species.
- Speciation is a gradual process triggered by **reproductive isolation** of some individuals.

Allopatric speciation

- Allopatric speciation is caused by a subdivision of the population due to a **physical barrier**. This is the most widespread means of speciation.
- The effectiveness of the barrier depends on the **size** and **mobility** of the species in question.

Sympatric speciation

- In animals, sympatric speciation occurs by **ecological isolation** or **sexual selection**.
- In plants, **polyploidy** is common; it is the production of individuals with a supernumerary series of chromosomes within the same species (*autopolyploidy*) or deriving from the blending of chromosome complements from different species (*allopolyploidy*).

Reproductive isolation

- Two related species can live together without gene flow occurring because of various types of barriers.

Prezygotic barriers

- Prezygotic barriers are created by:
  - **environmental isolation** between individuals that occupy different habitats;
  - **temporal isolation** if the reproductive periods do not coincide;
  - **mechanical isolation** for differences of size or morphology;
  - **behavioral isolation** when some partners are not accepted.
- Natural selection may favor the evolution of prezygotic barriers by way of **reinforcement phenomena** when the hybrid offspring are less fit for survival.

Postzygotic barriers

- Postzygotic barriers are created by:
  - reduced vitality of the zygote;
  - reduced vitality of the adult;
  - sterility of hybrids.

ebook.scuola.zanichelli.it/sadavabiologiablu

Verifica le tue conoscenze

1 Quale tra le seguenti teorie non è stata proposta da Darwin?

A l'origine della vita
B la discendenza da un antenato comune
C la proliferazione delle specie
D la gradualità dell'evoluzione

2 La legge di Hardy-Weinberg non è valida nel caso in cui

A la popolazione non abbia dimensioni troppo grandi
B non esiste alcun flusso genico
C non si verifichi alcuna mutazione
D gli accoppiamenti siano puramente casuali

3 Per deriva genetica si intende

A la degenerazione evolutiva di una specie
B una serie di cambiamenti che portano all'estinzione
C l'effetto degli incroci casuali su una popolazione
D la riduzione della frequenza di un allele

4 Si definisce correttamente l'adattamento come

A l'essere adatti a sopravvivere a qualsiasi cambiamento che avvenga nell'ambiente
B il contributo riproduttivo di un determinato fenotipo alla generazione successiva
C una caratteristica che migliori le capacità di sopravvivere in un determinato ambiente
D il punto di partenza della selezione naturale che permette l'evoluzione delle specie

5 Quale tra i seguenti fattori non comporta il rischio di non riconoscere due organismi come membri della stessa popolazione?

E il dimorfismo sessuale
F la diversità climatica
G l'esistenza di forme immature
H un diverso ruolo sociale

6 Nel 1940 Ernst Mayr ha proposto la definizione di

A specie evolutiva
B specie ecologica
C specie morfologica
D specie biologica

7 La definizione di speciazione è il

A processo graduale in cui una specie si divide in due
B processo graduale tramite cui si modifica una specie
C momento in cui una specie origina due specie distinte
D momento in cui una specie diventa un'altra

8 La speciazione simpatrica avviene quando

A due popolazioni sono isolate riproduttivamente e poi geograficamente
B una popolazione viene divisa in due soltanto da una barriera geografica
C due popolazioni sono isolate geograficamente e poi riproduttivamente
D una popolazione viene divisa in due soltanto da una barriera riproduttiva

9 Quale tra le seguenti non è una barriera prezigotica?

A la sterilità degli ibridi
B l'occupazione di habitat differenti
C la separazione tra i periodi di fertilità
D la non compatibilità dei gameti

10 I maschi di molte specie di insetti hanno organi copulatori che impediscono l'inseminazione di femmine di una specie diversa, questo è un caso di

A isolamento temporale
B isolamento comportamentale
C isolamento postzigotico
D isolamento meccanico

11 Se due individui di sesso opposto appartengono a due specie diverse, possiamo attenderci che

A non potranno accoppiarsi
B il loro accoppiamento non sarà fecondo
C l'eventuale figlio non arriverà alla nascita
D l'eventuale figlio sarà sterile

12 Le mutazioni

A sono sempre negative
B avvengono in maniera non casuale
C introducono nuovi alleli
D possono essere previste

Verifica le tue abilità

Leggi e completa.

13 Leggi e completa, con i termini opportuni, le seguenti frasi riferite alla genetica delle popolazioni.

A Quando i genetisti studiano una popolazione si riferiscono in effetti al suo .... genico.
B Questo concetto può essere utilizzato solo se gli individui di una popolazione si .... regolarmente tra loro.
C Una popolazione si trova in .... se rispetta le condizioni della legge di Hardy-Weinberg.

14 Leggi e completa, con i termini opportuni, le seguenti frasi riferite alla selezione naturale.

A Si definisce .... il successo riproduttivo di un fenotipo.
B Il successo di un fenotipo è sempre successo .... rispetto agli altri fenotipi.
C L'effetto è quello di variare la .... di un allele in un pool genico.
D La selezione naturale, però, agisce sui .... e non direttamente sui geni.

15 Leggi e completa, con i termini opportuni, le seguenti frasi riferite al concetto di specie.

A Linneo utilizzò il concetto di specie ....
B Il concetto di specie .... è il più usato attualmente.
C Nella pratica, le differenze sono poche poiché gli organismi di una stessa specie condividono molti .... e quindi hanno aspetto simile.
D Il concetto moderno evidenzia il fatto che gli organismi di una specie sono .... isolati da quelli di altre specie.

16 Leggi e completa, con i termini opportuni, le seguenti frasi riferite alla speciazione simpatrica.

A Il fenomeno deve il suo nome al fatto che non richiede barriere .... per avvenire.
B La causa più tipica è una .... per errori nella meiosi.
C Si tratta di un fenomeno che nei .... accade con una certa frequenza.

Spiega e rispondi.

17 La deriva genetica è considerata un fattore fondamentale per comprendere l'evoluzione. Indica quali tra le seguenti affermazioni sono corrette.

A Un caso di deriva genetica è l'effetto collo di bottiglia.
B L'effetto del fondatore determina la scomparsa di alleli rari.
C La deriva genetica è basata sulla casualità.
D La deriva non funziona se c'è un flusso genico.
E La deriva genetica funziona solo su specie in estinzione.
Motiva opportunamente le tue risposte.

18 La selezione naturale può avere diversi effetti su una popolazione. Quali, tra quelli indicati qui sotto, sono correttamente descritti?

A Nei casi di selezione stabilizzante, la varietà intraspecifica diminuisce.
B La selezione direzionale porta a un aumento del valore medio per il fenotipo considerato.
C Nella selezione divergente causa un incremento della moda della popolazione.
D La selezione divergente genera una distribuzione bimodale.
Motiva le tue risposte, sostenendole anche con gli opportuni grafici.

19 La speciazione può avvenire secondo una modalità detta allopatrica. Indica le affermazioni corrette a questo riguardo.

A Il fattore che innesca il fenomeno è una mutazione genetica.
B La speciazione allopatrica genera sempre almeno due specie figlie.
C Le barriere fisiche sono di varia natura, ma ampie non meno di qualche chilometro.
D Anche la colonizzazione di una nuova regione può portare alla speciazione allopatrica.
Motiva le tue risposte, chiarendo cosa si intende per speciazione allopatrica.

Rispondi in poche righe.

20 In una popolazione di uccelli, l'allele C (piumaggio colorato) è presente con una frequenza del 28% e l'allele c (piumaggio bianco) con una frequenza del 72%. Calcola le frequenze degli omozigoti, dominanti e recessivi, e degli eterozigoti, assumendo che la popolazione rispetti la legge di Hardy-Weinberg.

21 Illustra per quali ragioni l'accoppiamento non casuale in una popolazione modifica le frequenze fenotipiche.

22 La selezione naturale e la selezione sessuale non sono necessariamente in accordo. Spiega le ragioni di questo fatto.

23 Per quali ragioni le specie descritte non cambiano di molto passando dal concetto morfologico di specie a quello biologico?

24 Spiega per quale ragione gli individui *4n* e quelli *2n* di una specie risultano riproduttivamente separati.

25 A tuo giudizio sono più vantaggiosi i meccanismi di isolamento prezigotico o postzigotico? Come si spiega che esistano ambedue?

Mettiti alla prova

Rispondi in 20 righe.

26 **La moderna biologia dell'evoluzione si basa sul lavoro di Darwin, ma se ne distacca in alcuni punti di grande importanza. Individua questi punti e discuti la natura delle differenze.**
Chiarisci in quale modo lo studio dei fringuelli di Darwin possa condurre al modello della speciazione allopatrica.

Rispondi in 10 righe.
CONOSCENZE

27 **Descrivi la speciazione simpatrica e il meccanismo principale su cui si basa.**

28 **Studi condotti su una specie di piante spontanee che crescono in regioni il cui suolo è inquinato hanno mostrato che le varietà che meglio sopportano la presenza di inquinanti non sono in grado di competere con le altre varietà quando si trovino su terreni non inquinati, ma sono le uniche a crescere dove il suolo contenga sostanze tossiche per la maggior parte dei vegetali. Individua a quale tipo di cambiamento può andare incontro questa specie, descrivi tale cambiamento e rendine conto anche mediante l'uso di grafici.**

COMPETENZE

29 **Nella famiglia delle *Cicadidae*, che comprende le comuni cicale, i maschi emettono il caratteristico canto nella stagione riproduttiva. Ogni specie ha un suo canto specifico, differente da quello delle altre specie. Chiarisci il significato di questa condizione, individuando di quale caso si tratti ed evidenziane gli effetti.**

Scegli la risposta corretta.
CONOSCENZE

30 **Un pool genico si definisce come**

A la somma di tutti gli alleli presenti in una popolazione, ciascuno con la propria frequenza.
B l'insieme di tutti i geni presenti in una popolazione e che contribuiscono alla sua fitness.
C il complesso di tutti gli organismi di una popolazione potenzialmente in grado di riprodursi.
D il complesso delle condizioni che rendono valido l'equilibrio di Hardy-Weinberg per una popolazione.

31 **È plausibile che un istmo possa causare**

A una barriera riproduttiva tra due popolazioni di una specie di mammiferi di grossa taglia.
B una barriera fisica tra due popolazioni di una specie di pesci marini.
C un fattore di isolamento ambientale tra due popolazioni di una specie di mammiferi di grossa taglia.
D una speciazione simpatrica, favorendo la fissazione di una casuale autopoliploidia.

COMPETENZE

32 **Tigone e ligre sono le due forme ibride che possono nascere da una tigre e un leone. Essendo forme ibride, si può prevedere che**

A non si possano formare in natura, ma solo in cattività.
B possono incrociarsi tra loro ma non con tigri o leoni.
C è probabile che siano sterili o comunque poco fertili.
D non possono arrivare all'età adulta e quindi riprodursi.

33 **L'egretta sacra (*Demigretta sacra*) è una specie di uccello diffusa in gran parte dell'Asia. Ne esistono due varietà: una grigia e una bianca, che di solito arriva al 30% degli individui. Nelle Isole Marchesi e in Nuova Zelanda, tuttavia, vivono popolazioni formate esclusivamente da individui grigi. Ciò può indicare**

A una selezione naturale che, su quelle isole, ha favorito il fenotipo grigio.
B una selezione sessuale che ha causato l'eliminazione del fenotipo bianco.
C un adattamento fenotipico e non genetico a un ambiente differente.
D un caso di deriva genetica con perdita di varietà intra-specifica.

Verso l'Università.

34 **Quale tra le seguenti non è una caratteristica di una specie di uccelli a forte rischio di estinzione?**

A ha un'area o habitat di nidicazione molto esteso
B si trova ai vertici di una piramide alimentare
C è di grandi dimensioni
D è distribuita in un areale ristretto
E ha un basso tasso riproduttivo

[*dalla prova di ammissione al corso di laurea in Medicina Veterinaria, anno 2006-2007*]

35 **La maggior parte dei gatti con mantello arancione è di sesso maschile in quanto:**

- A il gene per il colore arancione del mantello si trova sul cromosoma Y
- B il gene per il colore arancione del mantello si trova sul cromosoma X
- C il colore del mantello è influenzato dagli ormoni maschili
- D il gene per il colore arancione del mantello è recessivo
- E l'espressione del gene per il colore arancione del mantello è diversa tra i due sessi

[*dalla prova di ammissione al corso di laurea in Medicina Veterinaria, anno 2010-2011*]

Biology in English.

36 **Which statement about allele frequencies is not true?**

- A The sum of all allele frequencies at a locus is always 1.
- B If there are two alleles at a locus and we know the frequency of one of them, we can obtain the frequency of the other by subtraction.
- C If an allele is missing from a population, its frequency in that population is 0.
- D If two populations have the same gene pool for a locus, they will have the same proportion of homozygotes at that locus.
- E If there is only one allele at a locus, its frequency is 1.

37 **Which of the following is not required for a population at Hardy–Weinberg equilibrium?**

- A There is no migration between populations.
- B Natural selection is not acting on the alleles in the population.
- C Mating is random.
- D The frequency of one allele must be greater than 0.7.
- E All of the above conditions must be met.

38 **The biological species concept defines a species as a group of**

- A actually interbreeding natural populations that are reproductively isolated from other such groups.
- B potentially interbreeding natural populations that are reproductively isolated from other such groups.
- C actually or potentially interbreeding natural populations that are reproductively isolated from other such groups.
- D actually or potentially interbreeding natural populations that are reproductively connected to other such groups.
- E actually interbreeding natural populations that are reproductively connected to other such groups.

39 **Which of the following is not a condition that favors allopatric speciation?**

- A Continents drift apart and separate previously connected lineages.
- B A mountain range separates formerly connected populations.
- C Different environments on two sides of a barrier cause populations to diverge.
- D The range of a species is separated by loss of intermediate habitat.
- E Tetraploid individuals arise in one part of the range of a species.

40 **Finches speciated in the Galápagos Islands because**

- A the Galápagos Islands are not far from the mainland.
- B the Galápagos Islands are arid.
- C the Galápagos Islands are small.
- D the islands of the Galápagos archipelago are sufficiently isolated from one another that there is little migration among them.
- E the islands of the Galápagos archipelago are close enough to one another that there is considerable migration among them.

41 **Which of the following is not a potential prezygotic reproductive barrier?**

- A Temporal segregation of breeding seasons
- B Differences in chemicals that attract mates
- C Hybrid infertility
- D Spatial segregation of mating sites
- E Sperm that cannot penetrate an egg

42 **A common means of sympatric speciation is**

- A polyploidy.
- B hybrid infertility.
- C temporal segregation of breeding seasons.
- D spatial segregation of mating sites.
- E imposition of a geographic barrier.

43 **Narrow hybrid zones may persist for long times because**

- A hybrids are always at a disadvantage.
- B hybrids have an advantage only in narrow zones.
- C hybrid individuals never move far from their birthplaces.
- D individuals that move into the zone have not previously encountered individuals of the other species, so reinforcement of reproductive barriers has not occurred.
- E Narrow hybrid zones are artifacts because biologists generally restrict their studies to contact zones between species.

INTERACTIVE E-BOOK
ebook.scuola.zanichelli.it/sadavabiologiablu

capitolo
B6 L’evoluzione della specie umana

EVOLUZIONISMO E RAZZE

I primi esemplari di *Homo sapiens* sono vissuti in Africa circa 200 000 anni fa. Da allora, l’espansione graduale degli esseri umani negli altri continenti ha richiesto un adeguamento a condizioni climatiche molto diverse da quelle originarie. Questo adattamento ha prodotto una differenziazione genetica, di cui scorgiamo le tracce nel colore della pelle e dei capelli, nella forma del viso e del corpo. Secondo alcuni, le differenze riconoscibili negli abitanti delle diverse regioni del pianeta sarebbero all’origine di una speciazione in corso, che porterebbe all’emergere di specie umane differenti. Una simile ipotesi, se fosse confermata, costituirebbe una possibile giustificazione scientifica al razzismo, ma in realtà non è così.

L'evoluzione dei primati

La teoria evolutiva consente di ricostruire in modo attendibile la storia della vita e ci fornisce criteri utili per classificare gli esseri viventi considerando non solo le somiglianze morfologiche, ma anche le «parentele evolutive» grazie all'analisi comparata degli organismi e del DNA. Questi criteri si applicano anche alla specie umana: dal punto vista biologico, condividiamo con i primati molte caratteristiche dovute alla nostra storia comune, tuttavia possediamo anche dei caratteri tipici della nostra linea evolutiva. Le somiglianze e le differenze ci aiutano a capire qual è la «distanza» evolutiva dagli altri primati e quali rapporti ci sono stati in passato tra i nostri antenati e quelli delle attuali scimmie antropomorfe.

Dominio	*Eukarya*
Regno	*Animalia*
Phylum	*Chordata*
Subphylum	*Vertebrata*
Classe	*Mammalia*
Ordine	*Primates*
Superfamiglia	*Hominoidea*
Famiglia	*Hominidae*
Genere	*Homo*
Specie	*H. sapiens*
Sottospecie	*H. s. sapiens*

Tabella 1 I primati sono mammiferi placentati La classificazione più semplice in uso oggi è un sistema gerarchico in cui le specie sono raggruppate in categorie via via più ampie, in base alle somiglianze e alla storia evolutiva. Le specie con una stessa origine appartengono allo stesso genere; generi che condividono un antenato comune appartengono alla stessa famiglia ecc. Più si sale di livello, minori sono le somiglianze tra i gruppi di una stessa categoria. Ogni categoria può comprendere specie viventi e specie estinte. La specie umana attuale, *Homo sapiens sapiens*, è l'unica specie vivente della famiglia *Hominidae*.

Che cosa abbiamo in comune con gli altri mammiferi?

Molte delle nostre caratteristiche anatomiche e fisiologiche non sono esclusive della specie umana, bensì sono condivise con altri animali (▶tabella 1).

L'uomo è un vertebrato e, come tutti i vertebrati, presenta una *colonna vertebrale* e una *scatola cranica*. Inoltre, in comune con gli altri vertebrati terrestri, o tetrapodi, ha quattro *arti* che terminano in estremità fornite di *dita*.

Poi, in quanto appartenenti alla classe dei **mammiferi**, gli esseri umani possiedono due caratteristiche fisiologiche: la *produzione di latte* e l'*endotermia*, cioè la capacità di mantenere costante la temperatura corporea grazie alla presenza di adattamenti (come i peli e le ghiandole sudoripare) e alla produzione di calore attraverso specifici processi interni.

Infine, l'uomo è un *primate* e condivide con gli altri membri di questo ordine molte caratteristiche significative.

2 La comparsa dei primati

I mammiferi comparvero circa 200 milioni di anni fa, in un periodo della storia della Terra dominato dai grandi rettili. Le testimonianze fossili sono scarse, ma sufficienti per evidenziare alcune caratteristiche importanti di queste nuove forme di vita derivanti da un ceppo primitivo di rettili terapsidi. I primi mammiferi erano animali di piccole dimensioni, simili a toporagni e talpe, probabilmente adattati alla vita notturna e insettivori.

Da questi piccoli animali scarsamente differenziati ebbero origine, forse 80-70 milioni di anni fa, i **primati** (▶figura 1).

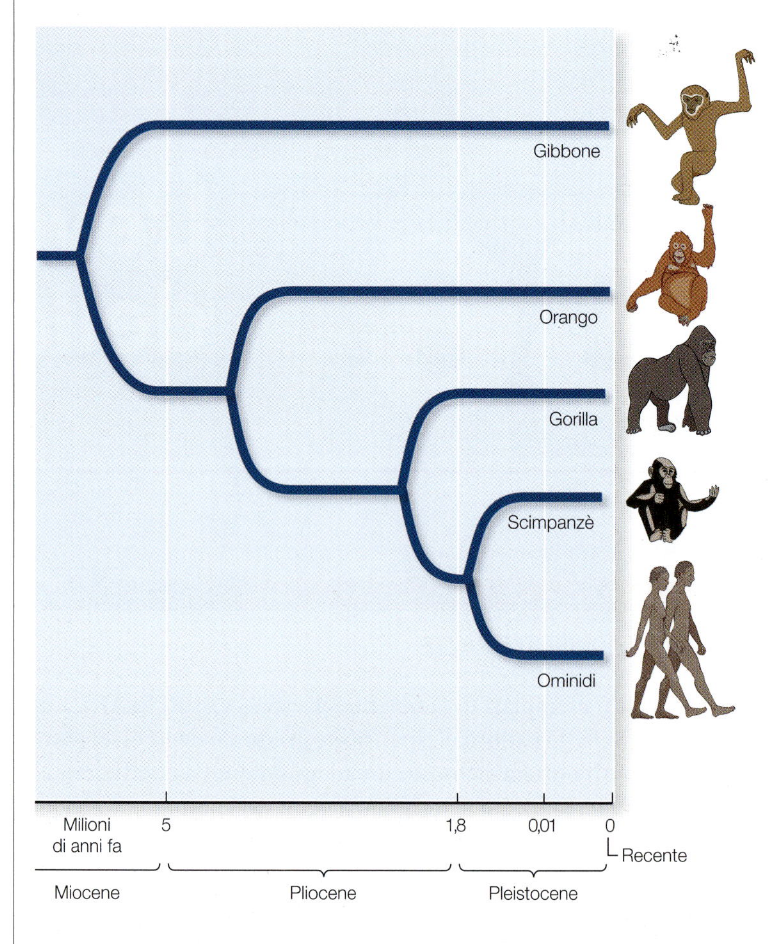

Figura 1 L'albero filogenetico dei primati La filogenesi dei primati è una delle più studiate fra i mammiferi. Questo albero filogenetico si basa sull'analisi di molti geni, su dati morfologici e sull'analisi dei reperti fossili.

LE PAROLE

Primati è un termine coniato da Linneo nel 1758 per indicare l'ordine di mammiferi considerato da lui come il «primo», ovvero il più importante.

Le testimonianze fossili delle prime fasi dell'evoluzione dei primati è lacunosa e non ci permette di ricostruire con sicurezza le diverse tappe che hanno portato alle forme attuali. Sembra tuttavia che la loro affermazione derivi dall'aver scelto come proprio habitat le chiome degli alberi.

Dal momento della comparsa in poi pare che il percorso non sia stato lineare e si siano verificate diverse fasi di radiazione adattativa che hanno prodotto specie differenti, molte delle quali si sono poi estinte. Da una delle linee sopravvissute hanno preso origine gli *ominoidei* e, diramandosi da questi, gli *ominidi*, circa 20-15 milioni di anni fa.

3 Le tendenze evolutive dei primati

Gli adattamenti tipici dei primati, presenti anche nell'uomo, sono tutti più o meno direttamente riconducibili alla specializzazione per la vita arboricola.

L'ambiente arboreo è uno spazio tridimensionale e discontinuo; perciò i primati hanno sviluppato una struttura corporea particolarmente agile rispetto ai mammiferi che vivono a terra. A questo stile di vita più acrobatico sono connesse varie caratteristiche.

- **Le estremità prensili:** nei mammiferi primitivi, mani e piedi erano forniti di cinque dita e ciascun dito era formato da due o tre segmenti articolati, cioè mobili l'uno rispetto all'altro. Nella maggior parte dei mammiferi attuali questa condizione si è modificata per esigenze particolari di corsa, scavo o nuoto. I primati, invece, hanno conservato estremità con cinque dita, adatte ad arrampicarsi sugli alberi e a manipolare oggetti. Per migliorare la presa, il pollice e l'alluce sono opponibili e tutte le dita sono munite di polpastrelli (▸figura 2). Tutto l'arto, inoltre, gode di grande libertà di movimento: le braccia possono ruotare attorno al gomito e sollevarsi lateralmente all'altezza della spalla. Nell'uomo, in seguito all'acquisizione del bipedismo, l'alluce ha perso la capacità di opporsi alle altre dita del piede; nella mano, al contrario, il pollice opponibile ha permesso lo sviluppo di raffinate abilità manuali.

Figura 2 Un'ottima presa Grazie al pollice opponibile i primati hanno evoluto una grande abilità nel maneggiare oggetti.

- **La dominanza della vista:** la vita sugli alberi, con la sua discontinuità di substrato, rende poco utilizzabile il senso dell'olfatto. In compenso nei primati, come in altre specie arboricole, la vista diventa più acuta, quasi sempre a colori e stereoscopica. I primi mammiferi erano animali notturni e avevano il muso relativamente lungo con gli occhi posti ai lati della testa. Nei primati il muso si è accorciato e gli occhi si sono spostati frontalmente, determinando una maggiore sovrapposizione dei due campi visivi e, di conseguenza, una visione in tre dimensioni.
- **La verticalizzazione del corpo:** nella vita sugli alberi la colonna vertebrale non si viene a trovare necessariamente parallela al suolo; di conseguenza il peso del corpo si scarica su più punti, posizionati talvolta sotto il baricentro e talvolta sopra (sospensione). Questa nuova condizione statica rispetto alla gravità comporta una completa riorganizzazione degli organi interni e delle loro relazioni reciproche, un adattamento che risulterà vantaggioso quando alcuni primati acquisiranno la postura eretta (▸figura 3).

4 L'aumento delle dimensioni cerebrali e delle cure parentali

Il progressivo aumento delle dimensioni cerebrali in rapporto alle dimensioni corporee è la tendenza forse più importante nell'evoluzione dei primati, e si pensa sia in relazione alla difficoltà di spostamento sugli alberi.

La vita sugli alberi richiede che nelle prime fasi dello sviluppo i piccoli siano sempre trasportati da un adulto, normalmente la madre, anziché essere lasciati in un nido o una tana. Ciò limita il numero di figli per parto. Infatti, in genere le femmine di primate partoriscono un solo piccolo, anche se alcune specie sudamericane hanno spesso parti gemellari.

L'intensificarsi del rapporto madre-figlio e il protrarsi del periodo di dipendenza comportano, da una parte, la creazione di un nucleo sociale destinato a diventare sempre più complesso e, dall'altra, un prolungamento del periodo di apprendimento, due caratteristiche che si manifestano in massimo grado nella nostra specie.

Figura 3 La postura eretta Questi scimpanzé possono stare in equilibrio e spostarsi sugli arti posteriori.

5 Noi e i nostri parenti più stretti: gli ominoidei

La specie umana fa parte degli **ominoidei**, un gruppo di primati privi di coda che comprende l'uomo e le scimmie antropomorfe. Queste ultime si suddividono in piccole antropomorfe, o ilobatidi (i gibboni), e grandi antropomorfe, o pongidi (gorilla, orango e scimpanzé). Una caratteristica delle antropomorfe non condivisa dall'uomo è costituita dagli arti superiori sensibilmente più lunghi di quelli inferiori, infatti tutte queste scimmie sono capaci di rimanere appese ai rami e di spostarsi per *brachiazione*. In realtà, però, questo tipo di locomozione è praticato soprattutto dai leggeri gibboni (▸figura 4A), mentre le altre antropomorfe adottano più spesso una locomozione cosiddetta *clinograda*, cioè scaricano parte del peso corporeo sulle nocche delle mani (▸figura 4C). Da questa posizione possono sollevarsi sulle zampe posteriori e superare così brevi tratti di terreno, ma si tratta di un'andatura faticosa e non molto veloce.

LE PAROLE

Clinogrado deriva dal greco *klínein*, «piegare», e dal latino *gradus* , «passo»: letteralmente, quindi, «chi cammina inclinato».

(A)

(B)

(C)

(D)

Figura 4 Le scimmie antropomorfe (A) Un gibbone si muove velocemente tra gli alberi usando le lunghe braccia con grande agilità, così come l'orango (B). Il gorilla (C) invece si sposta appoggiando a terra le nocche delle mani. Lo scimpanzé (D) infine alterna locomozione clinograda e bipede.

6.1 FILMATO
Brachiazione e locomozione clinograda (0' 30")

ebook.scuola.zanichelli.it/sadavabiologiablu

FACCIAMO IL PUNTO

Termini e concetti chiave

a. Quali sono gli adattamenti alla vita arboricola presenti nei primati e importanti per l'evoluzione umana?
b. Quali specie comprende la famiglia dei pongidi?
c. Che differenza c'è tra brachiazione e locomozione clinograda?

2

La comparsa degli ominidi

Le somiglianze fra uomo e scimmie antropomorfe bastano da sole a dimostrare la parentela fra i due gruppi. Un tipo di parentela così stretta presuppone l'esistenza di un antenato comune; da questo si sono separati due rami, quello che ha portato alle scimmie antropomorfe e quello che ha condotto all'uomo moderno. Ma, dato che la famiglia degli ominidi comprende una sola specie vivente, per stabilire in quale ordine sono comparse le caratteristiche umane, e ricostruire le varie tappe del percorso evolutivo dobbiamo ricorrere allo studio dei fossili.

6 Le caratteristiche degli ominidi: una visione d'insieme

Come abbiamo visto nel paragrafo precedente, solitamente i ricercatori riuniscono le scimmie antropomorfe nella famiglia dei pongidi; la specie umana e i suoi diretti antenati vengono invece collocati a parte a costituire un'apposita famiglia, quella degli **ominidi**. Le caratteristiche tipiche degli ominidi, che oggi possiamo osservare soltanto nella specie umana, sono la *deambulazione bipede*, un *cervello di grandi dimensioni* e un *ridotto dimorfismo sessuale*. È bene notare che tali caratteristiche hanno cominciato ad affermarsi nella storia evolutiva dei primati prima degli ominidi. Le differenze fra gli umani e gli altri primati infatti non risiedono tanto nella natura degli adattamenti tipici della nostra specie, quanto nel grado in cui essi sono stati migliorati e rifiniti. La ▸figura 5 mette a confronto alcune caratteristiche delle scimmie antropomorfe e degli esseri umani.

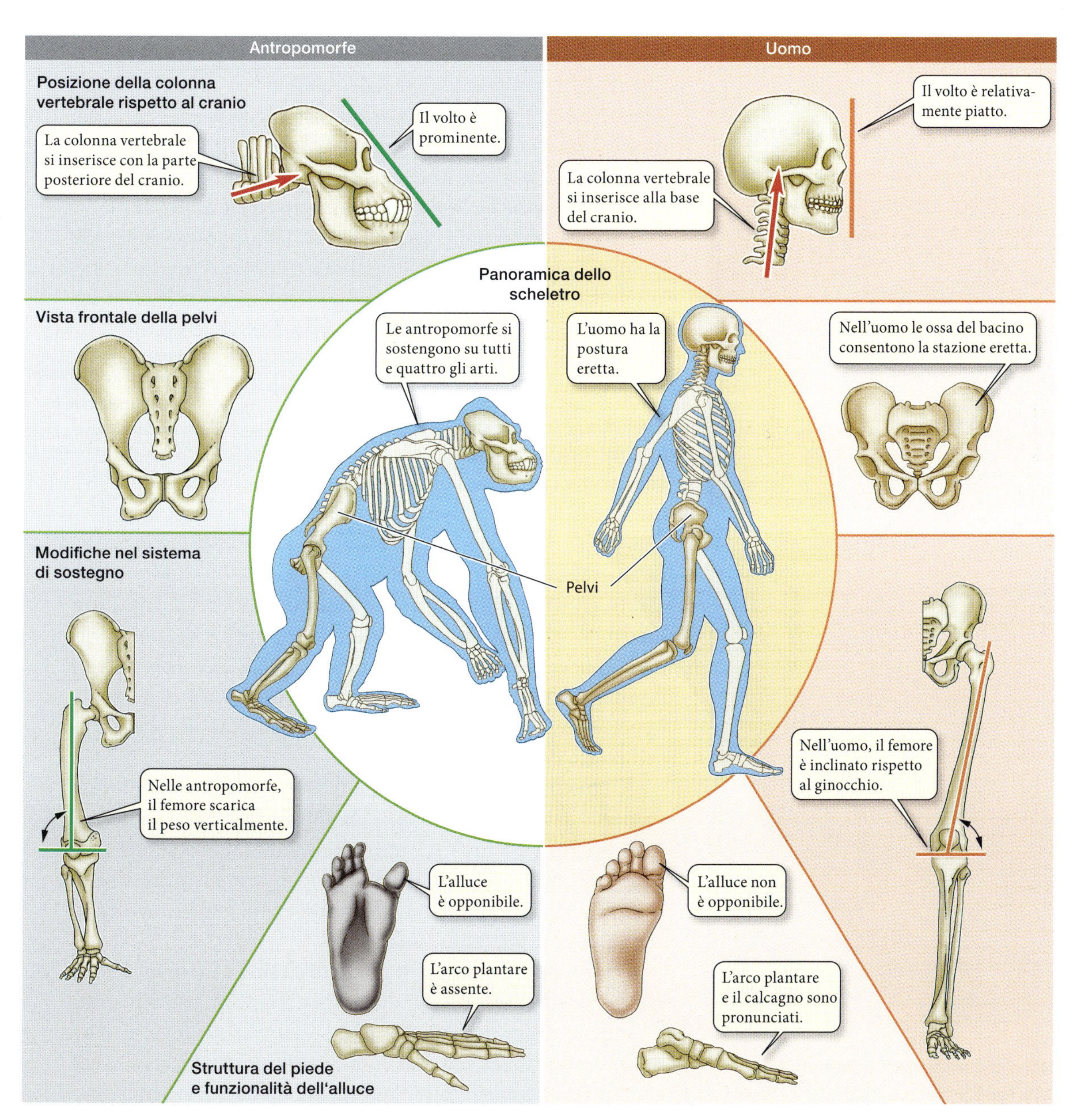

Figura 5 Un confronto tra anatomie Le principali differenze evolutive tra le scimmie antropomorfe e gli esseri umani.

7
La divergenza evolutiva da un antenato comune

In Africa sono stati trovati ricchi depositi fossili di ominoidei risalenti a un periodo compreso fra 22 e 14 milioni di anni fa. Ne sono stati descritti più di 30 generi, il più numeroso dei quali è *Proconsul*, una piccola scimmia senza coda che viveva sugli alberi e si nutriva di frutti.

Proconsul tuttavia è un antenato non solo degli ominidi, ma anche delle grandi antropomorfe. Ma allora chi è il primo ominide? Il confronto fra il DNA umano e quello delle antropomorfe colloca la loro separazione attorno a 7 milioni di anni fa ma, purtroppo, questa stima non è stata confortata dalla paleontologia, perché finora non sono stati trovati fossili di ominoidei vissuti in un periodo compreso fra 14 e 5 milioni di anni fa.

Se non sappiamo di preciso *quando* sia avvenuta la separazione fra gli antenati dell'uomo e gli antenati di gorilla e scimpanzé, possiamo formulare qualche ipotesi su *dove* collocare tale bivio: in Africa, e più precisamente nella Rift Valley, una spaccatura prodottasi circa 12 milioni di anni fa nella zona orientale del continente (▸figura 6).

All'epoca, le forze tettoniche fratturarono la crosta terrestre dal Mar Rosso al Mozambico, sollevando vaste zone a oriente. Le alture generate da tale sollevamento interferirono con il regime dei venti, creando un clima arido. Gli effetti principali furono una separazione di faune fra Est e Ovest: i pongidi si ritirarono nelle foreste occidentali, mentre i primi ominidi si adattarono a sfruttare il nuovo ambiente di savana, sviluppando un'andatura bipede e una dieta onnivora.

I fossili più antichi finora scoperti sono successivi a questa fase e comprendono quelli di *Ardipithecus ramidus*, una creatura vissuta in Etiopia quasi 5 milioni di anni fa. Dapprima ritenuto un ominide, oggi si tende a considerarlo piuttosto un ramo collaterale che mostra un mosaico di caratteristiche da ominide e da pongide di foresta. Viene invece generalmente considerato un ominide *Australopithecus anamensis*, una specie vissuta in Kenya attorno a 4 milioni di anni fa.

(A)

(B)

Figura 6 Una zona ricca di fossili Panorama della Rift Valley nell'Africa orientale (A) e mappa dei ritrovamenti fossili in questa zona (B).

8
La postura eretta: i primi ominidi

Fra le caratteristiche fisiche che ci differenziano dalle scimmie antropomorfe, quella che si è affermata per prima, intorno a 4 milioni di anni fa, è la **postura eretta** accompagnata dal **bipedismo**. La deambulazione bipede richiese una radicale riorganizzazione dell'anatomia dei primati, in modo particolare delle ossa del bacino. Il femore si è allungato e inclinato, mentre il bacino si è accorciato. Anche il piede si è trasformato: la pianta è diventata arcuata e l'alluce si è allineato con le altre dita.

Un'altra importante conseguenza della postura eretta riguarda l'angolo fra colonna vertebrale e cranio: il foro occipitale, cioè l'apertura che mette in comunicazione la scatola cranica con la colonna vertebrale, si è spostato alla base del cranio.

Lo scheletro dei più antichi ominidi mostra una tendenza ad assumere progressivamente queste caratteristiche. Le forme meglio documentate sono le **australopitecine**, tutte concentrate in Africa orientale e meridionale, attorno alla Rift Valley. Un esemplare quasi completo di australopitecina, per la precisione di *Australopithecus afarensis*, è quello di una giovane femmina alta poco più di un metro, vissuta attorno a 3,5 milioni di anni fa, soprannominata «Lucy». Le ossa della gamba suggeriscono un'andatura bipede, anche se imperfetta, ma l'alluce è ancora parzialmente opponibile, il che fa pensare a uno stile di vita non del tutto svincolato dagli alberi.

LE PAROLE
Il termine **australopiteco** non vuole richiamare l'Australia, bensì l'emisfero australe, luogo d'origine di questa «scimmia» (*píthekos*, in greco).

Il bipedismo delle australopitecine è confermato da una scoperta davvero eccezionale, compiuta da Mary Leakey nel 1978 (▸figura 7): circa 3,5 milioni di anni fa, due adulti e un bambino probabilmente della specie *A. afarensis* lasciarono le impronte dei loro piedi nelle ceneri eruttate da un vulcano che sorgeva nell'attuale Tanzania.

I primi ominidi erano in grado di camminare in posizione eretta, ma il cranio, come anche la dentatura, era più simile a quello delle scimmie che non a quello umano (confronta *A. africanus* con *Homo sapiens* nella ▸figura 8). Il cervello era ancora relativamente piccolo; è possibile che le australopitecine usassero strumenti semplici, come fanno gli scimpanzé, ma questa ipotesi non ha trovato riscontro diretto. Tale assenza di prove è normale, se si considera che gli attrezzi usati dai primi ominidi potevano essere semplici rametti, fili d'erba o pietre non scheggiate, tutti materiali difficilmente riconoscibili come «strumenti» nella documentazione fossile.

Successivamente ad *A. afarensis* sono esistite molte altre australopitecine, alcune più massicce (*A. robustus*) altre più gracili (*A. africanus*), che in qualche caso hanno abitato una stessa area geografica nello stesso periodo (▸figura 9).

Figura 7 Orme fossilizzate La paleoantropologa britannica Mary Leakey studia le impronte fossili ritrovate presso Laetoli, in Tanzania.

9 L'aumento del cranio: il genere *Homo*

Gli esseri umani attuali possiedono un **volume cranico** compreso tra i 1300 e i 1500 cm³, contro i 400-500 cm³ delle scimmie antropomorfe e dei primi ominidi. Dunque, nel corso dell'evoluzione umana il volume del cervello è più che triplicato. È probabile che questo incremento sia connesso alla fabbricazione di strumenti sempre più complessi e all'acquisizione delle competenze distintive del genere *Homo*, al quale appartiene anche l'uomo moderno.

Figura 8 Crani a confronto Nella fotografia si vedono (partendo da sinistra) i crani di *Australopithecus africanus*, *Homo habilis*, *Homo erectus*, *Homo sapiens* moderno e *H. sapiens* arcaico.

Figura 9 Il nostro albero genealogico In questo schema sono rappresentate le possibili parentele evolutive degli antenati dell'uomo moderno.

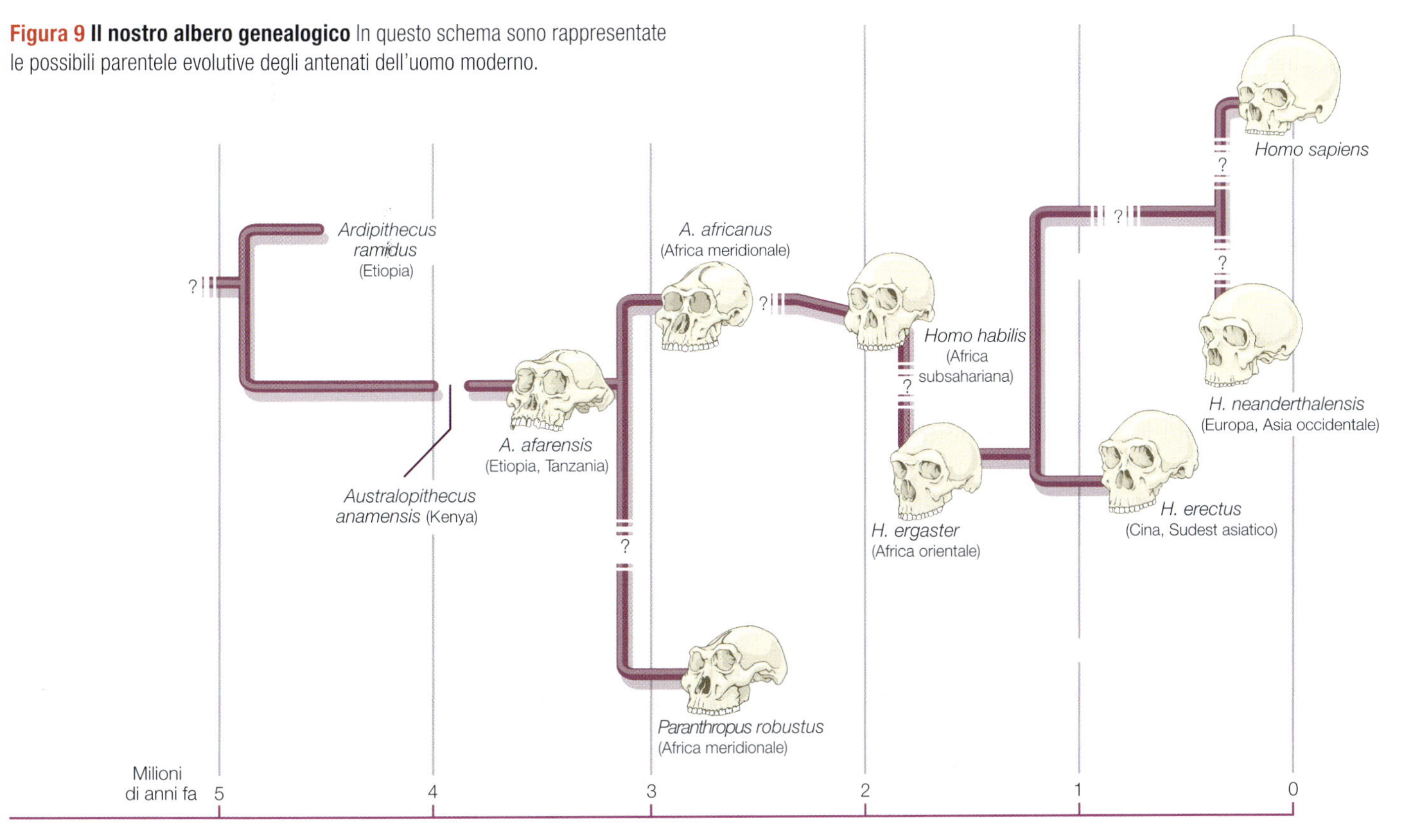

LE PAROLE

Homo significa «uomo» in latino e deriva da *humus*, «terra», con il significato di «creatura terrestre».

I primi rappresentanti di *Homo* comparvero in Africa dai 3 ai 2 milioni di anni fa; il più antico fossile risale a 2,4 milioni di anni fa, ma è solo un frammento. Resti fossili più completi, attribuiti alla specie *Homo habilis*, sono datati tra 1,9 e 1,6 milioni di anni fa.

I fossili più recenti di *Homo habilis* hanno il volto meno prominente e il cranio più arrotondato rispetto ad *Australopithecus africanus*. In queste e in altre particolarità anatomiche essi presentano caratteristiche intermedie tra *A. africanus* e *H. erectus*, la specie comparsa dopo *H. habilis*. Questi reperti costituiscono, pertanto, un ottimo esempio di gradiente evolutivo da caratteristiche ancestrali (quelle di *Australopithecus*) a caratteristiche più moderne (quelle di *H. erectus*), come si può vedere anche dal confronto tra i volumi cranici riportato nella ▸tabella 2. Nella tabella, l'indice cefalico corrisponde al rapporto tra la dimensione reale del cervello e la dimensione attesa per un mammifero di pari peso corporeo.

Un aumento delle dimensioni cerebrali ha come conseguenza negativa una maggior difficoltà al momento della nascita, tanto più che la trasformazione della pelvi prodotta dalla deambulazione bipede comporta un restringimento del canale del parto. La soluzione adottata è stata quella di partorire una prole immatura. Al termine della gravidanza, che dura poco meno di quella umana, le antropomorfe partoriscono dei piccoli a un livello di maturità che il neonato umano raggiunge soltanto dopo un anno di vita extrauterina. Una conseguenza di ciò è un allevamento della prole più impegnativo, che richiede un sostegno alla madre da parte di una struttura sociale. Infine, l'uso di rudimentali strumenti per la caccia risale a *H. habilis*

Tabella 2 Alcuni parametri per confrontare gli ominoidei.

Specie	Periodo (migliaia di anni)	Peso corporeo (kg)	Dimensioni cerebrali (cm^3)	Indice cefalico
Uomo moderno	Presente	58	1349	5,3
Homo sapiens	35-10	65	1492	5,4
Neandertaliani	75-35	76	1498	4,8
Ultimi *Homo erectus*	600-400	68	1090	3,8
Primi *Homo erectus*	1800-600	60	885	3,4
Homo habilis	2400-1600	42	631	3,3
Australopithecus africanus	3000-2300	36	470	2,7
Australopithecus afarensis	4000-2800	37	420	2,4
scimpanzé	Presente	45	395	2,0
gorilla	Presente	105	505	1,7

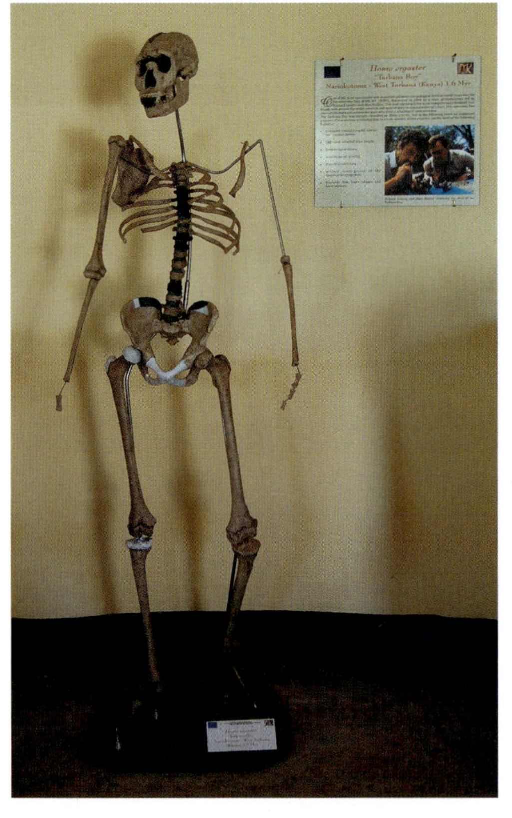

Figura 10 Turkana boy Questo scheletro apparteneva a un giovane *Homo habilis* vissuto circa 1,6 milioni di anni fa, ed è stato ribattezzato «il ragazzo di Turkana».

10 La riduzione del dimorfismo sessuale: *Homo erectus*

Attorno a 1,8 milioni di anni fa comparve in Africa *Homo erectus*. Più alto e robusto di *H. habilis*, aveva un cervello di dimensioni maggiori e il volto più simile a quello dell'uomo moderno. Un esemplare molto antico (vissuto 1,6 milioni di anni fa) e ben conservato è quello del «ragazzo di Turkana», un individuo già alto 1,63 cm all'età presunta di 12 anni, e quindi destinato a superare il metro e ottanta (▸figura 10). La capacità cranica è di 900 cm^3 (un valore che, rapportato alla mole corporea, non rappresenta un grosso incremento), ma l'andatura è perfettamente bipede.

È probabile che già 500 000 anni fa *H. erectus* sapesse usare il fuoco, anche se quasi certamente non era in grado di accenderlo. Nel lungo periodo della sua evoluzione, *H. erectus* ha modificato il suo stile di vita sviluppando strumenti sempre più elaborati, nonché adottando una vita in campi base più o meno stabili e una dieta decisamente carnivora.

Le caratteristiche di *H. erectus* coincidono anche con un importante cambiamento avvenuto nel **dimorfismo sessuale** degli ominidi.

Nelle scimmie antropomorfe, infatti, una delle differenze tra maschi e femmine è costituita dalle dimensioni corporee: negli scimpanzé i maschi pesano il 30% in più delle femmine (rispettivamente 40 e 30 kg); negli oranghi e nei gorilla il dimorfismo è ancora più accentuato, tanto che un maschio può pesare anche il doppio di una femmina. Attualmente la taglia degli uomini è invece circa 1,2 volte quella delle donne.

Le ragioni di una differenza di peso fra maschi e femmine potrebbero essere legate al comportamento sociale. In molti gruppi di mammiferi, infatti, un dimorfismo sessuale pronunciato è associato a una intensa competizione tra i maschi per la conquista di più femmine, mentre il dimorfismo sessuale è meno marcato nelle specie con legami di coppia duraturi.

I più antichi fossili umani mostrano un dimorfismo sessuale più accentuato rispetto all'uomo moderno. I resti di *A. afarensis* suggeriscono che le femmine avevano un'altezza compresa tra 0,9 e 1,2 m e pesavano in media 30 kg, mentre i maschi erano alti poco più di 1,5 m e pesavano circa 45 kg. Questo marcato dimorfismo sembra essere venuto gradualmente meno nell'ultimo milione di anni: *Homo erectus* potrebbe avere intrapreso la strada di un legame di coppia più duraturo, forse associato a cure parentali prolungate offerte a piccoli che nascono immaturi.

11 L'albero evolutivo si ramifica: da *Homo erectus* all'uomo di Neanderthal

È opinione corrente che *H. erectus* si sia originato da *H. habilis* e che circa 1 milione di anni fa si sia spinto fuori dall'Africa per poi evolversi in *Homo sapiens*. Questa ricostruzione dei fatti si è recentemente complicata in seguito al ritrovamento, avvenuto in Cina nel 1992, di ominidi dall'aspetto molto arcaico e risalenti a 1,9 milioni di anni fa. Sembra dunque che *H. erectus*, o una qualche forma primitiva di *Homo* (qualcuno preferisce chiamare *H. ergaster* questi esemplari africani più arcaici, progenitori sia di *H. erectus*, che di *H. sapiens*), sia migrato fuori dall'Africa molto prima di quanto si pensasse.

LE PAROLE

Homo ergaster prende il suo nome specifico dal greco e significa «lavoratore», alludendo alla quantità e alla varietà di utensili ritrovati nei pressi dei suoi insediamenti.

Comunque sia, le ricerche sulle forme primitive del genere *Homo* indicano che più specie hanno convissuto negli stessi luoghi e nello stesso periodo. A partire da 500 mila anni fa queste forme primitive lasciano il posto ad alcune popolazioni locali di *Homo sapiens* arcaiche. Una di esse, vissuta in Europa e Asia occidentale, è quella dell'uomo di Neanderthal.

12 *Homo sapiens*: l'origine dell'uomo moderno

La documentazione fossile relativa al periodo compreso fra 400 000 e 130 000 anni fa testimonia l'esistenza di numerose forme di transizione da *H. erectus* a *H. sapiens* rinvenute in Africa, in Cina, a Giava e in Europa.

Anche se anatomicamente primitivi, questi antenati degli uomini moderni furono capaci di produrre nuovi attrezzi e nuove tecniche per fabbricarli, di modificare il tipo di alimentazione, di imparare a costruire ripari più adeguati e di controllare l'uso del fuoco.

LE PAROLE

L'uomo di Neanderthal prende il nome dalla valle di Neander, in Germania, così chiamata da un suo abitante del XVII secolo, Joachim Neumann. Fatto curioso, Neander è la traslazione in greco del tedesco *Neumann*, che significa «uomo nuovo».

Dalle popolazioni arcaiche di *Homo sapiens* hanno preso origine sia i neandertaliani sia gli uomini moderni. Gli **uomini di Neanderthal** prosperarono in Europa e in Asia occidentale a partire da almeno 165 000 anni fa, per poi scomparire 35 000 anni fa (▶figura 11).

Di statura media (1,60 m) e muscolatura molto robusta, i neandertaliani avevano una struttura fisica più tarchiata degli uomini attuali, che invece hanno gambe più lunghe e bacino più stretto: i primi esprimevano al meglio la forza, i secondi privilegiano la resistenza nella corsa. Neanderthal presentava inoltre uno spiccato prognatismo, fronte bassa, mento sfuggente, volta cranica schiacciata e testa allungata posteriormente.

Con un volume cerebrale pari o superiore all'uomo moderno, questa specie aveva una cultura tecnica almeno inizialmente sovrapponibile a quella di *H. sapiens*. Dai reperti associati ai suoi fossili risulta che abitava caverne e capanne, lavorava la pietra con una tecnica efficiente, era capace di cucire le pelli, si decorava il corpo con pigmenti e suonava una specie di flauto.

La scomparsa dei neandertaliani in un tempo relativamente breve è un enigma scientifico non spiegabile sulla base delle sole caratteristiche fisiche. Attorno a 35 000 anni fa, essi sono migrati sempre più a sudovest, forse spinti da un cambiamento climatico, e lì hanno subito un calo demografico.

In questo nuovo areale incontrarono quelli che si considerano gli antenati più diretti degli Europei attuali, le popolazioni di *Homo sapiens* moderno arrivate in Europa in tempi più recenti. Separati da migliaia di anni, queste due specie si reincontrarono ma molto probabilmente non si ricongiunsero. Si pensa che gli uomini anatomicamente moderni, dotati di una tecnologia più avanzata e di una struttura sociale più complessa, abbiano avuto la meglio nella competizione per lo sfruttamento delle risorse.

Il più antico fossile di uomo anatomicamente moderno è stato rinvenuto in Africa e risale a 130 000 anni fa, mentre sono tutti più recenti i fossili di uomini moderni trovati in altre località, come Israele (115 000 anni fa), Cina (50 000 anni fa), Australia (40 000 anni fa) e America (12 000 anni fa).

Circa l'origine dell'uomo moderno sono state avanzate due ipotesi contrapposte: il modello secondo cui ci sarebbe stato un unico centro di diffusione, in Africa, e il modello dell'evoluzione multiregionale.

Figura 11 Alla ricerca del nostro passato Lo scienziato svedese Svante Pääbo ha studiato molto il DNA degli uomini di Neanderthal (in primo piano, un cranio neandertaliano).

13 Due modelli a confronto: l'origine africana e l'evoluzione multiregionale

L'ipotesi dell'**origine africana** (▶figura 12A) prevede che i primi uomini moderni si siano evoluti in Africa 200000 anni fa e che poi si siano diffusi in tutto il mondo, sostituendosi completamente a *H. sapiens* arcaico o al più progredito uomo di Neanderthal.

Il modello **multiregionale** (▶figura 12B) propone invece che gli uomini moderni si siano evoluti gradualmente dalle popolazioni di *H. erectus* sparse in tutto il mondo. I sostenitori di questa seconda ipotesi ritengono che tra le popolazioni umane siano insorte differenze regionali, e che le caratteristiche moderne si affermarono simultaneamente all'interno delle varie popolazioni, facendole evolvere come un'unica specie. Qual è l'ipotesi corretta? Analizziamo le prove. Secondo il modello multiregionale, quando popolazioni differenti di uomini primitivi venivano a contatto tra loro, il rimescolamento genetico li avrebbe portati a evolvere in una stessa direzione. In quest'ottica è difficile pensare che tipi diversi di uomini primitivi potessero coesistere nella stessa area mantenendosi a lungo diversi. I fatti, però, ci dicono che in alcune zone i neandertaliani hanno convissuto per circa 80000 anni con uomini moderni, il che fa dubitare del modello multiregionale.

Inoltre, la documentazione fossile più ricca del passaggio da *H. sapiens* arcaico a uomo moderno è stata rinvenuta in Africa, un'ulteriore prova a favore dell'origine africana. Tuttavia, anche questa seconda ipotesi non sembra del tutto soddisfacente, almeno per quanto riguarda la completa sostituzione delle popolazioni arcaiche da parte dell'uomo moderno. Studi genetici indicano, infatti, che gli incroci con le popolazioni arcaiche extrafricane furono sufficienti a far entrare alcuni dei loro geni nel patrimonio genetico dell'uomo moderno. In sintesi, sembra dimostrato che gli uomini anatomicamente moderni si siano originati in Africa; essi però si sarebbero anche incrociati in una qualche misura con individui delle popolazioni arcaiche, anziché sostituirsi completamente a esse.

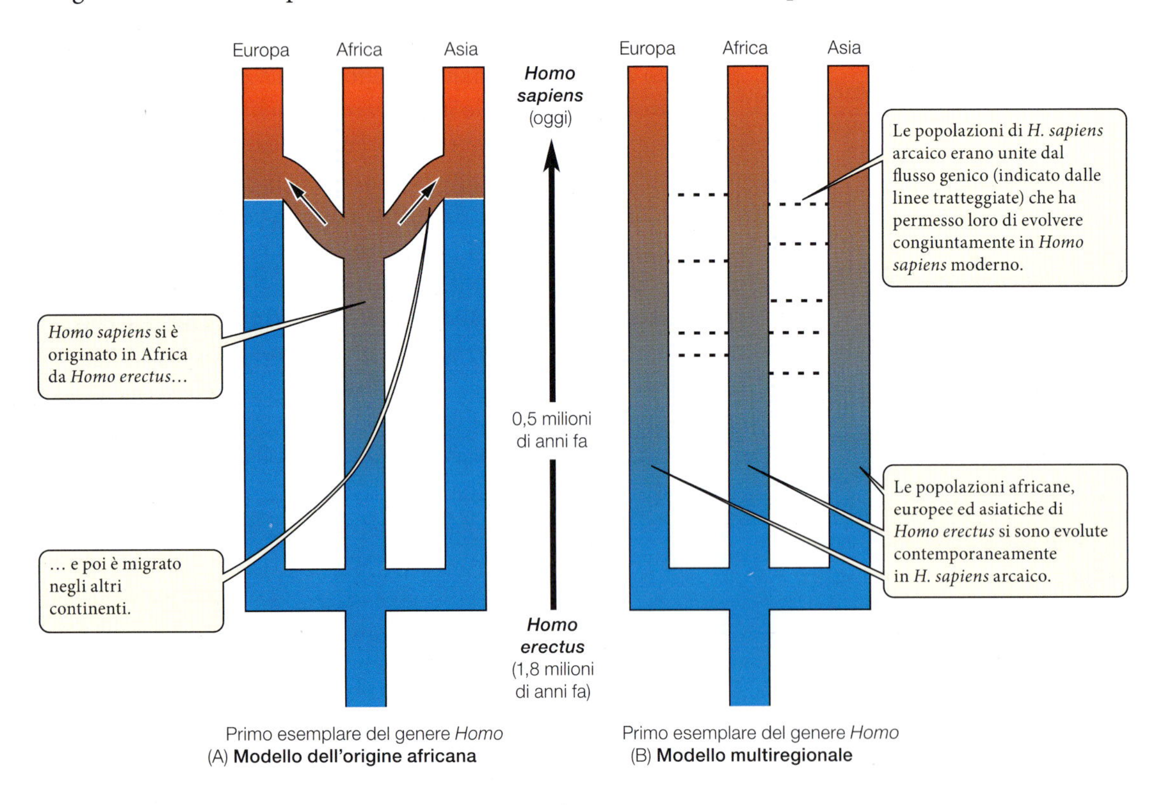

Figura 12 Due modelli antitetici Le due ipotesi dell'evoluzione dell'uomo moderno: il modello dell'origine (o genesi) africana, anche detto «out of Africa» (A), e quello multiregionale (B): la prima ipotesi è oggi la più accreditata.

FACCIAMO IL PUNTO

Termini e concetti chiave

a. Quando e dove comparvero i primi ominidi?
b. Qual è il carattere tipicamente umano che compare per primo?
c. Quali sono le differenze e le probabili parentele evolutive tra *Homo erectus* e *Homo habilis*?
d. Sai descrivere e discutere le ipotesi sull'origine di *Homo sapiens*?

3

L'evoluzione della cultura

Le due principali caratteristiche anatomiche della nostra specie (locomozione bipede e cervello voluminoso) prepararono la comparsa di quelle qualità in cui più ci riconosciamo: progettualità e pensiero concettuale. Tuttavia, la relazione fra le caratteristiche anatomiche e quelle mentali non è scontata. Le australopitecine hanno evoluto un'andatura che liberava gli arti superiori e un pollice opponibile, eppure per molto tempo non hanno intrapreso progressi culturali. Durante i due milioni di anni intercorsi fra *H. habilis* e gli ultimi *H. erectus* la capacità cranica è quasi raddoppiata, ma le tecniche di scheggiatura della pietra sono cambiate poco.

14

L'evoluzione culturale coinvolge più ambiti di studio

Non è facile capire cosa abbia prodotto la crescita culturale e intellettiva umana e non bastano le sole scienze naturali. Descrivere le molteplici attività in cui si manifesta il progresso culturale, quali l'uso e la fabbricazione di **utensili**, le rappresentazioni simboliche, le sepolture, la creazione di strutture abitative, lo sviluppo dell'agricoltura, è compito dell'archeologo, o antropologo culturale. Il naturalista, o antropologo fisico, avrebbe il compito di descrivere le strutture biologiche sottostanti a queste manifestazioni, ma molto raramente un'attività umana può essere ridotta semplicemente ai suoi aspetti materiali.

Descriveremo ora alcuni esempi di progressi culturali, nell'ordine in cui si sono verificati, per lo studio dei quali si getta un ponte fra queste due anime dell'antropologia.

15

La fabbricazione di utensili

Già *Homo habilis* usava e fabbricava strumenti di pietra, come quelli mostrati nella ▸figura 13A. Attrezzi di questo tipo appartengono alla cosiddetta *cultura olduvaiana*, così chiamata dal nome di un sito archeologico (la gola di Olduvai, in Tanzania), dove sono stati rinvenuti molti importanti resti fossili.

I primi attrezzi olduvaiani risalgono a 2,5 milioni di anni fa e rappresentano la più antica e longeva delle industrie preistoriche. Pur essendo semplici, gli strumenti olduvaiani sono fabbricati mediante operazioni preordinate che rivelano un pensiero intenzionale.

A partire da circa 1,4 milioni di anni fa gli attrezzi olduvaiani furono sostituiti, in Africa e nell'Asia sudoccidentale, da strumenti più complessi (▸figura 13B). Questa manifattura più moderna è opera di una specie successiva: *H. erectus*. Occorre notare, però, che l'evoluzione culturale nel tipo di utensile usato non riflette esattamente l'evoluzione biologica di chi lo usava; infatti nel Sudest asiatico questa specie anatomicamente più moderna ha praticato l'industria olduvaiana fino a 1 milione di anni fa.

I rappresentanti più antichi di *H. sapiens* usavano semplici utensili di pietra, poco più sofisticati di quelli di *H. erectus*. I neandertaliani, però, disponevano di un arsenale molto più ricco. Fra gli altri, possedevano strumenti che potevano servire a raschiare le pelli degli animali, suggerendo che potessero usarle per vestirsi. Inoltre costruivano anche oggetti decorativi, che suggeriscono un mondo psichico alquanto complesso.

Gli uomini anatomicamente moderni, quando arrivarono per la prima volta in Europa circa 40 000 anni fa, portarono con sé una serie di utensili nuovi, differenti e di gran lunga migliori. I loro arnesi in pietra erano essenzialmente schegge, ricavate da una pietra preparata con l'impiego di una sorta di scalpello (▸figura 13C). Queste schegge, chiamate *lame*, erano più piccole, più appiattite e più strette e, cosa più importante, si potevano forgiare in molti modi; tra di esse c'erano vari utensili atti a raschiare e a forare, coltelli appiattiti, scalpelli e numerosi altri arnesi per incidere. Usando questi utensili per lavorare altri materiali, come l'osso e l'avorio, *H. sapiens* moderno fabbricava aghi, lance e arpioni per cacciare o pescare.

(A)

(B) (C)

Figura 13 Manufatti sempre più raffinati Alcuni esempi di utensili e monili preistorici: (A) reperti della cosiddetta cultura olduvaiana fabbricati da *H. habilis*; (B) manufatti usati da *H. erectus*; (C) punta di lancia appartenente ai primi uomini anatomicamente moderni.

16

L'evoluzione del linguaggio

Il primo appartenente al genere *Homo* cominciò a fabbricare utensili 2,5 milioni di anni fa, ma fino a 500000 anni fa la capacità di costruire attrezzi è migliorata piuttosto lentamente; la vera impennata tecnologica risale ad appena 40000 anni fa. Che cosa ha provocato quest'ultima accelerazione nello sviluppo culturale? La risposta potrebbe essere l'evoluzione di una nuova **capacità linguistica**, cioè lo sviluppo di un linguaggio articolato e simbolico che consente la comunicazione di concetti e facilita la trasmissione di saperi.

Il progresso tecnologico di cui ha dato prova *Homo sapiens* moderno potrebbe essere stato determinato da cambiamenti genetici che potenziarono le facoltà linguistiche. L'ipotesi diventa plausibile se si considera che cosa avrebbe significato per un'ipotetica forma umana dotata di un cervello sviluppato, ma priva di abilità linguistiche, essere intelligente ma esprimersi in modo primordiale.

Gli altri primati emettono suoni di vario genere, attraverso cui sono in grado di comunicare tra loro. Gli scimpanzé, per esempio, gridano per avvertire di un pericolo gli altri membri del gruppo. Anche altri mammiferi non primati mostrano questo semplice tipo di comunicazione. Perché dunque gli esseri umani sono in grado sia di emettere vocalizzi semplici sia di usare un linguaggio? Il linguaggio implica la capacità di articolare suoni utili non soltanto a sostenere conversazioni complesse, imparando dai membri più anziani del gruppo sociale, ma anche a creare complesse società il cui corretto funzionamento è affidato all'uso di un linguaggio comune. Inoltre, il linguaggio può essere usato per concetti astratti, riferiti a oggetti non presenti e a sensazioni, per conversare del futuro e per produrre delle generalizzazioni.

17

I segni del pensiero creativo

Se il linguaggio non lascia tracce fossili, gli studiosi hanno altri indizi dei grandi passi avanti fatti dai nostri antenati. Si tratta delle prime espressioni artistiche e religiose di cui abbiamo una documentazione. Le prime tracce di produzione artistica da parte degli esseri umani risalgono ad almeno 40000 anni fa e consistono in figurine scolpite, ornamenti formati da perline o conchiglie e, soprattutto, alcuni sorprendenti esempi di pitture rupestri.

Tra le figurine, di grande notorietà è la «Venere di Willendorf» (▸figura 14), che non colpisce tanto per il gusto estetico, quanto per quello che sembra il segno di un pensiero simbolico ben sviluppato. Chi ha prodotto questo oggetto (circa 25000 anni fa) sembra avere coscientemente esagerato i tratti relativi alla femminilità, probabilmente perché la statuetta aveva un significato religioso, connesso a un culto della fertilità. D'altro canto, trattandosi di un'opera tanto lontana nel tempo, occorre essere cauti nella sua interpretazione; per esempio, la sua vistosa abbondanza potrebbe essere un segno di benessere e ricchezza.

Anche il culto dei morti, con l'allestimento di sepolture rituali in cui i defunti venivano abbigliati e ornati con cura e sepolti insieme a oggetti che simboleggiavano il loro ruolo e lo status sociale, ci porta a sentire un po' meno lontani questi nostri antenati.

18

La comparsa dell'agricoltura

Il primo stadio della nostra cultura materiale, quello di saprofago-raccoglitore-cacciatore, è cominciato in Africa con le australopitecine ed è continuato poi con varie specie del genere *Homo*. Per gran parte degli ultimi 100 000 anni queste attività sono state quelle più praticate anche da *H. sapiens*.

Poi, fra 15 000 e 10 000 anni fa, in varie parti del mondo si è sviluppata l'agricoltura. Gli archeologi hanno molto ben documentato la sua diffusione in Europa a partire da 10 000 anni fa. Ma in che modo è avvenuta? Esistono due possibilità diverse ma non incompatibili. La prima è che l'agricoltura si sia diffusa per via culturale, per imitazione: le popolazioni di cacciatori-raccoglitori, venendo a contatto con un'economia più efficiente, hanno appreso le tecniche di coltivazione. Una seconda possibilità è che gli agricoltori, essendo in grado di garantire una maggior sopravvivenza alla propria prole, per selezione naturale abbiano soppiantato le popolazioni di cacciatori-raccoglitori. Le conseguenze sarebbero le stesse dal punto di vista dell'evoluzione culturale, ma non dal punto di vista dell'evoluzione biologica. Nel secondo caso gli Europei sarebbero in grande misura tutti discendenti di quelle prime popolazioni che nel Vicino Oriente hanno cominciato a sviluppare l'agricoltura.

Il genetista Luigi Luca Cavalli-Sforza, partendo dalle frequenze di certi alleli, ha evidenziato un gradiente che va da est a ovest, secondo l'asse principale dell'espansione dell'agricoltura, riconoscendo un maggior peso alla diffusione demografica rispetto a quella culturale.

Insieme all'agricoltura nacquero insediamenti permanenti e, con essi, i primi villaggi. Grazie al miglioramento delle tecniche agricole, per nutrire la popolazione erano necessari sempre meno uomini dediti alla coltivazione della terra, così molte persone si specializzarono in altre attività. In questo modo, l'agricoltura aprì la strada allo sviluppo della tecnologia, dell'industria e delle arti, la successiva grande spinta culturale che continua ancora oggi.

Figura 14 Forme d'arte paleolitica La famosa venere di Willendorf, il cui nome viene dal sito austriaco in cui è stata scoperta.

PARLIAMO DI EVOLUZIONE

L'EVOLUZIONE UMANA CONTINUA

Chi non ha familiarità con il pensiero evoluzionistico, spesso vede l'evoluzione come un fenomeno passato, che è avvenuto e ci ha portati dove siamo ora. Questo fraintendimento è particolarmente frequente quando si parla della specie umana e viene spesso sostenuto con argomentazioni apparentemente fondate: gli esseri umani, grazie alla civiltà, non sarebbero più soggetti all'evoluzione biologica, ma soltanto a un'evoluzione culturale.

In realtà, studi condotti negli ultimi anni hanno evidenziato come l'evoluzione biologica della nostra specie abbia subito un'evidente accelerazione tra 15 000 e 5 000 anni fa circa. L'interpretazione che i ricercatori suggeriscono per questo inatteso risultato è che la civilizzazione ha posto gli esseri umani di fronte a condizioni molto diversificate: ci siamo diffusi in tutto il globo, i nostri stili di vita e le nostre abitudini alimentari sono cambiate e, soprattutto, siamo enormemente aumentati di numero. Le novità stesse introdotte dall'evoluzione culturale sono diventate fattori selettivi.

Un esempio di evoluzione biologica indotta dall'evoluzione culturale è il caso del gene per la lattasi, che è un enzima necessario per digerire il lattosio, uno zucchero contenuto nel latte. Nei mammiferi alla nascita il gene è attivo, ma si disattiva quasi sempre durante l'infanzia (▸**figura**). La ragione è che il latte si beve soprattutto da bambini e non sarebbe opportuno che gli adulti entrassero in competizione con i più piccoli.

Attorno a 20 000-10 000 anni fa, gli esseri umani impararono a procurarsi il latte dagli animali domestici, dando origine alla tradizione casearia. Questo andava bene per i bambini, ma non altrettanto per gli adulti che, senza quell'enzima, avevano difficoltà a digerire il latte. Un modo per aggirare il problema era lasciare ai batteri il compito di digerire il lattosio trasformando il latte in formaggio (o yogurt) che, essendo povero di lattosio, è digeribile sia dagli adulti sia dai bambini.

Il gene che disattiva la lattasi tuttavia può subire una mutazione in seguito alla quale la produzione di lattasi persiste oltre l'infanzia: questa mutazione quindi permette di digerire il latte per tutta la vita. La frequenza della mutazione cambia da una popolazione all'altra: più del 70% degli Europei può bere latte anche in età adulta, contro uno scarso 30% delle popolazioni di varie parti dell'Africa, dell'Asia orientale e dell'Oceania.

L'ipotesi più ovvia è che il latte costituisce una riserva di cibo comoda e duratura, offerta ai pastori dagli animali domestici. Esaminando 62 distinte culture, risulta che i popoli con la più alta percentuale di individui capaci di digerire il latte sono quelli con un passato da pastori. I dati dimostrano che tali popoli sono diventati pastori *prima* di sviluppare la capacità di digerire il latte e non perché si sono ritrovati geneticamente predisposti. Questa è la prova di un'evoluzione culturale che produce un'evoluzione biologica e un esempio di come un'azione consapevole e volontaria possa alterare in modo imprevisto le spinte evolutive che agiscono su una specie, in particolare sulla nostra.

A quanto pare, gli esseri umani sono cambiati adattandosi alle mutevoli condizioni di vita non solo culturalmente, ma anche biologicamente. I cambiamenti di cui si parla sono marginali e tali da non modificare in profondità la natura della nostra specie, eppure non sono privi di rilevanza.

Ma se *H. sapiens* sta ancora cambiando biologicamente, possiamo prevedere come sarà nel futuro? La risposta è no; il processo evolutivo è di per sé imprevedibile. Se ripensi a quali sono i meccanismi che originano la varietà di una specie, questo fatto diventa del tutto ovvio. Le mutazioni sono eventi casuali, nel senso che non seguono alcuno schema o direzione; casuali sono anche quelle associazioni sempre nuove di alleli, prodotte dalla ricombinazione sessuale, che fanno di ciascun di noi un individuo unico e irripetibile.

Sappiamo che l'evoluzione ha dei vincoli, e possiamo ragionevolmente escludere che i nostri discendenti saranno in grado di volare, ma ciò non basta per formulare delle previsioni realistiche. Per la nostra specie, oltretutto, le cose sono anche più complicate, poiché nessuno ha idea di come la nostra cultura e la tecnologia possano interferire con l'evoluzione biologica. In conclusione, tutti i tentativi di prevedere la nostra possibile evoluzione sono destinati a essere presto superati.

Il lattosio è uno zucchero «difficile» Tutti i mammiferi, quando sono molto giovani, possiedono il gene per la lattasi; negli esseri umani questo può rimanere attivo anche nell'adulto.

FACCIAMO IL PUNTO

Termini e concetti chiave

a. Che cosa si intende per «cultura» in antropologia? Quali reperti ne sono le tracce?
b. Come possiamo valutare in quale periodo gli esseri umani svilupparono una capacità linguistica?
c. Quali indicazioni abbiamo di un pensiero creativo degli antichi esseri umani?

Evolution of the human species

Primates

- Since they first appeared, **primates** have undergone several phases of adaptive radiation.
- The **human species** and **anthropomorphic apes** belong to the group of **hominoids**, which are tailless primates. These primates show adaptations attributable to arboreal life.
- For example, they have **prehensile extremities**: hands and feet with five digits, opposable thumbs and hallux, with highly mobile joints. In the human species, the hallux has lost its opposability to the other toes following the acquisition of bipedalism.
- They are also characterized by **visual dominance**; visual acuity is high, with color and stereoscopic vision; these are more useful than the olfactory sense in the arboreal environment.
- **Vertical orientation of the body** with reorganization of the internal organs was advantageous for primates acquiring an erect posture.
- The increase in **brain size** was probably due to the challenges of moving from trees.
- **Parental care** increased, as the young must be transported by the mother, who usually gives birth to one at a time. Creation of a complex social unit is favored, with a prolonged learning period.

Hominids

- **Hominids** present a series of adaptations anticipated by primates, then improved and later refined.
- The separation between hominids and anthropomorphic apes probably occurred in Africa on both sides of the Rift Valley as an adaptation to different climates.
- The pongids withdrew into the Western humid forest climate, while the hominids adapted to the arid environment of the savannah.
- **Erect posture** was the first characteristic to become established about 4 million years ago. It required a radical re-organization of the anatomy, particularly the pelvic bone and the angle between the spinal column and the cranium.
- **Increased cranium size** was connected to the fabrication of increasingly complex tools. The consequence was greater difficulty giving birth, which resulted in the birth of immature offspring who required a great deal of parental care in the first years of life.
- **Reduction of sexual dimorphism** compared to anthropomorphic apes was probably related to reduced competition among males to mate with a large number of females due to the establishment of long-term pair bonds.

Evolution of the genus *Homo*

- The **australopithecines** are the best documented forms of first hominids, particularly *Australopithecus afarensis* and the species that followed.
- The first representatives of the genus *Homo* appeared in Africa 2 to 3 million years ago.
- The most complete fossil remains belong to *Homo habilis*, a species with characteristics intermediate between *A. africanus* and *H. erectus* which appeared about 1.8 million years ago.
- Several species belonging to this group existed at the same time and in the same places.
- **Neanderthals** and **modern man** originated from the ancient *Homo* populations.
- There are competing hypotheses on the origin of modern man. The hypothesis of **African origin** maintains that the first modern men spread from Africa throughout the world, completely replacing the other populations. According to **multiregional evolution**, populations of *H. erectus* throughout the world evolved gradually into modern man. In reality, it is likely that modern man originated in Africa, but then crossed with individuals from ancient populations instead of replacing them completely.

Culture

- **Cultural anthropology** studies the various activities in which cultural progress is manifested. **Physical anthropology** describes the biological structures underlying these manifestations. Both areas of study are involved in explaining the cultural progress of modern man.
- **Tool-making**: simple stone instruments gave way to more complex ones, and to the appearance of decorative items, suggesting a complex psychic world, even though the cultural evolution in the type of tools used did not always reflect the biological evolution of the user.
- **Evolution of language**: the development of an articulate and symbolic language facilitated the transmission of knowledge. It might have been determined by genetic changes that could potentiate the linguistic faculty.
- **Creative thought** took concrete form in artistic and religious expressions.
- **Appearance of agriculture** led to the birth of permanent settlements and opened the way for the development of technology.

ebook.scuola.zanichelli.it/sadavabiologiablu

Verifica le tue conoscenze

1 Quale tra le seguenti caratteristiche non sono in comune tra i mammiferi e la specie umana?

A la produzione di latte
B i peli di copertura del corpo
C le ghiandole sudoripare
D la colonna vertebrale

2 L'ambiente in cui si sono evoluti i primati era

A la savana e i suoi ambienti rocciosi
B gli alberi delle foreste equatoriali
C le grandi pianure coperte da prateria
D nessuno in particolare

3 Non è considerata una tendenza evolutiva dei primati

A la dieta onnivora
B gli arti prensili
C la verticalizzazione del corpo
D la dominanza della vista

4 Le specie più vicine a quella umana sono

A gorilla, babbuino e scimpanzé
B orango, gibbone e scimpanzé
C gorilla, orango e scimpanzé
D babbuino, gibbone e scimpanzé

5 Una caratteristica condivisa da ominidi e primati è

A la deambulazione bipede
B il pollice opponibile
C un cervello di grandi dimensioni
D un ridotto dimorfismo sessuale

6 La specie nota come l'ominide più antico è

A *Homo habils*
B *Ardipithecus ramidus*
C *Australopithecus anamensis*
D *Australopithecus afarensis*

7 La più antica specie del genere *Homo* è

A *H. habilis*
B *H. erectus*
C *H. neanderthalensis*
D *H. ergaster*

8 La prima specie in grado di camminare mantenendo un'andatura bipede, seppure imperfetta, è

A *Homo habilis*
B *H. erectus*
C *H. ergaster*
D *Australopithecus afarensis*

9 Gli uomini di Neanderthal fecero la loro comparsa per la prima volta in

A Africa
B Medio Oriente
C Europa
D Estremo Oriente

10 La differenza principale tra la nostra specie e lo scimpanzé è il fatto che

A l'uomo possiede molti più geni dello scimpanzé ovvero è più complesso
B l'uomo possiede un'elevata percentuale di geni assenti nello scimpanzé
C nell'uomo molti più geni sono coinvolti nel controllo dell'attività cerebrale
D pur con geni simili, le proteine espresse sono diverse soprattutto per quantità

11 Si suppone che l'esplosione culturale rilevabile dai reperti paleoantropologici risalenti a circa 40 000 anni fa sia stata causata da

A lo sviluppo di un linguaggio simbolico
B la produzione dei primi utensili
C la diffusione delle tecniche agricole
D l'invenzione della scrittura

12 La capacità di digerire il latte non è diffusa uniformemente tra le popolazioni umane, perché

A si tratta di deriva genetica: pochi «fondatori» determinano i caratteri di tutta la popolazione
B la capacità è più diffusa tra le popolazioni con una tradizione di pastorizia
C è un effetto della selezione naturale che ancora sta modificando la nostra specie
D si tratta di mutazioni ed è noto che le mutazioni si verificano casualmente

Verifica le tue abilità

Leggi e completa.

13 Leggi e completa, con i termini opportuni, le seguenti frasi riferite all'arto superiore dei primati.

A Nei mammiferi primitivi era fornito di cinque dita, ciascuno formato da due o tre segmenti ....
B I primati hanno .... questo tratto primitivo.
C Inoltre il pollice .... favorisce la manipolazione di oggetti.
D Il braccio, infine, può .... attorno al gomito.

14 Leggi e completa, con i termini opportuni, le seguenti frasi riferite all'origine del genere *Homo*.

A .... circa è l'età dei resti fossili completi più antichi attribuibili al genere *Homo*.
B Le misure effettuate sui fossili indicano un progressivo aumento del volume ....
C Al momento della .... questo aumento di volume genera maggiori difficoltà.

15 Leggi e completa, con i termini opportuni, le seguenti frasi riferite all'evoluzione di *Homo*.

A La cultura .... è tipica di *H. habilis*.
B In Africa e Asia .... si trovano attrezzi più moderni a partire da circa 1,4 milioni di anni fa.
C Gli oggetti portati in Europa dagli uomini moderni sono le .... , schegge dai molteplici usi.

Spiega e rispondi.

16 Nell'evoluzione dei primati ha un ruolo fondamentale l'affermazione della dominanza della vista. Indica quali delle seguenti affermazioni sono corrette.

A I primi rappresentanti del gruppo erano animali diurni, per i quali la vista è più importante.
B La maggior parte possiede una vista a colori.
C La posizione frontale degli occhi favorisce la vista tridimensionale.
D Al miglioramento della vista non ha fatto riscontro una riduzione dell'olfatto.
Motiva le tue risposte, descrivendo brevemente i vantaggi di una vista efficiente nell'ambiente in cui i primati si sono evoluti.

17 L'evoluzione della nostra specie ha caratteri del tutto particolari. Quali affermazioni tra le seguenti giudichi corrette?

A La nostra evoluzione biologica si è arrestata quando ha avuto inizio l'evoluzione culturale.
B Non è possibile fare ragionevoli congetture sull'evoluzione futura dell'uomo.
C La cultura e la tecnologia non possono interferire con l'evoluzione biologica.
D L'evoluzione umana ha subito un'accelerazione tra 15000 e 5000 anni fa circa.
Motiva opportunamente le tue risposte.

Rispondi in poche righe.

18 Descrivi gli adattamenti richiesti per la verticalizzazione del corpo e i vantaggi derivanti da questa postura.

....
....
....

19 Ominoidei, Ominidi, *Homo*: quale relazione c'è tra questi tre gruppi? Descrivi almeno un carattere distintivo di ciascuno.

....
....
....

20 Indica le specie che conosci appartenenti alle australopitecine e stabilisci l'ordine in cui sono comparse sulla Terra.

....
....
....

21 Quali sono le fonti di informazioni di cui disponiamo per studiare le specie estinte del genere *Homo*? Quali informazioni ne ricaviamo?

....
....
....

22 I neandertaliani vengono spesso considerati i nostri parenti più stretti: confronta i due gruppi, evidenziandone somiglianze e differenze.

....
....
....

Mettiti alla prova

Rispondi in 20 righe.

23 **Alcune delle tendenze evolutive dei primati si trovano realizzate in modo molto evidente nella nostra specie. Elenca queste tendenze e giustifica la loro importanza in *H. sapiens*.**

24 **Discuti quali tracce si possono trovare che indichino il procedere di un'evoluzione culturale e chiarisci quali informazioni se ne possano ricavare.**

Rispondi in 10 righe.

CONOSCENZE

25 **Elenca e chiarisci le principali differenze riscontrabili tra *H. sapiens* e le scimmie antropomorfe.**

26 **Compara tra loro e discuti il modello dell'origine africana e quello multiregionale.**

Scegli la risposta corretta.

CONOSCENZE

27 **Si può riscontrare un dimorfismo sessuale meno accentuato studiando**

A *Australopithecus afarensis.*
B *Homo erectus.*
C *Homo habils.*
D *Pan troglodytes.*

COMPETENZE

28 **L'evoluzione del bipedismo richiese radicali adattamenti anatomici, ma non**

A la modificazione della struttura del bacino e il suo accorciamento.
B la perdita di un alluce opponibile e della prensilità degli arti inferiori.
C il cambiamento dell'angolo formato fra colonna vertebrale e cranio.
D la drastica riduzione in dimensioni dell'osso mascellare e della dentatura.

29 **Se una specie appartenente ai mammiferi ha dimensioni molto rilevanti, del suo indice cefalico puoi dire che**

A dipenderà comunque dalle dimensioni del cervello tipiche di quella specie.
B sarà elevato, a causa delle grandi dimensioni degli animali di quella specie.
C sarà basso, perché gli animali di quella specie hanno grande massa corporea.
D potrà essere molto alto o molto basso, in base al modo in cui lo definiamo.

Verso l'Università.

30 **Molti geni umani hanno sequenze molto simili a quelle dei geni corrispondenti nello scimpanzé. La spiegazione più verosimile è che:**

A lo scimpanzé deriva dall'uomo
B l'uomo deriva dallo scimpanzé
C uomo e scimpanzé sono il risultato di una convergenza evolutiva
D uomo e scimpanzé condividono un progenitore evolutivamente recente
E uomo e scimpanzé appartengono allo stesso genere

[*dal test di ammissione a Medicina Veterinaria 2011/2012*]

31 **I primi ominidi del genere *Australopithecus* comparvero all'incirca:**

A 10 milioni di anni fa
B 100 milioni di anni fa
C 2 milioni di anni fa
D 3000 anni fa
E 5 milioni di anni fa

[*dal test di ammissione a Odontoiatria e Protesi Dentaria 2001/2002*]

Biology in English.

32 **Bipedalism is believed to have evolved in the human lineage because bipedal locomotion is**

A more efficient than quadrupedal locomotion.
B more efficient than quadrupedal locomotion, and it frees the forelimbs to manipulate objects.
C less efficient than quadrupedal locomotion, but it frees the forelimbs to manipulate objects.
D less efficient than quadrupedal locomotion, but bipedal animals can run faster.
E less efficient than quadrupedal locomotion, but natural selection does not act to improve efficiency.

33 **Human phylogeny over the past 5 million years. Which of the following statements regarding human evolution is false?**

A The brains of the earliest members of *Homo sapiens* were larger than earlier *Homo* species.
B Communication was an important development during human evolution.
C Spirituality developed during this period.
D Neanderthals were direct ancestors of modern humans.
E The manipulation and use of tools played an important role in human development.

Hobbits of Flores island

In 2004, archeological workers on the Indonesian island of Flores unearthed the skeleton of an adult hominid female who stood less than a meter tall, weighed about 20 kilograms, and had a brain the size of a chimpanzee's. More fossils of these diminutive hominids were subsequently discovered on Flores, and radioactive dating indicated that some of them were shockingly recent (a mere 18 000 years old).

Although not all anthropologists are convinced, many experts think that the remains are those of a new species, dubbed *H. floresiensis*, and that this species is more closely related to Homo erectus, an extinct hominid species, than it is to *Homo sapiens*. *H. floresiensis* is thought to have evolved from *H. erectus* ancestors that arrived on Flores at least 840 000 years ago, at a time when the island lacked any other flightless mammals except rodents and pygmy elephants. The fossils tell us that these «hobbits» hunted pygmy elephants, which may have been their major food source.

Assuming that the majority opinion is correct, the discovery of a small hominid species surviving until relatively recent times stimulates several questions. How did their ancestors reach Flores? Why did they evolve to be so small? How did they manage to avoid extermination by the much larger modern humans who spread across Indonesia and reached Australia at least 46 000 years ago?

A probable scenario is that ancestral H. erectus colonized Flores during a period of glacial expansion, when sea levels were about 150 meters lower than they are today. At that time, Java and Bali would have been part of the Asian mainland. Even so, to reach Flores, the colonists had to cross three water gaps. These gaps were narrow enough that an island on the other side would have been visible, and reachable on a simple raft or canoe.

That the «hobbits» evolved small size is not surprising; biogeographers have observed that when large mammals colonize small islands, they typically evolve smaller size. Pygmy hippos, buffaloes, ground sloths, elephants, deer, and other mammals have all evolved on islands. In part this may be because islands typically lack both the resources to sustain large animals and the kinds of predators that feed on smaller animals. *Homo floresiensis* and the pygmy elephants they hunted would be examples of this well-known phenomenon.

The fact that the *H. floresiensis* lineage survived was probably due in large part to the three water gaps, which would have fluctuated in size with glacial fluctuations. Later hominid expansion across Indonesia to New Guinea could have occurred via a more easily traversed northerly route, leaving the «hobbits» isolated and untouched for many millennia.

The study of our own history - the evolution of *Homo sapiens* - has its own field, anthropology. But it is also the legitimate study of biologists.

Answer the questions.

- How old are the fossil hominids discovered on Flores island?
- How did the ancestral *H. erectus* colonize Flores?

AUDIO
Hobbits of Flores island
ebook.scuola.zanichelli.it/sadavabiologiablu

APPROFONDIMENTO
Evoluzionismo e razze
ebook.scuola.zanichelli.it/sadavabiologiablu

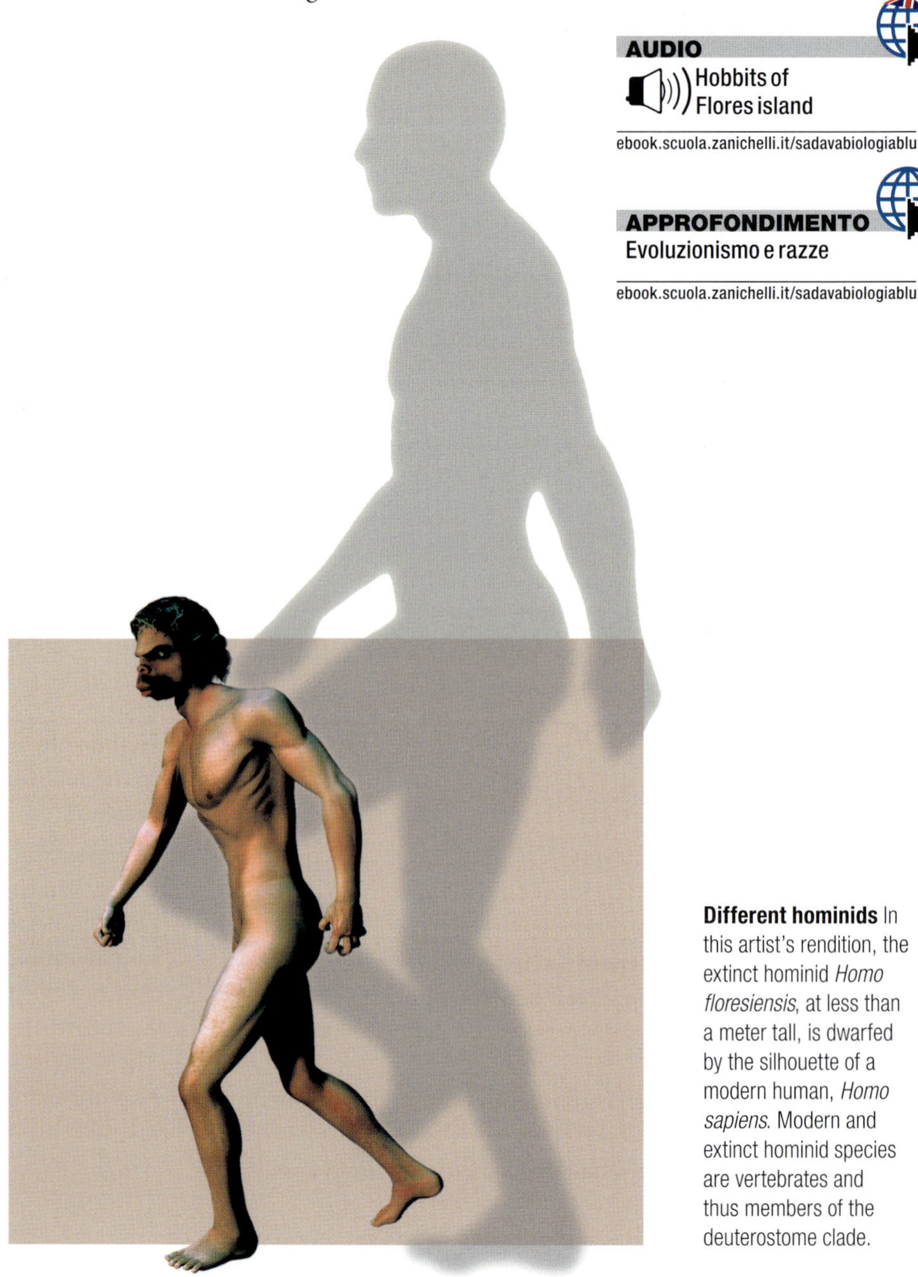

Different hominids In this artist's rendition, the extinct hominid *Homo floresiensis*, at less than a meter tall, is dwarfed by the silhouette of a modern human, *Homo sapiens*. Modern and extinct hominid species are vertebrates and thus members of the deuterostome clade.

Biology in English

1 Huntington's disease

Tasmania is an island state situated south east of Australia: it was the principal penal colony of the British Empire in the 19th century and the English descendants replaced the natives. In Tasmania 14/100,000 people suffer from Huntington's disease, a neurodegenerative genetic disorder caused by an autosomal dominant mutation. Answer the following questions.

a. In continental Australia the frequency is only 6/100,000; can you explain this difference?

b. What term can we use to indicate this situation in population genetics?

c. Physical symptoms of Huntington's disease usually begin between 35 and 44 years of age; what can Tasmania government do to reduce its frequency?

2 Albinism

In a population a newborn out of 3250 shows albinism; using *a* for the albinism allele and *A* for the dominant one, answer the questions:

a. What is allele *a* frequency (p)?

b. What is allele *A* frequency (q)?

c. What is the probability of being a healthy carrier?

3 Evolution

A. Complete the map filling the blanks.

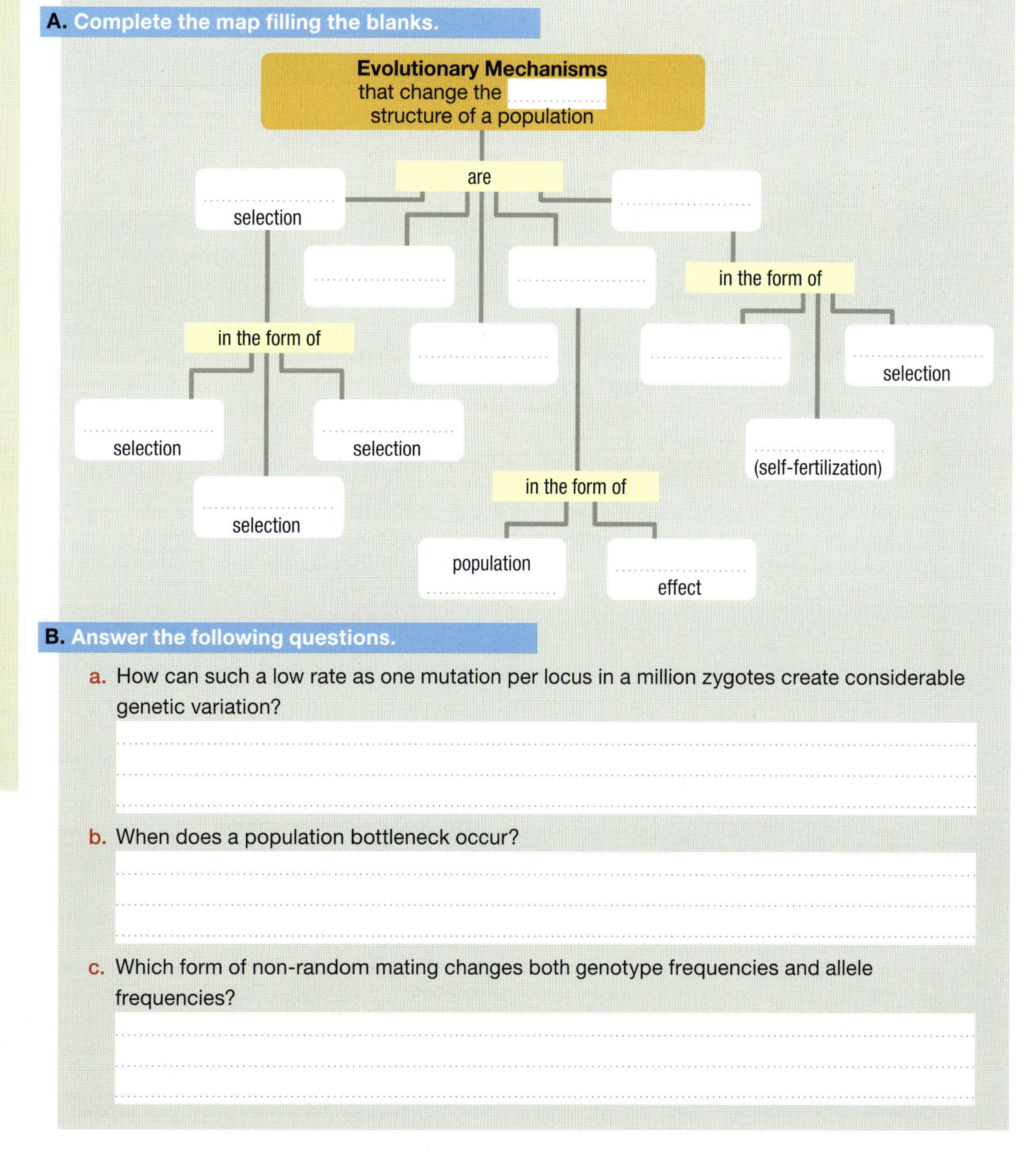

B. Answer the following questions.

a. How can such a low rate as one mutation per locus in a million zygotes create considerable genetic variation?

b. When does a population bottleneck occur?

c. Which form of non-random mating changes both genotype frequencies and allele frequencies?

4 Natural selection

A key mechanism of evolution is called natural selection. Complete the following text about adaptation as a result of natural selection by filling in the blanks with the given terms.

- Species
- Evolution
- Reproduction
- Individuals
- Traits
- Genotype
- Environment
- Probability
- Increasing
- Reproductive
- Genes
- Phenotype
- Produce
- Adapted
- Proteins
- Frequencies
- Generations
- Offspring
- Population
- Cause

Evolution refers to any change across successive 1. .... in the heritable characteristics of biological populations. Evolutionary processes 2. .... diversity at every level of biological organisation, including 3. .... individual organisms and molecules such as DNA and 4. .... Charles Darwin was the first who formulated the theory of evolution by means of natural selection. 5. .... by natural selection is a process that can be found out from the following facts about populations: more 6. .... are produced than can possibly survive, traits vary among 7. .... leading to different rates of survival and 8. .... and trait differences are heritable. Therefore, when members of a 9. .... die, they are replaced by the offspring of parents that were better 10. .... to survive and reproduce in the environment in which natural selection took place. This process creates and preserves 11. .... that are seemingly fitted for the functional roles they perform. Natural selection acts on the 12. .... or the physical features of an organism with a given genotype, rather than acting on the 13. .... directly. Traits are selected and not 14. .... Adaptation refers to any characteristic of a species 15. .... the survival abilities in the environment where the species lives. It occurs when some individuals in a population 16. .... more offspring in the next generation than others. Thus, allele 17. .... in the population change in a way that adapts individuals to the 18. .... that had influenced this reproductive success. The 19. .... contribution of a phenotype to subsequent generations relative to the contributions of other phenotypes is defined as its fitness. The fitness of the individuals of a particular phenotype is determined by the 20. .... of those individuals surviving, multiplied by the average number of offspring they produce over their lifetimes.

5 Examples of selection

Read the following descriptions, and identify the kind of selection they are referred to. If the selection is sexual, try to distinguish between intrasexual and intersexual.

Description	Selection
a. The bimodal distribution of beak sizes (two-peaked) in the black-bellied West African seedcracker favors individuals with large beaks which can crack hard seeds, and small beaks which feed on soft seeds, over birds with intermediate-sized beaks.	....
b. Male widowbirds with longer tails attract more females and have greater reproductive success.	....
c. Babies of low weight lose heat more quickly and get ill from infectious disease more easily, while babies of large body weight are more difficult to deliver through the pelvis. Infants of a more medium weight survive much more often. For the larger or smaller babies, the baby mortality rate is much higher.	....
d. Male peacocks exhibit courtship displays to attract their female mates.	....
e. Female zebra finches generally choose mates with the brightest beak color, since bright beaks signal good health.	....
f. Rabbit color is governed by two incompletely dominant traits: black fur represented by *B* and white fur represented by *b*. A rabbit with the genotype of *BB* would have a phenotype of black fur, a genotype of *Bb* would have grey fur and a genotype of *bb* would have a phenotype of white fur. If this population of rabbits were put into an area with very dark black rocks as well as very white coloured stone, the rabbits with black fur would be able to hide from predators among the black rocks and the white furred rabbits would be able to hide in the white rocks, but the grey furred rabbits would stand out in both of the habitats and would suffer greater predation.	....
g. Garter snakes of the Pacific coast have evolved resistance to TTX neurotoxin, which is produced by a prey species living there, that is the poisonous newt *Taricha granulosa*. TTX resistance evolved because of mutations in the allele for the sodium channel proteins in their nerves and muscles resulting in a phenotype that could continue to function even after TTX exposition. TTX resistance has evolved at least twice.	....
h. During the mating season, male deer fight over territory by using their antlers or horns in order to get the right to mate with the females.	....

6 Lucy

Read the text below and do the following activities.

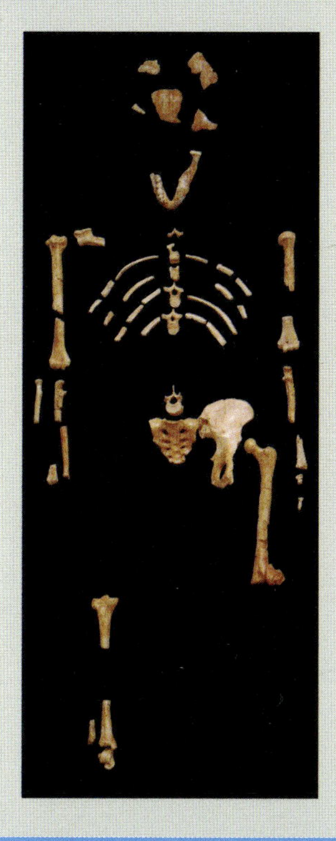

In 1974 a team composed of a French geologist, Maurice Taieb, an American anthropologist, Donald Johanson, and a famous British archeologist, Mary Leakey, found several hundred pieces of bone making up about 40% of the skeleton of an individual *Australopithecus afarensis*.

40% of a hominid skeleton was an astounding result in anthropology; moreover, the pieces or fragments of bone were found with no duplication, thus confirming the researchers' original assumption that they were from a single skeleton.

The discovery took place at Hadar in the Awash Valley of Ethiopia's Afar Depression and the pieces of bone were collected during different expeditions. The fossil was catalogued as AL 288-1, but it was soon nicknamed Lucy after the Beatles' song «Lucy in the Sky with Diamonds», which was usually played in the camp while working.

Lucy is estimated to have lived 3.2 million years ago. The discovery of this hominid was crucial, as the skeleton shows evidence of small skull capacity, similar to that of apes, and of bipedal upright posture, similar to that of humans, offering further evidence of the theory that bipedalism preceded growth in brain size in human evolution.

Johanson stated it was female after analyzing one complete pelvic bone and sacrum indicating the width of the pelvic opening. Lucy was only 1.1 m tall, weighed 29 kg and looked somewhat like a Common Chimpanzee, but despite having a small brain, the pelvis and leg bones were almost identical in function to those of modern humans, showing with certainty that these hominids walked erect.

One of Lucy's most interesting characteristics is a valgus knee, which provides further evidence of normal upright walk. Her femoral head was small and her femoral neck was short, both primitive characteristics. The length ratio of her humerus to femur was 84.6% compared to 71.8% for modern humans and 97.8% for Common Chimpanzees, indicating that either the arms of A. afarensis were beginning to shorten, the legs were beginning to lengthen, or both were occurring simultaneously. Lucy's jaw was quite different from other hominids, having a more gorilla-like appearance. After an agreement with the government of Ethiopia, Johanson took the skeleton to America where it was reconstructed and it was returned to Ethiopia nine years later. Lucy as a fossil hominid won public attention, becoming almost a household name at the time.Now Lucy is preserved at the National Museum of Ethiopia in Addis Ababa, where a plaster replica is displayed instead of the original skeleton.

A. Decide if the following sentences are true or false and correct the false statements.

1. If you go to the National Museum of Ethiopia you can see Lucy's skeleton. T F
2. Lucy had characteristics both of a primitive and a modern human. T F
3. Lucy's arms were shorter than a common Chimpanzee's. T F
4. Anthropologists thought that increased brain size occurred before bipedalism. T F
5. Researchers stated Lucy walked erect calculating the width of the pelvic opening. T F
6. The official name of Lucy is AL 288-1. T F
7. The team was quite disappointed by finding only 40% of the skeleton. T F
8. Just a few people knew about Lucy at the time of its discovery. T F
9. The fossil was given the name of one of the scientists working in the team. T F
10. Lucy's skull and mandible were similar to those of apes. T F

B. Answer the questions.

a. Why is Lucy's discovery defined as crucial?

....

....

....

....

b. How could the team be sure that the pieces and fragments belonged to a single skeleton?

....

....

....

....

c. How did they prove that *A. afarensis* walked erect?

....

....

....

....

C. Complete the following table with Lucy's primitive and modern characteristics.

Primitive features	Modern features

7 Men and animals

The diagram shows what characteristics man shares with other animals as a vertebrate, a mammal and a primate. Insert the following features under the right heading.

- A vertebral column supporting the skeleton
- Grasping limbs with opposable digits
- Mammary glands producing milk
- Upright posture
- A skull
- Sweat glands and body hair that keep inner temperature constant
- Four limbs ending up with fingers
- Bipedal locomotion
- Prolonged and more intense parental care
- A rigid internal skeleton
- Increased brain size
- A four-chambered heart which separates oxygenated blood from deoxygenated blood

8 The origin of modern man

Look at the diagram that describes two hypothesis about the origin of the modern man. Tehn answer the questions below.

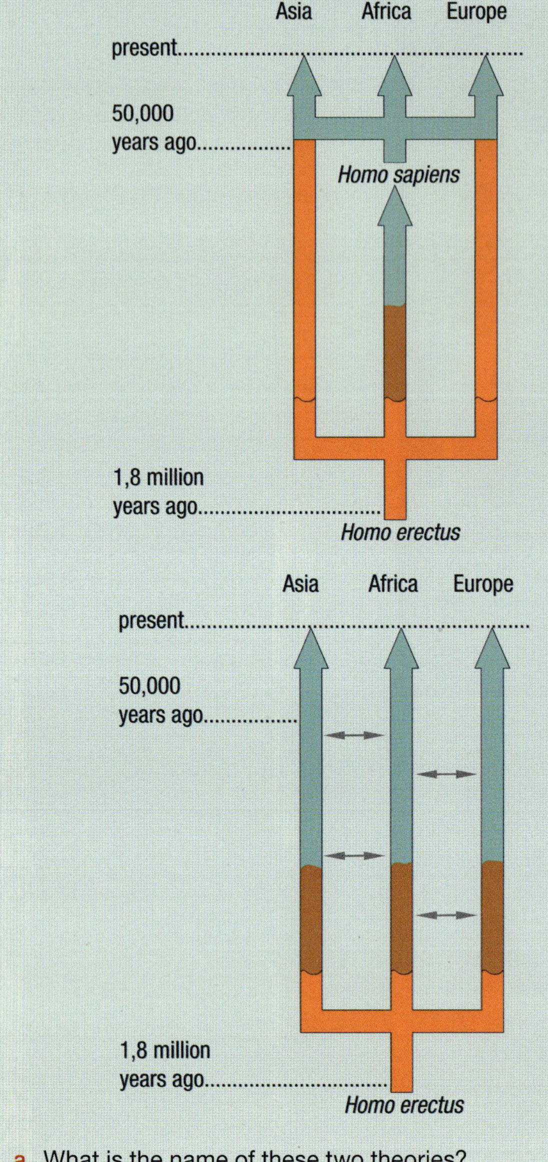

a. What is the name of these two theories?

....

b. What do they say?

....

c. In order to demonstrate the right theory, in 1987 Rebecca Cann and Allen Wilson, analyzed mitochondrial DNA in different populations and concluded that all humans descended from a single female living in Africa about 200,000 years ago. This discovery was immediately called the «Mitochondrial Eve Discovery». Why did they analyze mitochondrial DNA?

....

Glossario

A

accoppiamento non casuale [*nonrandom mating*] Selezione non casuale delle coppie.

acido desossiribonucleico [*deoxyribonucleic acid*] Materiale genetico che gli organismi ereditano dai loro genitori. È una macromolecola composta da due catene avvolte a doppia elica e costituite di nucleotidi, monomeri di DNA contenenti lo zucchero deossiribosio e le basi azotate adenina (A), citosina (C), guanina (G), e timina (T). Abbreviato in DNA.

acido ribonucleico [*ribonucleic acid*] Tipo di acido nucleico costituito da una sequenza di nucleotidi contenenti il ribosio come zucchero e le basi azotate adenina (A), citosina (C), guanina (G), e uracile (U); solitamente è costituito da una singola catena di nucleotidi. Interviene nella sintesi proteica ed è il materiale genetico di molti virus. Abbreviato in RNA.

adattamento evolutivo [*evolutionary adaptation*] Caratteristica ereditaria che rende un organismo più adatto a sopravvivere e a riprodursi in un determinato ambiente.

adenina [*adenine*] Base con due anelli azotati presente nel DNA e nell'RNA.

agente mutageno [*mutagen*] Agente chimico o fisico che interagisce con il DNA e causa una mutazione.

AIDS [*AIDS; Acquired Immunodeficiency Syndrome*]: Sindrome da immunodeficienza acquisita; insieme di patologie che si manifesta in seguito all'infezione da parte del virus HIV, caratterizzata da un indebolimento delle difese immunitarie e dall'aumentato rischio di contrarre infezioni letali e alcune forme di cancro.

allele [*alleles*] Forma alternativa di un gene.

allele dominante [*dominant allele*] In un individuo eterozigote l'allele che si manifesta nel fenotipo.

allele recessivo [*recessive allele*] In un individuo eterozigote, è l'allele che non ha effetti evidenti sul fenotipo.

anafase [*anaphase*] Terza fase della mitosi, che inizia quando i centromeri dei cromosomi doppi si rompono e i cromatidi si separano e finisce quando un assortimento completo di cromosomi è localizzato a ognuno dei due poli della cellula.

anticodone [*anticodon*] Specifica sequenza di tre nucleotidi di una molecola di tRNA complementare a una tripletta codone di mRNA.

attivatore [*activator*] Proteina che attiva un gene o un gruppo di geni legando l'intensificatore e promuovendo la trascrizione genica. Appartiene alla famiglia dei fattori di trascrizione.

autosoma [*autosome*] Cromosoma non direttamente coinvolto nella determinazione del sesso di un organismo.

B

barriera postzigotica [*postzygotic barrier*] Barriera riproduttiva che agisce sugli zigoti o sugli individui ibridi, cioè derivanti dall'accoppiamento di individui appartenenti a specie diverse, impedendo che si sviluppino in adulti vitali o fertili.

barriera prezigotica [*prezygotic barrier*] Barriera riproduttiva che impedisce l'accoppiamento o la fecondazione tra individui appartenenti a specie diverse.

barriera riproduttiva [*reproductive barrier*] Caratteristica biologica di una specie che impedisce ai suoi membri di incrociarsi con individui di altre specie anche se vivono nello stesso territorio.

batteriofago [*bacteriophage; phage*] Virus che infetta un batterio; abbreviato in fago.

biogeografia [*biogeography*] Disciplina che studia distribuzione geografica delle specie.

biologia molecolare [*molecular biology*] Scienza che studia i meccanismi molecolari alla base del funzionamento della cellula.

C

cancerogeno [*carcinogen*] Agente che provoca il cancro inducendo mutazioni nel DNA. Sono esempi di cancerogeni i raggi X, la luce ultravioletta, il fumo di sigaretta.

cariotipo [*karyotype*] Rappresentazione microfotografica dei cromosomi di una cellula durante la metafase, ordinati per tipo e per dimensioni.

cellula aploide [*haploid cell*] Cellula contenente una sola serie di cromosomi; cellula n.

cellula poliploide [*polyploid cells*] Cellula con più di due serie complete di cromosomi.

cellula staminale embrionale [*embryonic stem cells (ES cells)*] Cellula indifferenziata embrionale che può andare incontro a un numero illimitato di divisioni, dando origine a tutti i possibili tipi di cellule di un organismo.

cellule staminali adulte [*adult stem cells*] Cellule poco differenziate presenti nei tessuti di un organismo adulto, in grado di generare cellule differenziate per assicurare il ricambio cellulare.

centromero [*centromere*] Regione di un cromosoma dove i due cromatidi identici sono uniti e dove si attaccano le fibre del fuso nel corso della mitosi e della meiosi. Il centromero si rompe all'inizio dell'anafase durante la mitosi e nell'anafase II durante la meiosi.

centrosoma [*centrosome*] Regione presente nel citoplasma delle cellule eucariotiche, importante durante la divisione cellulare. Centro di organizzazione dei microtubuli.

chiasma [*chiasma*] Sito visibile al microscopio dove avviene lo scambio di materiale genetico attraverso il crossing-over tra cromatidi di cromosomi omologhi, durante la profase I della meiosi.

ciclo cellulare [*cell cycle*] Sequenza ordinata di eventi che comprende la mitosi e l'interfase; va dal momento in cui una cellula eucariotica si divide in due cellule figlie a quando le cellule figlie si dividono nuovamente.

ciclo litico [*lytic cycle*] Ciclo di replicazione virale che provoca la lisi della cellula ospite e la conseguente liberazione di nuovi virus.

citosina [*cytosine*] Base azotata che si trova nel DNA e nell'RNA.

codominanza [*codominance*] Manifestazione fenotipica di due alleli di un gene in un individuo eterozigote.

codone [*codon*] L'unità di base del codice genetico; sequenza di tre nucleotidi di mRNA che codifica per un particolare amminoacido o costituisce il segnale di inizio o di fine catena di un polipeptide.

codone d'inizio [*start codon*] Sequenza di tre nucleotidi (AUG) sull'mRNA a cui si lega una molecola di tRNA (iniziatore di catena), iniziando la traduzione.

concetto di specie ecologica [*ecological species concept*] Teoria che identifica una specie in base al suo ruolo ecologico, o nicchia.

concetto di specie filogenetica [*philogenetic species concepts*] Definisce una specie come l'insieme di organismi che fanno parte dello stesso ramo dell'albero della vita.

concetto di specie morfologica [*morphological species concept*] L'idea che una specie possa essere definita misurando i criteri anatomici degli organismi.

coniugazione [*conjugation*] Nei batteri, trasferimento diretto di DNA tra due cellule temporaneamente unite.

corea di Huntington [*Huntington's disease*] Malattia genetica umana causata da un allele dominante; è caratterizzata dall'incapacità di controllare i movimenti del corpo e dalla degenerazione del sistema nervoso.

cromatidi fratelli [*sister chromatids*] Copie di un cromosoma mantenute insieme a livello del centromero e separate durante la mitosi o la meiosi II.

cromatina [*chromatin*] Complesso di DNA e proteine che costituisce i cromosomi eucariotici. Quando la cellula non è in fase di divisione, la cromatina assume l'aspetto di una massa di fibre molto lunghe e sottili, non visibili al microscopio ottico.

cromosoma [*chromosome*] Struttura filiforme presente nel nucleo di tutte le cellule eucariotiche, contenente i geni. Ogni cromosoma è composto da una lunga molecola di DNA associata a proteine.

cromosoma sessuale [*sex chromosomes*] Cromosoma dal quale dipende la determinazione genetica del sesso di in individuo.

cromosomi omologhi [*homologous chromosomes*] I due cromosomi corrispondenti che formano una coppia in una cellula diploide. I cromosomi omologhi hanno la stessa lunghezza e il centromero nella stessa posizione; possiedono geni che codificano per gli stessi caratteri in loci corrispondenti, ma possono avere alleli diversi. Uno dei due cromosomi omologhi viene ereditato dal padre e l'altro dalla madre.

crossing-over [*crossing-over*] Scambio di segmenti corrispondenti tra i cromatidi di due cromosomi omologhi che si verifica durante la profasi I della meiosi. I siti del crossing-over sono detti chiasmi; il risultato del crossing-over è la formazione di cromosomi ricombinanti. Vedi anche: frequenza di ricombinazione; ricombinazione genetica.

D

daltonismo [*red-green color blindness*] Comune malattia genetica che coinvolge diversi geni posti sul cromosoma X, caratterizzata da alterazioni nella capacità di distinguere i colori. Colpisce prevalentemente i maschi, mentre le femmine sono spesso portatrici.

degenerazione degli ibridi [*hybrid breakdown*] Tipo di barriera postzigotica tra due specie; le specie restano isolate perché i discendenti degli ibridi sono sterili o deboli.

delezione [*deletion*] Perdita, a causa di una mutazione, di uno o più nucleotidi da un gene o addirittura di un intero frammento di cromosoma.

deriva genetica [*genetic drift*] Cambiamento nel pool genico di una popolazione di piccole dimensioni, dovuto al caso.

desossiribosio [*deoxyribose*] Zucchero a cinque atomi di carbonio contenuto nel DNA; possiede un gruppo idrossilico in meno rispetto a quello contenuto nell'RNA (ribosio).

differenziamento cellulare [*cellular differentiation*] Specializzazione della struttura e della funzione delle cellule che avviene durante lo sviluppo di un organismo multicellulare e che dipende dal controllo genico.

dimorfismo sessuale [*sexual dimorphism*] Presenza di differenze morfologiche tra gli individui di sesso opposto in una specie.

diploide [*diploid*] (1) Contenente due assetti omologhi di cromosomi per ogni cellula, ciscuno ereditato da un genitore. (2) Riferito a una cellula $2n$.

distrofia muscolare di Duchenne [*Duchenne muscular dystrophy*] Malattia genetica umana causata da una mutazione sul cromosoma sessuale X; è caratterizzata da un progressivo indebolimento e dalla perdita progressiva di tessuto muscolare.

divisione cellulare [*cell division*] Riproduzione delle cellule.

DNA complementare [*complementary DNA; cDNA*] Molecola di DNA costruita in vitro utilizzando l'enzima trascrittasi inversa a partire da uno stampo di mRNA. Un DNA complementare, o cDNA, corrisponde quindi a un gene da cui sono stati rimossi tutti gli introni presenti nella sequenza corrispondente all'interno del genoma.

DNA ligasi [*DNA ligase*] Enzima essenziale per la replicazione del DNA, che catalizza la formazione di legami covalenti tra nucleotidi di frammenti di DNA adiacenti. In ingegneria genetica è usato per «incollare» un tratto specifico di DNA, contenente il gene da studiare, in un plasmide batterico o in un altro vettore.

DNA polimerasi [*DNA polymerase*] Enzima che catalizza l'allungamento di nuove molecole di DNA a livello della forca di duplicazione mediante l'aggiunta di nucleotidi alla catena preesistente.

documentazione fossile [*fossil record*] Documentazione di milioni di anni di evoluzione nell'ordine in cui appare inclusa negli strati di roccia.

dominanza completa [*complete dominance*] Modello ereditario in cui i fenotipi degli eterozigoti e degli omozigoti per il gene dominante sono indistinguibili.

dominanza incompleta [*incomplete dominance*] Modello ereditario in cui gli ibridi della prima generazione presentano un fenotipo intermedio tra quello dei genitori.

doppia elica [*double helix*] Forma del DNA nativo, costituita da due filamenti polinucleotidici complementari tenuti insieme da legami idrogeno e avvolti a spirale.

duplicazione [*duplication*] Parte di un cromosoma ripetuto due volte a causa della fusione con un frammento del cromosoma omologo; può essere il risultato di un errore nella meiosi oppure può essere provocata da agenti mutageni.

E

effetto collo di bottiglia [*bottleneck effect*] Deriva genetica dovuta alla drastica riduzione della popolazione, generalmente in seguito ad una catastrofe naturale, in modo tale che la popolazione sopravvissuta non sia più rappresentativa della popolazione originale.

effetto del fondatore [*founder effect*] Deriva genetica che si verifica nella colonizzazione di un piccolo numero di individui che si staccano dalla popolazione parentale.

elettroforesi su gel [*gel electrophoresis*] Separazione degli acidi nucleidi e delle proteine in base alla loro dimensione e carica elettrica.

emofilia [*hemophilia*] Malattia genetica dell'uomo, caratterizzata da estese emorragie in seguito a una ferita, causata da un anomalia di un gene situato sul cromosoma sessuale X.

enzima di restrizione [*restriction enzyme*] Enzima batterico che taglia il DNA estraneo, proteggendo così il batterio contro l'introduzione di fagi e altri organismi. Gli enzimi di restrizione sono usati nella tecnologia del DNA ricombinante per tagliare dai cromosomi pezzi di DNA contenenti i geni prescelti.

equilibrio di Hardy-Weinberg [*Hardy-Weinberg equilibrium*] Principio che afferma che il rimescolamento dei geni attraverso la riproduzione sessuata non altera il pool genico di una popolazione.

eredità poligenica [*polygenic inheritance*] Effetto addizionale di due o più loci genici su un singolo carattere fenotipico.

ermafrodita [*hermaphrodite*] Organismo che svolge sia le funzioni femminili sia quelle maschili nella riproduzione sessuata, producendo sia spermatozoi sia cellule uovo.

esadattamento [*exaptation*] Struttura che si evolve e agisce in un determinato contesto ambientale ma che può acquisire nuove funzioni in un ambiente diverso.

esone [*exon*] Segmento di DNA che codifica per una porzione di un gene, che rimane presente nell'mRNA maturo dopo lo splicing. Vedi anche: introne.

espressione genica [*gene expression*] Processo attraverso il quale l'informazione genica passa dai geni alle proteine.

eterozigote [*heterozygous*] Una cellula o un organismo caratterizzata dalla presenza, in loci corrispondenti, di una coppia di alleli diversi che determinano un carattere fenotipico. Un organismo eterozigote per un determinato gene produrrà quindi due tipi differenti di gameti. Vedi anche: omozigote.

F

fase G_1 [*G_1 phase*] Prima fase di crescita nel ciclo cellulare; comprende la parte di interfase che precede l'inizio della sintesi del DNA.

fase G_2 [*G_2 phase*] Seconda fase di crescita nel ciclo cellulareM; comprende la parte di interfase che segue la sintesi del DNA.

fase M [*M phase*] Fase mitotica del ciclo cellulare; comprende la mitosi e la citochinesi.

fase S [*S phase*] Durante il ciclo cellulare, la parte di interfase durante la quale avviene la sintesi di DNA.

fattore di crescita [*growth factor*] Proteina secreta da alcune cellule del corpo che stimola altre cellule a dividersi.

fattore di trascrizione [*transcription factor*] Proteina eucariotica che ha la funzione di iniziare o regolare le trascrizione. I fattori di trascrizione si legano al DNA o ad altre proteine che, a loro volta, si legano al DNA.

fattore F [*F factor*] Fattore di fertilità nei batteri. Si tratta di un segmento che conferisce la capacità di formare i pili per la coniugazione e di eseguire altre funzioni utili per trasferire il DNA da un batterio donatore a uno ricevente. Può presentarsi sotto forma di un plasmide oppure può essere integrato nel cromosoma batterico.

fecondazione [*fertilization*] Unione del nucleo di uno spermatozoo con il nucleo di una cellula uovo, per formare lo zigote.

fenotipo [*phenotype*] L'insieme delle caratteristiche visibili di un organismo.

fibrosi cistica [*cystic fibrosis*] Malattia genetica recessiva che si manifesta nelle persone con due copie di alleli non funzionali del gene CFTR; è caratterizzata da un'eccessiva secrezione di muco nei polmoni e conseguente vulnerabilità alle infezioni.

fitness [*fitness*] In una popolazione, il contributo di un individuo al pool genico della generazione successiva.

flusso genico [*gene flow*] Acquisto o perdita di alleli in una popolazione a causa dei movimenti di individui o di gameti dentro e fuori dalla popolazione.

fossile [*fossil*] Resto o impronta di un organismo che è vissuto nel passato.

frammenti di restrizione [*restriction fragments*] Molecole di DNA prodotte a partire di una molecola più lunga di DNA tagliata con un enzima di restrizione.

frequenza di ricombinazione [*recombination frequency*] Considerando due geni presenti in loci diversi dello stesso cromosoma, la percentuale di gameti (o cellule figlie) in cui uno dei due geni risulta scambiato da un cromosoma al cromosoma omologo. La progenie ricombinante presenta pertanto una combinazione di alleli diversi da quella dei genitori. La frequenza di ricombinazione fornisce una misura della distanza a cui si trovano i due geni.

G

gamete [*gamete*] Cellula sessuale aploide che si forma nelle gonadi; durante la fecondazione, il gamete femminile (cellula uovo) si unisce con il gamete maschile (spermatozoo) per produrre uno zigote diploide.

gene [*gene*] Tratto di DNA (o di RNA, in alcuni virus) caratterizzato da una specifica sequenza che codifica per un'informazione ereditabile; negli eucarioti è localizzato nei cromosomi.

gene legato al sesso [*sex-linked gene*] Gene localizzato su un cromosoma sessuale.

gene omeotico [*homeotic gene*] Gene che controlla lo sviluppo embrionale assegnando una precisa identità a specifici gruppi di cellule che daranno origine a uno o più segmenti corporei.

gene oncosoppressore [*tumor-suppressor gene*] Gene il cui prodotto inibisce la divisione delle cellule o ne previene la crescita incontrollata.

gene regolatore [*regulatory gene*] Gene che codifica per una proteina, per esempio un repressore, che controlla la trascrizione di un altro gene o di un gruppo di geni.

generazione F_1 [*F_1 generation*] Progenie della generazione parentale (generazione P); F1 sta per «prima generazione filiale».

generazione F_2 [*F_2 generation*] Progenie della generazione F_1; F_2 sta per «seconda generazione filiale».

generazione P [*P generation*] Gli individui che si accoppiano in un incrocio genetico; P sta per «generazione parentale».

genetica di popolazione [*population genetics*] Ramo della genetica che studia i genomi delle popolazioni, la frequenza e la distribuzione dei geni al loro interno e i fattori che alterano le frequenze geniche.

genomica [*genomics*] La disciplina che studia l'assetto dei geni e delle loro interazioni.

genotipo [*genotype*] Il complesso dell'informazione genetica di un organismo, corrispondente all'insieme degli alleli presenti nelle sue cellule che presiedono all'espressione dei caratteri somatici (fenotipo).

gruppi sanguigni [*AB0 blood groups*] Fenotipi definiti in base alla presenza sulla superficie esterna dei globuli rossi di antigeni di natura polisaccaridica: il gruppo A è caratterizzato dalla presenza dell'antigene A, il gruppo B dalla presenza dell'antigene B, il gruppo AB dalla presenza dell'antigene A e dell'antigene B; il gruppo 0 (zero) è caratterizzato dall'assenza di entrambi gli antigeni, ed è il più frequente nella popolazione europea (40%).

guanina [*guanine*] Base azotata purinica, la cui molecola presenta due anelli, presente nel DNA e nell'RNA.

H

HIV [*HIV; Human Immunodeficiency Virus*] Virus dell'immunodeficienza umana; retrovirus che attacca il sistema immunitario umano e causa l'AIDS.

I

ibridazione [*cross-fertilization; hybridization*] Fecondazione tra i gameti di tra due diversi organismi o tra due specie diverse.

ibrido [*hybrid*] Individuo prodotto dall'incrocio di genitori appartenenti a due specie diverse o a due popolazioni geneticamente distinte.

impollinazione incrociata [*cross-pollination*] Trasferimento del polline dalle antere dei fiori di una pianta allo stimma dei fiori di un'altra pianta della stessa specie.

impronta genetica [*DNA fingerprint*] Assortimento di alleli che caratterizza ogni individuo, evidenziato nel DNA mediante l'uso di sonde nucleotidiche radioattive ed elettroforesi; è utilizzato in medicina legale per identificazioni e assegnazioni di paternità o maternità.

incrocio [*cross-breeding*] Il prodotto della fecondazione tra individui diversi all'interno della stessa specie.

incrocio diibrido [*dihybrid cross*] Incrocio sperimentale implicante due caratteri ereditari. Vedi anche: incrocio monoibrido.

induttore [*inducer*]: In un operone, molecola che inattiva in modo specifico un repressore.

inserzione [*insertion*] Mutazione caratterizzata dall'inserimento in un gene di una o più coppie di nucleotidi.

interfase [*interphase*] Nel ciclo cellulare di una cellula eucariotica, il periodo durante il quale la cellula non si divide. Durante l'interfase, l'attivitò metabolica della cellula è alta, i cromosomi e gli organuli si duplicano e le dimensioni cellulari aumentano. L'interfase occupa oltre il 90% della durata del ciclo cellulare.

introne [*intron*] Negli eucarioti, sequenza di DNA non codificante compresa tra due esoni, che viene rimosso dal trascritto di RNA per mezzo dello splicing.

inversione [*inversion*] Mutazione cromosomica dovuta all'attacco di una sequenza di geni con ordine invertito rispetto al cromosoma originale; in genere le inversioni sono dovute a errori durante la meiosi.

isolamento comportamentale [*behavioral isolation*] Barriera prezigotica dovuta all'assenza di attrazione fra maschi e femmine di specie diverse.

isolamento gametico [*gametic isolation*] Barriera prezigotica tra due specie dovuta all'incapacità di fondersi dando luogo alla fecondazione.

isolamento meccanico [*mechanical isolation*] Barriera prezigotica dovuta all'incompatibilità tra gli organi sessuali dei maschi e delle femmine di specie diverse.

isolamento temporale [*temporal isolation*] Barriera prezigotica determinata dalla non contemporaneità del momento dell'accoppiamento tra specie diverse.

istone [*histone*] Piccola proteina basica a causa dell'elevato contenuto degli amminoacidi lisina e arginina, associata con il DNA (carico negativamente) nel nucleo delle cellule eucariotiche. Gli istoni partecipano all'impaccamento del DNA e alla formazione dei nucleosomi, e probabilmente hanno un ruolo nella regolazione dell'espressione genica.

L

linea pura [*true-breeding*] Gruppo di organismi geneticamente omogenei, prodotti per autofecondazione (piante) o mediante incroci selezionati (animali); riproducendosi sessualmente, gli organismi appartenenti a una linea pura generano una progenie con caratteri ereditari identici a quelli dei genitori.

locus [*locus*] La posizione di un gene su un cromosoma. Cromosomi omologhi contengono serie identiche di loci disposti nello stesso ordine.

M

macroevoluzione [*macroevolution*] Evoluzione che porta alla comparsa di nuove specie, provviste di nuovi caratteri e di nuove modalità di adattamento all'ambiente. Vedi anche: microevoluzione.

mappa genica [*genetic map*] Sequenza del DNA di un gene in cui sono indicati i siti degli elementi regolatori, degli introni, degli esoni e delle mutazioni.

marcatore genetico [*genetic marker*] 1) Sequenza di DNA marcata con una sostanza radioattiva utilizzata durante uno studio genetico. (2) Gene che conferisce una caratteristica fenotipica (resistenza a un antibiotico, capacità di sintetizzare una molecola) alle cellule che lo possiedono, e che quindi possono essere distinte da quelle che ne sono prive.

meiosi [*meiosis*] In un organismo che si riproduce sessualmente, è il processo grazie al quale da una cellula diploide si formano quattro gameti aploidi. La meiosi si verifica nelle gonadi e consiste in due divisioni successive, accompagnate da una sola duplicazione dei cromosomi. Durante la meiosi avviene la ricombinazione genetica.

metafase [*metaphase*] Secondo stadio della mitosi, in cui i cromosomi si allineano sulla piastra equatoriale del fuso mitotico.

microevoluzione [*microevolution*] Variazione nel pool genico di una popolazione; le principali cause di microevoluzione sono la deriva genetica (effetto del fondatore, effetto collo di bottiglia), la selezione naturale, il flusso genico e l'insorgenza di mutazioni. Vedi anche: macroevoluzione.

mitosi [*mitosis*] Processo di divisione della cellula eucariotica in due cellule figlie, che viene diviso in quattro fasi: profase, metafase, anafase e telofase. Nella mitosi, corredo genetico viene mantenuto costante grazie alla duplicazione dei cromosomi e alla loro ripartizione nelle cellule figlie.

monoibrido [*monohybrid*] Organismo derivato da genitori i cui genomi differiscono per una sola coppia di alleli, per la quale sono omozigoti; l'organismo sarà quindi eterozigote nei confronti di tale allele. Per esempio, genitori con genotipo *AA* e genotipo *aa* daranno luogo a un genotipo monoibrido di tipo *Aa*.

mutagenesi [*mutagenesis*] Comparsa di una mutazione nel genoma di un organismo; può essere spontanea oppure indotta da agenti chimici, fisici o biologici.

mutazione [*mutation*] Alterazione nella sequenza di nucleotidi del DNA; se si verificano nei gameti, le mutazioni possono essere trasmesse alla prole.

N

non-disgiunzione [*nondisjunction*] Durante la meiosi, mancata separazione di due cromosomi omologhi appaiati; di conseguenza, una delle cellule figlie possiede due copie del cromosoma in questione, mentre l'altra ne rimane priva.

non-vitalità degli ibridi [*hybrid inviability*] Tipo di barriera postzigotica tra specie diverse dovuta a incompatibilità del loro assetto cromosomico; ciò fa sì che gli zigoti non si sviluppino, oppure che gli ibridi non raggiungano la maturità sessuale.

nucleosoma [*nucleosome*] Unità ripetitiva composta da DNA avvolto intorno a proteine chiamate istoni; il complesso DNA-istone, al microscopio elettronico, sembra la perla di una collana. La collana si avvolge su se stessa compattando il DNA all'interno del cromosoma.

nucleotide [*nucleotide*] Composto organico costituito da uno zucchero a cinque atomi di carbonio (ribosio o desossiribosio) legato a una base azotata e a un gruppo fosfato. I nucleotidi sono i monomeri che costituiscono gli acidi nucleici.

O

ominidi [*hominids*] Famiglia che comprende la specie umana e i suoi diretti antenati.

omozigote [*homozygous*] Una cellula o un organismo che presenta due alleli identici per un dato gene. Vedi anche: eterozigote.

oncogene [*oncogene*] Forma alterata di un gene normale, chiamato proto-oncogene, in grado di causare il cancro.

operatore [*operator*] Nei procarioti, sequenza di nucleotidi posta tra il promotore e i geni di un operone. L'operatore costituisce il sito di legame per una specifica proteina chiamata repressore. Quando il repressore è legato all'operatore, l'enzima RNA polimerasi non può attaccarsi al promotore e quindi la trascrizione dei geni è bloccata.

operone [*operon*] Nei procarioti, unità funzionale costituita da un gruppo di geni contigui, da un promotore e da un operatore. I geni di un operone sono regolati in modo coordinato e codificano per enzimi implicati nella stessa funzione; per esempio, l'operone lac contiene i tre geni che codificano per gli enzimi che digeriscono il lattosio. Il promotore e l'operatore sono sequenze di DNA che regolano la trascrizione di questi geni.

P

pedomorfosi [*paedomorphosis*] Persistenza nell'adulto delle caratteristiche morfologiche e funzionali giovanili.

piastra cellulare [*cell plate*] Setto che compare sulla linea mediana di una cellula vegetale in divisione, da cui avrà origine la nuova parete cellulare.

plasmide [*plasmid*] Piccolo anello di DNA presente nel citoplasma di numerosi batteri e di alcuni lieviti. I plasmidi contengono materiale genetico extracromosomico, possono essere scambiati durante la coniugazione batterica e sono utilizzati in ingegneria genetica come vettori.

pleiotropia [*pleiotropy*] Controllo di più caratteristiche fenotipiche da parte di un singolo gene.

polimorfismo [*polymorphism*] Presenza, all'interno di una popolazione, di diverse varianti di una caratteristica fenotipica, per esempio i gruppi sanguigni nella specie umana.

polimorfismo della lunghezza dei frammenti di restrizione [*restriction fragment length polymorphisms; RFLPs*] Variazione genetica dovuta a differenze nella sequenza di DNA di cromosomi omologhi, che si manifesta come variabilità della lunghezza dei frammenti di restrizione (segmenti di DNA ottenuti mediante il taglio con enzimi di restrizione); abbreviato in RFLP.

polinucleotide [*polynucleotide*] Polimero costituito da molti nucleotidi legati insieme da legami covalenti.

poliploidia [*polyploidy*] Condizione genomica caratterizzata dalla presenza di un corredo cronosomico aploide ripetuto più di due volte. Le forme poliploidi sono rare tra gli animali ma molto comuni tra le piante.

poliribosoma [*polyribosome*] Complesso subcellulare costituito dall'aggregazione di diversi ribosomi con un filamento di RNA messaggero.

pool genico [*gene pool*] L'insieme di tutti gli alleli presenti all'interno di una popolazione.

popolazione [*population*] Gruppo di individui della stessa specie che vivono nella stessa area geografica.

portatore [*carrier*] (1) Individuo eterozigote per una malattia ereditaria recessiva, che non mostra i sintomi di tale malattia. (2) Organismo sano che ospita microrganismi patogeni e è in grado di diffonderli nell'ambiente.

primati [*primates*] Ordine di mammiferi a cui appartiene la specie umana, assieme alle scimmie antropomorfe.

profago [*prophage*] Genoma di un batteriofago a DNA integrato in un sito specifico del cromosoma batterico.

profase [*prophase*] Primo stadio della mitosi o della meiosi, durante il quale i cromosomi duplicati si condensano, si forma il fuso mitotico e, nella meiosi, si realizza l'appaiamento dei cromosomi omologhi.

prometafase [*prometaphase*] Lo stadio della mitosi o della meiosi intercalato tra profase e metafase; in questa fase si iniziano a distinguere i cromosomi, si frammenta la membrana nucleare e le fibre del fuso mitotico si attaccano ai cinetocori.

promotore [*promoter*] Sequenza specifica di DNA che costituisce il sito d'attacco per l'RNA-polimerasi e determina l'inizio della trascrizione.

Q

quadrato di Punnett [*Punnett square*] Diagramma usato negli studi sull'ereditarietà che mostra i risultati di un incrocio.

R

radiazione adattativa [*adaptive radiation*] Processo di formazione di un numero elevato di nuove specie, a partire da un comune antenato, che occupano nuove nicchie ambientali.

reazione a catena della polimerasi [*polymerase chain reaction*] Tecnica della biologia molecolare messa a punto nel 1984 da Kary Mullis, che per questo ha ottenuto il premio Nobel. Permette di ottenere fino a cento milioni di copie di una sequenza specifica di DNA, attraverso la ripetizione di una reazione di sintesi che prevede l'aggiunta al DNA da amplificare di una miscela contenente DNA polimerasi, primer e nucleotidi. Abbreviato in PCR.

repressore [*repressor*] Molecola proteica prodotta da un gene regolatore che blocca la trascrizione di un gene o di un operone direttamente o tramite un induttore.

retrovirus [*retrovirus*] Virus a RNA corredati dell'enzima trascrittasi inversa, che formano una copia di DNA del proprio genoma durante il loro ciclo riproduttivo nella cellula ospite. Il DNA a doppio filamento prodotto a partire dall'RNA virale si integra nel genoma della cellula sotto forma di provirus. I retrovirus provocano malattie con incubazione lunga e decorso lento e comprendono i virus HIV e vari tipi di virus cancerogeni.

ricombinazione genetica [*genetic recombination*] Processo che porta alla comparsa nella progenie di combinazioni di geni che non erano presenti in nessuno dei due genitori. La ricombinazione genetica si verifica attraverso il crossing-over durante la profase I della meiosi. I cromosomi e i gameti prodotti in seguito a ricombinazione genetica sono detti ricombinanti.

riproduzione asessuata [*asexual reproduction*] Riproduzione che avviene senza la produzione di gameti; la prole è pertanto geneticamente identica al genitore. Esempi di riproduzione asessuata sono la gemmazione, la scissione e la frammentazione.

riproduzione sessuata [*sexual reproduction*] Riproduzione che avviene grazie a cellule specializzate aploidi, i gameti, prodotte dalla meiosi. Generalmente la riproduzione sessuata prevede la fecondazione, cioè la fusione del gamete naschile, lo spermatozoo, con quello femminile, la cellula uovo. La fecondazione dà origine a uno zigote o dipoide dal quale si sviluppa il nuovo individuo. La partenogenesi, tipica di alcune lucertole e di molti insetti, è un tipo di riproduzione sessuata in cui la cellula uovo si sviluppa senza che sia avvenuta la fecondazione.

RNA di trasporto [*transfer RNA*] Piccola molecola di acido ribonucleico a forma di quadrifoglio. Nelle cellule sono presenti venti tipi diversi di tRNA, ciascuno dei quali lega uno specifico amminoacido. La funzione dell'RNA di trasporto consiste nel trasportare l'amminoacido verso la molecola di mRNA legata ai ribosomi. La corrispondenza tra il codone dell'mRNA e l'anticodone del tRNA permette il corretto posizionamento dell'amminoacido.

RNA messaggero [*messenger RNA*] Filamento di acido ribonucleico che trasporta l'informazione genetica dal DNA al citoplasma, dove viene tradotta in un polipeptide ad opera dei ribosomi. Il processo di sintesi dell'RNA a partire da uno stampo di DNA è detto trascrizione. Vedi anche: splicing dell'RNA.

RNA polimerasi [*RNA polymerase*] Enzima che lega insieme le catene di nucleotidi di DNA in via di formazione, durante la trascrizione.

RNA ribosomiale [*ribosomal RNA*] Molecola di acido ribonucleico presente nei ribosomi; è il tipo di RNA più abbondante nella cellula.

S

scissione [*fission*] Modalità di riproduzione asessuata nella quale un genitore si divide in due o più individui; è caratteristica dei procarioti e dei protisti.

selezione artificiale [*artificial selection*] Nell'agricoltura e nell'allevamento la selezione artificiale consiste nella scelta e nel consolidamento delle ceratteristiche desiderate, attraverso una serie di incroci.

selezione dipendente dalla frequenza [*frequency-dependent selection*] Condizione selettiva per cui la fitness di un gene o di un carattere fenotipico dipende dalla loro frequenza nella popolazione.

selezione direzionale [*directional selection*] Processo di selezione naturale che tende a privilegiare individui che presentano uno dei due possibili fenotipi estremi, a sfavore di quelli intermedi. Vedi anche: selezione divergente; selezione stabilizzante.

selezione divergente [*diversifying selection*] Processo di selezione naturale che tende a favorire gli individui posti ai due estremi della gamma fenotipica rispetto ai fenotipi intermedi. Vedi anche: selezione direzionale; selezione stabilizzante.

selezione naturale [*natural selection*] Secondo Darwin, il meccanismo di base dell'evoluzione. La selezione naturale agisce sulle popolazioni, all'interno delle quali gli individui portatori di caratteristiche vantaggiose per la sopravvivenza vengono selezionati dall'ambiente; tali individui pertanto si riproducono con più successo e generano un numero maggiore di figli. In questo modo i caratteri favorevoli alla sopravvivenza tendono ad accumularsi nel corso delle generazioni. Si ha evoluzione quando la selezione naturale genera cambiamenti nelle frequenze relative degli alleli nel pool genico della popolazione.

selezione sessuale [*sexual selection*] Processo basato sulla capacità degli individui di una popolazione di selezionare il partner con cui accoppiarsi, preferendo esemplari in possesso di determinate caratteristiche, per esempio un piumaggio appariscente negli uccelli o corna particolarmente sviluppate nei cervi. Tali caratteristiche vengono perciò trasmesse alle generazioni successive. La scelta del compagno è in genere svolta dalla femmina. La selezione sessuale è la causa del dimorfismo sessuale.

selezione stabilizzante [*stabilizing selection*] Modalità di selezione naturale che favorisce i fenotipi intermedi a discapito di quelli estremi. Per esempio la selezione stabilizzante fa sì che il peso della maggior parte dei neonati umani sia compreso tra 3 e 4 kg; nel caso di neonati di peso molto inferiore o molto superiore, la mortalità aumenta in modo significativo. È tipica degli ambienti relativamente stabili ed è il tipo di selezione naturale più frequente. Vedi anche: selezione direzionale; selezione divergente.

sequenza di terminazione [*terminator*] Sequenza di DNA posta alla fine del tratto codificante di un gene, che viene riconosciuta dall'RNA polimerasi come segnale di arresto della trascrizione. Detta anche terminatore.

sindrome di Down [*Down syndrome*] Sindrome dovuta a un'anomalia congenita che consiste nella presenza di tre copie del cromosoma 21; si manifesta con una serie di effetti di gravità.

sintesi moderna [*modern synthesis*] Ampia teoria evolutiva che concilia le conoscenze genetiche con la maggior parte delle idee di Darwin e considera le popolazioni le unità fondamentali dell'evoluzione; è detta anche teoria sintetica dell'evoluzione.

sito di restrizione [*restriction site*] Specifica sequenza su di un filamento di DNA riconosciuta come sito di taglio da parte di un enzima di restrizione.

sostituzione [*base-pair substitution*] Mutazione puntiforme dovuta alla sostituzione di un nucleotide in una sequenza di DNA; queste mutazioni possono non avere conseguenze sulla struttura o funzione della proteina codificata dal gene, oppure alterarle drasticamente.

speciazione allopatrica [*allopatric speciation*] Processo di speciazione che si verifica quando una popolazione rimane isolata a causa della comparsa di una barriera geografica. Vedi anche: speciazione simpatrica.

speciazione simpatrica [*sympatric speciation*] Processo di speciazione dovuta a isolamento di tipo riproduttivo, in assenza di barriere geografiche; è molto comune nelle piante.

specie [*species*] Unità di base della classificazione. Per gli organismi a riproduzione sessuata, una specie rappresenta gruppi di organismi in grado di accoppiarsi e generare prole fertile (concetto di specie biologica); negli organismi che si riproducono asessualmente, come i batteri, le specie vengono definite in base a caratteristiche morfologiche, ecologiche o biochimiche.

splicing [*RNA splicing*] Negli eucarioti processo di maturazione del trascritto primario di RNA, che consiste nella rimozione degli introni e nella saldatura degli esoni. Lo splicing avviene nel nucleo e produce una molecola di RNA messaggero maturo; quest'ultimo passa nel citoplasma, dove ha luogo la traduzione.

spostamento del sistema di lettura [*frameshift mutation*] Mutazione che consiste nella delezione o nell'inserzione di un numero di nucleotidi diverso da tre (o da un multiplo di tre) in un gene; di conseguenza, durante la traduzione dell'mRNA, si verifica una spostamento del registro di lettura di tutti i codoni a partire dal punto in cui è avvenuta la mutazione, con produzione di una proteina diversa.

strutture omologhe [*homologous structures*] Due elementi anatomici che presentano un somiglianza dovuta a una derivazione filogenetica comune. Due strutture omologhe possono svolgere funzioni molto diverse, come per esempio l'ala dei pipistrelli, il braccio degli esseri umani e l'arto anteriore dei cani. Vedi anche: strutture analoghe.

superiorità dell'eterozigote [*heterozygote advantage*] Espressione che indica che in una popolazione gli individui eterozigoti per determinati alleli presentano un successo riproduttivo maggiore degli omozigoti; in questo caso, la selezione naturale tende a conservare due o più alleli per lo stesso carattere. Un esempio di superiorità dell'eterozigote è la resistenza alla malaria conferita dall'allele recessivo dell'anemia falciforme.

T

telofase [*telophase*] Stadio terminale della mitosi e della meiosi, durante il quale si formano due nuclei figli ai due poli della cellula. Di solito avviene contemporaneamente alla citodieresi.

telomero [*telomere*] L'estremità di un cromosoma eucariotico, costituita da sequenze ripetute di DNA.

teoria cromosomica dell'ereditarietà [*chromosome theory of inheritance*] Principio basilare della biologia che afferma che i geni sono localizzati sui cromosomi e che il comportamento dei cromosomi durante la meiosi determina l'assetto dei caratteri ereditati.

teoria degli equilibri intermittenti [*punctuated equilibria model*] Teoria proposta da Jay Gould ed Eldredge secondo la quale l'evoluzione procederebbe a scatti, intervallati da lunghi periodi di stasi. Vedi anche: teoria gradualistica.

teoria gradualistica [*gradualist model*] Teoria evolutiva secondo la quale le nuove specie evolvono gradualmente dalla popolazione ancestrale; quindi, i grandi eventi (le speciazioni) avvengono attraverso un progressivo accumularsi di molti piccoli cambiamenti. È la visione di Darwin dell'origine delle specie. Vedi anche: teoria degli equilibri intermittenti.

terapia genica [*gene therapy*] Terapia di una malattia dovuta ad un'alterazione genica mediante l'introduzione di una copia del gene normale nelle cellule somatiche o germinali.

testcross [*testcross*] Test usato per rivelare il genotipo di un individuo, basato sull'incrocio tra l'organismo in esame e un individuo omozigote recessivo per lo stesso carattere.

timina [*thymine*] Base azotata a singolo anello presente nel DNA.

traduzione [*translation*] Processo di trasferimento dell'informazione contenuta in una molecola di mRNA in una sequenza corrispondente di amminoacidi, durante la sintesi proteica.

trascrittasi inversa [*reverse transcriptase*] Enzima che catalizza la sintesi di una molecola di DNA a partire da uno stampo di RNA.

trascrizione [*transcription*] Trasferimento di un'informazione genetica basata sulla sintesi di una molecola di RNA a partire da uno stampo di DNA, catalizzata dall'enzima RNA polimerasi. Negli eucarioti la trascrizione dà origine al trascritto primario, il quale successivamente viene sottoposto a processi di maturazione, che portano alla formazione dell'RNA messaggero. La trascrizione avviene nel nucleo.

trasduzione [*transduction*] Trasferimento di geni da una cellula batterica a un'altra tramite un fago.

trasduzione del segnale [*signal transduction*] Processo biochimico di trasferimento del segnale all'interno della cellula. La trasduzione del segnale inizia con il legame di una molecola segnale a un recettore, procede grazie a una serie di proteine che trasmettono il segnale e termina con il controllo dell'attività di specifici enzimi oppure con l'attivazione o il blocco della trascrizione di un gene.

trasformazione [*transformation*] Processo di incorporazione all'interno di una cellula batterica di frammenti di DNA presenti nell'ambiente extracellulare.

traslocazione [*translocation*] (1) Movimento della molecola di tRNA che lega il polipepte in formazione dal sito A al sito P del ribosoma durante la sintesi proteica. (2) Alterazione cromosomica dovuta allo spostamento di un segmento cromosomico in un punto diverso dello stesso cromosoma o in cromosomi diversi.

trasposone [*transposon*] Segmento di DNA in grado di muoversi all'interno del genoma; i trasposoni contengono uno o più geni e sono forniti alle loro estremità di sequenze di inserzione.

trisomia 21 [*trisomy 21*] Presenza di tre copie del cromosoma 21, responsabile della sindrome di Down.

tumore [*tumor*] Massa anomala di tessuto che si forma all'interno di un tessuto normale a causa della divisione incontrollata di alcune cellule.

U

uracile [*uracil*] Base azotata a singolo anello presente nell'RNA al posto della timina.

V

vaccino [*vaccine*] Materiale immunologico impiegato nella vaccinazione; può essere costituito da una sospensione di microorganismi patogeni uccisi, vivi oppure attenuati, da prodotti microbici (tossine), da subunità batteriche o da antigeni proteici prodotti mediante ingegneria genetica. Il vaccino stimola una risposta immunitaria attiva senza determinare la malattia.

variazione [*variation*] Cambiamento di uno o più caratteri fenotipici in un individuo o in una popolazione.

vettore [*vector*] In ingegneria genetica, una molecola di DNA derivata da un plasmide o da un fago utilizzata per inserire un frammento di DNA estraneo nel genoma di un organismo; un vettore in genere contiene almeno un sito di restrizione e uno o più geni, e deve essere in grado di replicarsi all'interno della cellula ospite.

Z

zigote [*zygote*] Cellula uovo fecondata, diploide, che risulta dalla fusione del nucleo di un gamete maschile con il nucleo del gamete femminile.

Indice analitico